高职高专电类专业基础课规划教材

DIANZI JISHU JICHU JI SHIJIAN

U0267672

电子技术基础及实践

王锁庭　桂连彬　主　编

王晓莉　丁向荣　副主编

王　超　主　审

化学工业出版社

·北京·

本书内容包括：模拟电子技术、数字电子技术以及电子技术实训等三部分。模拟电子技术包括常用半导体器件、模拟信号的处理与放大电路以及模拟信号的产生与电源电路等；数字电子技术包括数字电子技术基础、数字信号的处理电路以及数字信号的产生与整形电路等。各部分内容均从应用角度进行阐述，注重理论联系实际，通过典型应用实例进行原理分析，强化对学生职业技能的培养与训练。为了便于教师组织教学和学生的学习，每章在开始时有学习要求，明确教学重点和基本要求，对学生的学习也提出学习的目标和方向；结束时有小结，便于教学总结和归纳，方便学生的理解和复习。每个章节设定了几个典型的技能训练项目，内容的选择以培养和训练学生的技能为基本要素，明确技能训练的目的，便于培养和提高学生电子技术的实践技能和应用能力。每章还有一定量的习题，学生通过练习，更加深对知识的理解和掌握。

本书可作为高等职业院校机电类、电子类和计算机类专业电子技术课程的教材，也可作为高等职业院校其他专业、其他类型学校同类课程的教材，还可供工程技术人员学习参考。

图书在版编目（CIP）数据

电子技术基础及实践/王锁庭，桂连彬主编. —北京：化学
工业出版社，2010.6（2025.2重印）
高职高专电类专业基础课规划教材
ISBN 978-7-122-08247-3

Ⅰ. 电…　Ⅱ.①王…②桂…　Ⅲ. 电子技术-高等学校：技
术学院-教材　Ⅳ. TN

中国版本图书馆 CIP 数据核字（2010）第 068874 号

责任编辑：廉　静　刘　哲　　　　　　　文字编辑：王　洋
责任校对：蒋　宇　　　　　　　　　　　装帧设计：王晓宇

出版发行：化学工业出版社（北京市东城区青年湖南街 13 号　邮政编码 100011）
印　　装：北京科印技术咨询服务有限公司数码印刷分部
787mm×1092mm　1/16　印张 17½　字数 457 千字　　2025 年 2 月北京第 1 版第 5 次印刷

购书咨询：010-64518888　　　　　　售后服务：010-64518899
网　　址：http://www.cip.com.cn
凡购买本书，如有缺损质量问题，本社销售中心负责调换。

定　　价：39.00 元

前 言

FOREWORD

　　随着科学技术的迅猛发展，以计算机技术、现代控制技术、电子技术和通信技术为代表的新技术正在迅速渗透到各个日常生活领域，作为新技术的基础，电子技术的教育越来越受到全社会的关注和重视。我国的高等职业教育的根本任务是培养适合我国现代化建设和经济发展的高技能人才，所以，高等职业教育在对电气自动化技术、工业仪表自动化技术、生产过程自动化技术、应用电子技术、机电一体化技术、数控技术、计算机应用技术等高等技术应用型相关专业人才的培养过程中，应使学生掌握电子技术的基本知识和基本技能。一方面重视对学生进行电子技术的基本理论和基本知识的传授，另一方面要加大对学生进行电子技术的实际技能训练，使他们获得工程技术人员所必需的电子技术工艺和实践的基本知识与技能，这已成为必不可少的教学环节，为在今后的生产实践中灵活地应用电子技术解决实际问题打下良好的理论和实践基础。为适应我国高等职业教育的发展，满足高等职业技术教育的需要，根据多年的教学经验、积累和收集的资料整理汇编，并查阅和参考了许多相关的书籍和资料，在化学工业出版社的统一组织下，编写了本教材，可作为高等职业院校、高等专科院校、成人高校、民办高校及本科院校举办的二级职业技术学院的相关专业的教学用书，也适用于五年制高职相关专业，并可作为相关社会从业人员的业务参考书及培训用书。

　　本书内容包括：模拟电子技术、数字电子技术以及电子技术实训等三部分。模拟电子技术包括常用半导体器件、模拟信号的处理与放大电路以及模拟信号的产生与电源电路等，数字电子技术包括数字电子技术基础、数字信号的处理电路以及数字信号的产生与整形电路等。各部分内容均从应用角度进行阐述，注重理论联系实际，通过典型应用实例进行原理分析，强化对学生职业技能的培养与训练。为了便于教师组织教学和学生的学习，每章在开始时有学习要求，明确教学重点和基本要求，对学生的学习也提出学习的目标和方向；结束时有小结，便于教学总结和归纳，方便学生的理解和复习。每个章节设定了几个典型的技能训练项目，内容的选择以培养和训练学生的技能为基本要素，明确技能训练的目的，便于培养和提高学生的电子技术的实践技能和应用能力。每章还有一定量的习题，学生通过练习，更加深对知识的理解和掌握。

　　本书具有以下的特色。

　　① 编排方式新颖，共分为三篇，分为模拟、数字以及实训三部分。模拟部分以半导体器件、信号处理放大、信号产生与电源为主线；数字部分以基础、信号处理、信号产生与整形为主线；实训部分包括模拟实训、数字实训两部分。

　　② 集理论、实验、实训、技能训练与应用能力培养为一体，理论部分包括技能训练，实训部分中又涵盖相关的理论知识，实现电子技术的理论讲授和技能训练有机统一。

　　③ 保证基础，加强应用，突出能力，突出实际、实用、实践的原则，贯彻重概念、重结论的指导思想，注重内容的典型性、针对性，加强理论联系实际。

　　④ 从应用的角度，介绍经典电子电路的工作原理与工程实用方法，使教材具有实用性，符合高职高专学生毕业后的工作需求。

　　⑤ 讲述深入浅出，将知识点与能力点紧密结合，注重培养学生的工程应用能力和解决现场实际问题的能力。

　　本教材按120～140课时编写，各学校根据不同的教学课时可以选择重点的章节进行讲解。

本书由天津石油职业技术学院王锁庭、四川化工职业技术学院桂连彬担任主编并统稿，天津石油职业技术学院王晓莉、淮安信息职业技术学院丁向荣担任副主编。参加编写的有：天津石油职业技术学院王锁庭（第一章）、王晓莉（第二章），四川化工职业技术学院桂连彬（第四、五章）、杨平（第六章），淮安信息职业技术学院丁向荣（第三、八章）、安徽机电职业技术学院陈莉娟（第七章）。淮安信息职业技术学院自动化教研室主任王超副教授担任该书的主审，在百忙中仔细、认真地审阅了全书，提出了许多宝贵意见。在编写过程中，得到了天津石油职业技术学院教务处、科研处以及电子信息系的大力支持和帮助，在此一并真诚致谢。

限于编者的学术水平和实践经验，书中不足之处在所难免，恳切希望广大读者批评指正。

编　者
2010 年 1 月

目 录
CONTENTS

第一篇　模拟电子技术

第三篇 电子技术实训

第一篇　模拟电子技术

第一章　常用半导体器件

学习要求

1. 了解半导体的特点、类型及导电方式。
2. 掌握半导体二极管结构、符号、单向导电性、主要参数及识别、检测方法。
3. 掌握三极管的结构、符号、电流放大作用，输入输出特性曲线、主要参数及识别、检测方法。
4. 掌握场效应管结构结构、符号、电流放大作用，特性曲线、主要参数及管脚识别。
5. 掌握单结晶体管结构、符号、作用原理、特性曲线及管脚识别、检测方法。
6. 掌握晶闸管结构、符号、作用原理、特性曲线及管脚识别、检测方法。
7. 掌握集成运算放大器结构、符号、作用、特性曲线及识别与引脚辨别。
8. 掌握集成稳压器符号、特性及其识别与引脚辨别。

第一节　半导体二极管

一、半导体的基本知识

图 1-1 表示的是由二极管、灯泡、限流电阻，开关及直流电源等组成的简单电路。

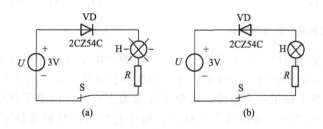

图 1-1　半导体二极管导电性能实验

电路演示如下：按图 1-1(a) 所示闭合开关 S，灯泡发光，说明电路导通；若二极管管脚调换位置，如图 1-1(b) 所示，闭合开关 S，灯泡不发光，说明此时电路不导通。由以上演示结果可知：二极管具有单向导电性，产生这一现象的原因与二极管的内部结构有关。而二极管又是由半导体材料构成的，所以必须首先了解半导体的性能。

1. 半导体的特点

导电能力介于导体与绝缘体之间的物质称为半导体。自然界中不同的物质，由于其原子结构不同，因而导电能力也各不相同。根据导电能力的强弱，可以把物质分成导体、半导体和绝缘体。半导体的导电能力介于导体和绝缘体之间，如硅、锗、砷化镓以及金属氧化物和硫化物等都是常见的用于制造各种半导体器件的半导体材料。

半导体材料主要有以下三个特点。

（1）**热敏性** 半导体对温度很敏感，例如纯锗，温度每升高 10℃，它的电阻率就会减小到原来的一半左右。由于半导体的电阻对温度变化的反应灵敏，而且大都具有负的电阻温度系数，所以人们就把它制成了各种自动控制装置中常用的热敏电阻传感器和能迅速测量物体温度变化的半导体点温计等。

（2）**光敏性** 与金属不同，半导体对光和其他射线都很敏感，例如一种硫化镉半导体材料，在没有光照射时，电阻高达几十兆欧，受到光照射时，电阻可降到几十千欧，两者相差上千倍。利用半导体的这种光敏特性可以制成光敏电阻、光电二极管、光电三极管以及太阳能电池等。

（3）**掺杂性** 半导体对杂质很敏感，在纯净半导体中掺进微量的某种杂质，对其导电性能影响极大，例如，在纯净硅中掺入百万分之一的硼，可使其导电能力增加几十万倍以上。利用掺杂性可制成不同性能、不同用途的半导体器件，例如二极管、三极管、场效应管等。

2. 半导体的类型及导电方式

（1）**本征半导体** 纯净的、不含杂质的半导体称为本征半导体，也称纯净半导体。从原子结构上来看，本征半导体的最外层原子轨道上具有 4 个电子，称为价电子。每个原子的 4 个价电子不仅受自身原子核的束缚，而且还与周围相邻的 4 个原子发生联系，这些价电子一方面围绕自身的原子核运动，另一方面也时常出现在相邻原子所属的轨道上。这样，相邻的原子就被共有的价电子联系在一起，称为共价键结构，原子结构排列成整齐的晶体结构，如图 1-2 所示。因此，由半导体制成的半导体管也称为晶体管。

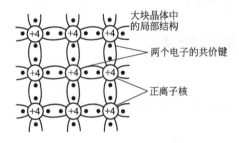

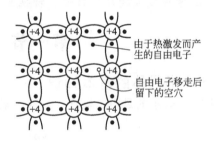

图 1-2 硅和锗的共价键结构　　　　　图 1-3 本征激发产生电子空穴对示意图

当温度升高或受光照时，由于半导体共价键中的价电子并不像绝缘体中束缚得那样紧，价电子从外界获得一定的能量，少数价电子会挣脱共价键的束缚，成为自由电子，同时在原来共价键的相应位置上留下一个空位，这个空位称为空穴。自由电子和空穴是成对出现的，所以称它们为电子-空穴对。在本征半导体中，电子与空穴的数量总是相等的。把在热或光的作用下，本征半导体中产生电子-空穴对的现象称为本征激发，又称为热激发。

由于共价键中出现了空位，在外电场或其他能源的作用下，邻近的价电子就可填补到这个空穴上，而在这个价电子原来的位置上又留下新的空位，以后其他价电子又可转移到这个新的空位上，如图1-3所示。这种价电子的填补运动称为空穴运动，认为空穴是一种带正电荷的载流子，它所带电荷和电子相等符号相反。由此可见，本征半导体中存在两种载流子：电子和空穴。本征半导体在外电场作用下，两种载流子的运动方向相反而形成的电流方向相同，如图 1-4 所示。

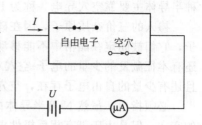

由于本征半导体中，自由电子和空穴是本征激发产生的，因此自由电子和空穴的数目相等，由此产生的电子电流和空穴电流的大小也相等。

（2）掺杂半导体　本征半导体中虽然存在两种载流子，但因本征半导体内载流子的浓度很低，所以导电能力差。在本征半导体中，人为有控制地掺入某种微量杂质，即可大大改变它的导电性能，掺入杂质的半导体称作掺杂半导体。按掺入杂质的不同，可获得 N 型和 P 型两种掺杂半导体。

图 1-4　两种载流子在电场中的运动

① N 型半导体。在本征半导体硅（或锗）晶体中掺入微量五价元素（如磷、锑、砷等）后，掺入的磷原子取代了某处硅原子的位置，它同相邻的四个硅原子组成共价键时，多出一个电子，这个电子不受共价键的束缚，因此在常温下有足够的能量使它成为自由电子，如图 1-5(a) 所示。这样，掺入杂质的硅半导体就有足够数量的自由电子，且自由电子的浓度远大于空穴的浓度。显然，这种掺杂半导体主要靠电子导电，称为 N 型半导体，也称电子型半导体。

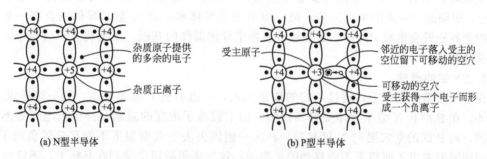

图 1-5　掺杂质后的半导体

由于掺入的五价杂质原子可提供自由电子，故称为施主杂质。每个施主原子给出一个自由电子后都带上一个正电荷，因此杂质原子都变成正离子，它们被固定在晶格中不能移动，也不参与导电，如图 1-6 所示。此外，在 N 型半导体中热运动也会产生少量的电子-空穴对。总之，在 N 型半导体中，不但有数目很多的自由电子，而且也有少量的空穴存在，自由电子是多数载流子，空穴是少数载流子。

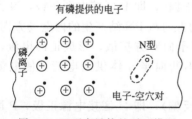

图 1-6　N 型半导体的平面模型

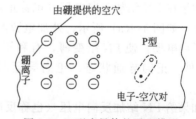

图 1-7　P 型半导体的平面模型

② P 型半导体。在本征半导体硅（或锗）的晶体内掺入少量三价元素杂质，如硼（或铟、镓等）。因为杂质硼原子最外层只有 3 个价电子，它与周围硅（或锗）原子组成共价键时，因缺少一个电子，于是在晶体中便产生一个空穴。当相邻共价键上的电子受到热源振动或在其他激发条件下获得能量时，就有可能填补这个空位，使硼原子成为不能移动的负离子，而原来硅原子的共价键则因缺少了一个电子，形成空穴，如图 1-5（b）所示。这样，在掺入硼原子的硅半导体中，就具有了数目相当的空穴，空穴的浓度远远大于电子的浓度，这

种半导体主要靠空穴导电，称为 P 型半导体，或空穴型半导体。

掺入的三价杂质原子，因在硅晶体中接受电子，故称受主杂质。受主杂质都变成了负离子，它们被固定在晶格中不能移动，也不参与导电，如图 1-7 所示。此外，在 P 型半导体中还有本征激发的少量的电子-空穴对。总之，在 P 型半导体中，不仅有数目很多的空穴，而且还有少量的自由电子存在，空穴是多数载流子，电子是少数载流子。

必须指出，虽然 N 型半导体中有大量带负电的自由电子，P 型半导体中有大量带正电的空穴，但是由于带有相反极性电荷的杂质离子的平衡作用，无论 N 型半导体还是 P 型半导体，对外表现都是电中性。

总之，无论是本征半导体还是杂质半导体，其参与导电的载流子均包括带负电的电子和带正电的空穴。杂质半导体由于掺入了微量元素，产生的多数载流子的数目远大于本征激发获得的少数载流子，因此杂质半导体的导电能力远远高于纯净半导体，充分体现了半导体的掺杂性。

二、半导体二极管

1. PN 结

单纯的 P 型或 N 型半导体仅仅是导电能力增强了，但还不具备半导体器件所要求的各种特性。如果通过一定的生产工艺，把一块 P 型半导体和一块 N 型半导体结合在一起，则它们的交界处就会形成 PN 结，这是构成各种半导体器件的基础。下面将重点讨论 PN 结的形成及其特性。

2. PN 结的形成

在一块完整的晶片上，通过一定的掺杂工艺，一边形成 P 型半导体，另一边形成 N 型半导体。在 P 型和 N 型半导体交界面两侧，由于载流子浓度的差别，N 区的电子必然向 P 区扩散，而 P 区的空穴要向 N 区扩散，P 区一侧因失去空穴而留下不能移动的负离子，N 区一侧则因失去电子而留下不能移动的正离子，这些离子被固定排列在晶格上，不能自由移动，所以并不参与导电，这样，在交界面两侧形成一个带异性电荷的离子层，称为空间电荷区，并产生内电场，其方向是从 N 区指向 P 区。内电场的建立阻碍了多数载流子的扩散运动，随着内电场的加强，多子的扩散运动逐步减弱，直至停止，使交界面形成一个稳定的特殊的薄层，即 PN 结。因为在空间电荷区内多数载流子已扩散到对方并复合掉了，或者说消耗尽了，因此空间电荷区又称为耗尽层。

3. PN 结的特性

如果在 PN 结加正向电压（也称正向偏置，简称正偏），即 P 区接电源正极，N 区接电源负极，如图 1-8(a) 所示，外加电源产生的外电场的方向与 PN 结产生的内电场方向相反，削弱了内电场，使 PN 结变薄，有利于两区多数载流子向对方扩散，形成正向电流，此时 PN 结处于正向导通状态。正向导通时，外部电源不断向半导体供给电荷，使电流得以维持。

如果给 PN 结加反向电压（也称反向偏置，简称反偏），即 N 区接电源正极，P 区接电源负极，如图 1-8(b) 所示，这时由于外电场与内电场方向一致，因而增强了内电场，使 PN 结变厚、加宽，阻碍了多子的扩散运动。在外电场的作用下，只有少数载流子形成的很微弱的电流，称为反向电流。

应该指出，少数载流子是由于热激发产生的，因而 PN 结的反向电流受温度影响很大，温度升高，反向电流明显增加。

综上所述，PN 结具有单向导电性，在正向电压作用下，电阻很小，PN 结导通，电流可顺利流过；而在反向电压作用下，电阻很大，PN 结截止，阻止电流通过。

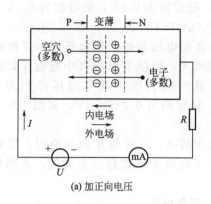
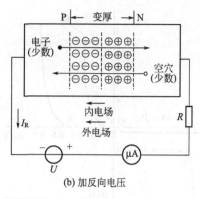

(a) 加正向电压　　　　　　　　　　(b) 加反向电压

图 1-8　PN 结的单向导电性

4. 二极管的结构和符号

半导体二极管是由一个 PN 结加上引出线和管壳构成的，P 型半导体一侧的引出线称为阳极或正极，N 型半导体一侧的引出线称为阴极或负极。二极管的结构、外形和在电路中的符号如图 1-9 所示，图 1-9(c) 所示为电路中二极管的符号，箭头指向为正向导通电流方向。

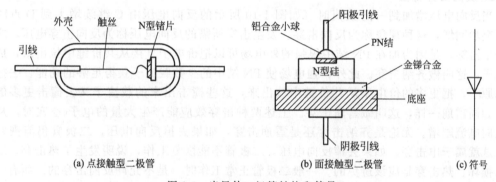

(a) 点接触型二极管　　　　　(b) 面接触型二极管　　(c) 符号

图 1-9　半导体二极管结构和符号

二极管按结构可分为点接触型和面接触型两种。点接触型二极管的构成如图 1-9(a) 所示。它的特点是 PN 结的面积非常小，因此不能通过较大电流。但结面积小，结电容也小，高频性能好，故适用于高频和小功率情况，一般用于检波或脉冲电路，也可用来作小电流整流。

面接触型二极管的结构如图 1-9(b) 所示，它的主要特点是 PN 结的结面积很大，因而能通过较大的电流。但结电容也大，只能在较低的频率下使用，一般用作整流。

另外，二极管按材料分类，有硅二极管、锗二极管和砷化镓二极管等；按用途分有整流、稳压、开关、发光、光电、变容、阻尼等二极管；按封装形式分，有塑封和金属封等二极管；按功率分有大功率、中功率及小功率等二极管。

三、二极管的导电特性

半导体二极管的核心是 PN 结，它的特性就是 PN 结的特性——单向导电性。常利用伏安特性曲线来形象描述二极管的单向导电性。二极管的伏安特性是表征二极管电压和电流关系的曲线，如图 1-10 所示（图中虚线为锗管的伏安特性，实线为硅管的伏安特性）。

1. 正向特性

二极管两端加正向电压时，就产生正向电流，当正向电压较小时，正向电流极小（几乎为零），这一部分称为死区，相应的 A(A′) 点的电压称为死区电压或门槛电压（也称阈值

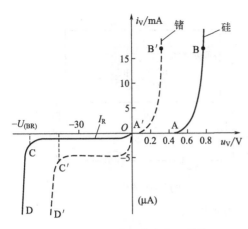

图 1-10 二极管的伏安特性曲线

电压），硅管约为 0.5V，锗管约为 0.1V，如图 1-10 中 OA（OA′）段。

当正向电压超过门槛电压时，正向电流就会急剧增大，二极管呈现很小电阻而处于导通状态。这时硅管的正向导通压降约为 0.6～0.7V，锗管约为 0.2～0.3V，如图 1-10 中 AB（A′B′）段。

必须指出，二极管正向导通时，要特别注意它的正向电流不能超过最大值，否则将烧坏 PN 结。

2. 反向特性

当二极管两端加反向电压时，在开始很大范围内，二极管相当于非常大的电阻，反向电流很小，近乎于截止状态，且基本上不随外加电压而变化，此时的反向电流称为反向饱和电流 I_R，如图 1-10 的 OC 段所示。对二极管来说，反向电流越小，表明反向特性越好；反向电流越大，表明反向特性越差。一般硅管的反向电流要比锗管小得多。

3. 反向击穿特性

当反向电压增加到一定数值时（如图 1-10 所示的反向电压由 C 继续增大到 D 点时），电流突然剧增，这种现象称为反向击穿。发生击穿所需的反向电压称为反向击穿电压。之所以产生击穿，是因为加在 PN 结中很强的外电场可以把价电子直接从共价键中拉出来，成为载流子，这叫做齐纳击穿。此外，强电场使 PN 结中的少数载流子获得足够的动能，去撞击其他原子，把更多的价电子从共价键中拉出来，这些撞击出来的载流子又去撞击更多的原子，如同雪崩一样，这叫做雪崩击穿。上述两种击穿效应能产生大量的电子-空穴对，从而使反向电流剧增。无论是齐纳击穿还是雪崩击穿，如果去掉反向电压，二极管仍能恢复工作，这就属于电击穿。如果去掉反向电压，二极管不能恢复工作，说明发生了热击穿，二极管已损坏，热击穿是应该避免的。一般二极管正常工作时，是不允许反向击穿的。而有一些特殊的二极管，如后面要学到的稳压管，却常常工作在反向击穿状态。

4. 温度对二极管特性的影响

由于二极管的核心是一个 PN 结，它的导电性能与温度有关。温度升高时，二极管正向特性曲线向左移动，正向压降减小，反向特性曲线向下移动，反向电流增大。

四、二极管的主要参数及选用

1. 二极管的主要参数

晶体二极管的参数规定了二极管的适用范围，它是合理选用二极管的依据。晶体二极管的主要参数有最大整流电流、高反向工作电压、反向饱和电流、直流电阻和最高工作频率。

（1）最大整流电流 I_{FM}　　I_{FM} 是指二极管长期工作时，允许通过的最大正向平均电流值。在选用二极管时，工作电流不能超过此值，否则会烧坏二极管。

（2）高反向工作电压 U_{RM}　　U_{RM} 是指二极管正常工作时，所能承受的反向电压峰值，也就是通常所说的耐压值。为了防止二极管因反向击穿而损坏，通常标定的最高反向工作电压要比反向击穿电压低一些，手册中给出的最高反向工作电压是击穿电压的一半左右。在选用二极管时，加在二极管两端的反向电压峰值不允许超过这一数值，以保证二极管能正常工作，不至于反向击穿而损坏。

（3）反向饱和电流 I_R　　I_R 是指二极管未击穿时的反向电流值。此值越小，二极管的单向导电性越好。由于温度增加，反向电流会急剧增加，所以在使用二极管时要注意温度的影响。

（4）直流电阻 R　二极管直流电阻 R 指加在二极管两端的直流电压与流过二极管的直流电流的比值。二极管正向电阻小，约为几欧姆到几千欧姆；反向电阻很大，一般可达到零点几兆欧姆以上。

（5）最高工作频率 f_M　二极管最高工作频率 f_M 是指管子正常工作时的上限频率值，它的大小与 PN 结的结电容有关，超过此值，二极管的单向导电性变差。

二极管的类型非常多，从晶体管手册中可以查找常用管子的技术参数和使用资料，这些参数是正确使用二极管的依据。一般晶体管手册的基本内容包括器件型号、主要参数、主要用途、器件外形等。表 1-1 列出了四种常用二极管的技术参数。

表 1-1　四种典型二极管的技术参数

型　号	最大整流电流 I_{FM}/mA	最高反向工作电压 U_{RM}/V	反向饱和电流 I_R/mA	最高工作频率 f_m/MHz	主要用途
2AP1	16	20		150	检波管
2CK84	100	≥30	≤11		开关管
2CP31	250	25	≤0.3		整流管
2CZ11D	1000	300	≤0.6		整流管

2. 二极管的选用

在电子设备中，常用的二极管有四类。

① 普通二极管，如 2AP 等系列，它的 I_{FM} 较小，最高工作频率高，主要用于信号检测、取样、小电流整流等。

② 整流二极管，如 2CZ、2DZ 等系列，它的最大整流电流较大，最高工作频率很低，广泛使用在各种电源设备中，作整流元件。

③ 开关二极管，如 2AK、2CK 等系列。一般最大整流电流较小，最高工作频率较高，用于数字电路和控制电路中。

④ 稳压二极管，如 2CW、2DW 等系列，用在各种稳压电源和晶闸管电路中。

五、二极管的型号及命名方法

常见的二极管外形如图 1-11 所示，二极管品种很多，每种二极管都有一个型号，按照国家标准，半导体器件的型号由五个部分组成，如图 1-12 所示。从左开始，第一部分是数字，"2"表示二极管；第二部分是拼音字母表示管子的材料，"A"为 N 型锗管，"B"为 P 型锗管，"C"为 N 型硅管，"D"为 P 型硅管；第三部分用拼音字母表示管子的类型，"P"为普通管，"Z"为整流管，"K"为开关管，"W"为稳压管；第四部分用数字表示器件的序号，序号不同的二极管其特性不同；第五部分用字母表示规格号，序号相同规格不同的二极管特性差别不大，只是某个或某几个参数不同，如 2AP9，"2"表示电极数为 2，"A"表示 N 型锗材料，"P"表示普通管，"9"表示序号。前市场上更常见的是使用国外晶体管型号命名方法的二极管，如 IN4001、IN4004、IN4148 等，这类管子采用的是美国电子工业协会半导体器件的命名法，凡型号以"IN"开头的二极管，都是美国制造的，IN 后面的数字表示该器件在美国电子工业协会登记的顺序号。在日本，二极管的型号以"1S"开头，如 1S1885，第一部分"1"表示二极管，第二部分"S"表示日本电子工业协会注册产品，第三部分的数字表示在日本电子工业协会注册登记序号，登记顺序号的数字越大，产品越新。

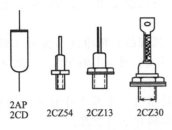

图 1-11 二极管的外形及型号

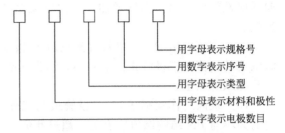

图 1-12 半导体器件的型号组成

六、二极管的简易测试

测试二极管的方法很多，使用晶体管图示仪可对二极管质量进行较准确的观测，但由于晶体管图示仪价格昂贵，搬动不方便，使用前还需通电预热，因此在一般情况下多采用万用表来检测二极管的质量或判断正、负极。

将万用表置于电阻挡的 R×100Ω 或 R×1kΩ 挡，（R×1 挡电流太大，R×10kΩ 挡电压太高，都易损坏管子）。此时万用表的红表笔接的是表内电池的负极，黑表笔接的是表内电池的正极。因此，当黑表笔接到二极管的正极，红表笔接到二极管的负极时，为正向连接。具体的测量方法是：将万用表的红黑表笔分别接在二极管的两端，如图 1-13（a）所示，若测得阻值比较小（几千欧以下），再将红黑表笔对调后连接在二极管的两端，如图 1-13（b）所示，而测得的阻值比较大（几百千欧），说明二极管具有单向导电性，质量良好。测得阻值小的那一次黑表笔接的是二极管的正极。

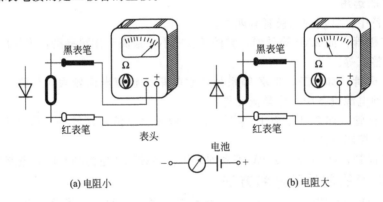

(a) 电阻小　　　　　　　　　(b) 电阻大

图 1-13 万用表简易测试二极管示意图

如果测得二极管的正、反向电阻都很小，甚至为零，表示管子内部已经短路；如果测得二极管的正、反向电阻都很大，则表示管子内部已经断路。这两种情况都说明二极管已损坏。二极管使用时，应注意以下事项。

① 二极管应按照用途、参数及使用环境选择。

② 使用二极管时，正、负极不可接反。通过二极管的电流、承受的反向电压及环境温度等都不应超过手册中所规定的极限值。

③ 更换二极管时，应用同类型或高一级的代替。

④ 二极管的引线弯曲处距离外壳端面应不小于 2mm，以免造成引线折断或外壳破裂。

⑤ 焊接时应用 35W 以下的电烙铁，焊接要迅速，并用镊子夹注引线根部，以助散热，防止烧坏管子。

⑥ 安装时，应避免靠近发热元件，对功率较大的二极管，应注意良好散热。

⑦ 二极管在容性负载电路中工作时，二极管整流电流应大于负载电流的 20%。

技能训练一　半导体二极管的识别与检测

1. 实训目的及要求

① 熟悉常见二极管外形，并能根据型号了解其材料、类型及相关知识。

② 掌握用万用表检测二极管质量的好坏，并判断其极性。

2. 实训所需器材及仪表

①常用二极管若干（整流二极管、稳压二极管、发光二极管、光电二极管等）。②万用表。

3. 实训原理

二极管的单向导电特性。

4. 实训内容及步骤

① 认识各种常见二极管（包括各种特殊二极管）的外形。

② 正确使用万用表来判别二极管的正、负极。

③ 测量并观察二极管正反向电阻的变化，判别质量好坏。

5. 实训报告与要求

正确记录所测二极管的型号、电极及测出的各项数据，并判别二极管的好坏。

技能训练二　搭接测试二极管特性的电路

1. 实训目的及要求

① 通过搭接线路，提高动手操作能力，并进一步了解二极管的单向导电性、伏安特性。

② 能检测在搭接线路过程中出现的故障并排除。

2. 实训所需器材及仪表

①实验用线路板。②二极管。③灯泡。④电阻。⑤直流稳压电源。⑥导线若干。⑦万用表等。

3. 实训原理

二极管的单向导电特性。

4. 实训内容及步骤

按图 1-1 连线，闭合开关 S，灯泡发光，说明电路导通。若二极管管脚调换位置，如图 1-1（b）所示，闭合开关 S，灯泡不发光，由以上结果可知：二极管具有单向导电性。

半导体二极管的核心是 PN 结，它的特性就是 PN 结的特性——单向导电性。常利用伏安特性曲线来形象地描述二极管的单向导电性。

若以电压为横坐标，电流为纵坐标，用作图法把电压、电流的对应值用平滑的曲线连接起来，就可以得到二极管的伏安特性曲线。测量晶体二极管伏安特性的电路如图 1-14 所示。改变 RP 的大小，可以测出不同电压值时所对应的二极管中的电流。

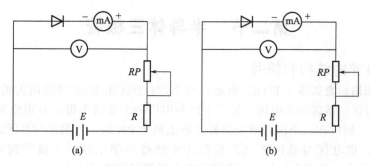

图 1-14　二极管伏安特性测试电路

5. 实训报告与要求

① 根据所测数据画出二极管的伏安特性曲线，并对曲线加以解释。

② 分析测量二极管电路的特点。

 想一想，做一做

1. 某二极管的管壳标有电路符号，如图 1-15(a) 所示，已知该二极管是好的，万用表的欧姆挡示意图如图 1-15(b) 所示，请问：

① 在测二极管的正向电阻时，两根表笔如何连接？

② 在测二极管的反向电阻时，两根表笔又如何连接？

③ 两次测量中哪一次指针偏转的角度大？偏转角度大的一次的阻值小还是阻值大？

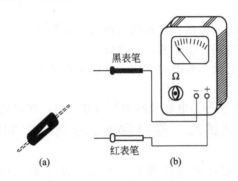

图 1-15　题 1 图

2. 在如图 1-16 所示的发光二极管的应用电路中，若输入电压 $U_I = 1.0V$，试问发光二极管是否发光，为什么？

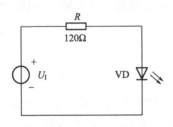

图 1-16　题 2 图

3. 用万用表 R×1kΩ 挡测二极管，若红表笔接正极，黑表笔接负极时读数为 50kΩ，表笔对调后测得读数为 1kΩ，这只二极管的质量如何？

4. 简述 PN 结的单向导电性。

5. 试说明硅二极管比锗二极管应用广泛的原因。

第二节　半导体三极管

一、三极管的结构和符号

三极管的结构示意如图 1-17(a) 所示，有 NPN 型管和 PNP 型管两大类。三极管内部有三个区：发射区、基区和集电区。从三个区各引出一个金属电极，分别称为发射极 e、基极 b 和集电极 c。同时在三个区的两个交界处形成两个 PN 结，发射区与基区之间形成的 PN 结称为发射结，集电区与基区之间形成的 PN 结称为集电结。三极管的电路符号如图 1-17(b)所示，符号中的箭头方向表示发射结正向偏置时的电流方向。

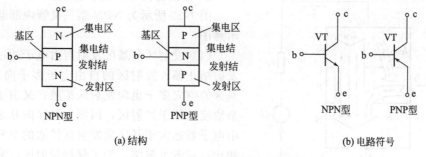

(a) 结构　　　　　　　　　　　　　　　(b) 电路符号

图 1-17 三极管的结构与电路符号

三极管的内部结构特点是：发射区的掺杂浓度高；基区很薄，且掺杂浓度低；集电结面积大于发射结面积。这些特点是三极管实现放大作用的内部条件。三极管的种类很多，有下列五种分类形式：按其结构类型分为 NPN 型管和 PNP 型管，按其制作材料分为硅管和锗管，按其工作频率分为高频管和低频管，按其工作状态分为放大管和开关管，按其功率大小分为小功率管、中功率管和大功率管。三板管外形如图 1-18 所示。

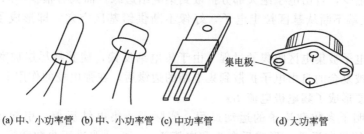

(a) 中、小功率管　(b) 中、小功率管　(c) 中功率管　　　(d) 大功率管

图 1-18 三极管的外形示意图

二、三极管的电流放大作用

1. 给三极管加正确的偏置电压

要使三极管能起电流放大作用，必须给三极管各电极加上正确的电源电压，又称为三极管的偏置电压。不管是 NPN 型还是 PNP 型三极管，正确的偏置电压是：发射结正向偏置，集电结反向偏置。

图 1-19(a) 所示为 NPN 型管的偏置电路，U_{BB} 通过 R_b 给发射结提供正向偏置电压（$U_B > U_E$），U_{CC} 通过 R_C 给集电结提供反向偏置电压（$U_C > U_B$），即 $U_C > U_B > U_E$，实现了发射结的正向偏置，集电结的反向偏置。图 1-19(b) 所示为 PNP 型管的偏置电路，和 NPN 型管的偏置电路相比，电源极性正好相反，为保证三极管实现放大作用，则必须满足 $U_C < U_B < U_E$。

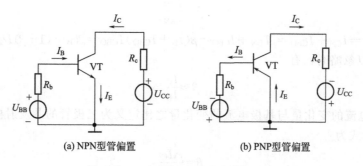

(a) NPN型管偏置　　　　　　　　　　(b) PNP型管偏置

图 1-19 三极管放大的正确偏置电压

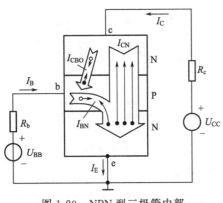

图 1-20 NPN 型三极管内部
载流子运动示意图

2. 三极管内部载流子的运动

图 1-20 所示为 NPN 型三极管内部载流子运动示意图。

（1）发射区向基区发射自由电子的过程 由于发射结正偏，发射区的自由电子多子向基区扩散，基区的空穴多子也向发射区扩散；又由于基区的掺杂浓度远低于发射区，因而发射区向基区扩散的自由电子数远大于基区向发射区扩散的空穴数，两者相比，后者可忽略。为了保持发射区内载流子浓度的平衡，由外电源 U_{CC} 和 U_{BB} 经过发射极向发射区补充电子，便形成了发射极电流 I_E。

（2）自由电子在基区的扩散和复合过程 自由电子扩散到基区后，因为靠近发射结的自由电子多，靠近集电结的自由电子少，形成浓度差，所以自由电子要向集电结方向继续扩散。由于基区很薄，掺杂少，自由电子绝大部分扩散到集电结边缘，而只有很少一部分与基区空穴复合。U_{BB} 电源正端不断从基区拉走电子，好像不断供给基区空穴，即形成了基极电流 I_{BN}，而且 I_{BN} 很小。

（3）自由电子被集电区收集的过程 由于集电结反偏，使其耗尽层加宽，内电场增强，因此大量没有被复合的自由电子扩散到集电结的边缘后，在强电场的作用下，越过集电结到达集电区，这便形成了集电极电流 I_{CN}。

上面仅说明了多数载流子的运动过程。实际上，集电结反偏，引起集电区与基区之间少数载流子的定向运动，形成反向饱和电流 I_{CBO}。I_{CBO} 取决于少数载流子的浓度，它的数值很小，但受温度影响很大，容易使三极管工作不稳定。I_{CBO} 越小，三极管的稳定性越好。由图 1-21 不难得出：

$$I_C = I_{CN} + I_{CBO} \tag{1-1}$$

$$I_B = I_{BN} - I_{CBO} \tag{1-2}$$

$$I_E = I_{CN} + I_{BN} = I_C + I_B \tag{1-3}$$

由上式表明，发射极电流 I_E 等于集电极电流 I_C 和基极电流 I_B 之和。对于 PNP 型管，三个电极产生的电流方向正好和 NPN 型管的相反。

3. 三极管的电流放大作用

从前面的分析可知，从发射区发射到基区的电子（I_E）只有很少一部分（I_{BN}）在基区复合，大部分（I_{CN}）到达集电区。当一个三极管制造出来时，其内部的电流分配关系，即 I_{CN} 和 I_{BN} 的比值已大致被确定，这个比值称为共发射极直流电流放大系数 $\bar{\beta}$，其表达式为

$$\bar{\beta} = \frac{I_{CN}}{I_{BN}} \tag{1-4}$$

$$I_C = I_{CN} + I_{CBO} = \bar{\beta} I_{BN} + I_{CBO} = \bar{\beta}(I_B + I_{CBO}) I_{CBO} = \bar{\beta} I_B + (1 + \bar{\beta}) I_{CBO}$$

当 I_{CBO} 可以忽略时，有

$$\bar{\beta} \approx \frac{I_C}{I_B} \tag{1-5}$$

把集电极电流的变化量与基极电流的变化量之比定义为三极管的共发射极交流电流放大系数 β，其表达式为

$$\beta = \frac{\Delta I_C}{\Delta I_B} \tag{1-6}$$

在小信号放大电路中，由于 β 和 $\overline{\beta}$ 的差别很小，因此，在分析估算放大电路时常取 $\beta=\overline{\beta}$，而不加以区分，通常 $\beta=20\sim200$。

三、三极管的伏安特性

三极管的特性曲线能直观、全面地反映三极管各极电流与电压之间的关系。三极管的特性曲线可以用特性图示仪直观地显示出来，也可用测试电路逐点描绘。

1. 输入特性曲线

三极管的输入特性曲线如图 1-21 所示，它是指当集电极与发射极之间的电压 u_{CE} 一定时，输入回路中的基极电流 i_B 与基射电压 u_{BE} 之间的关系曲线，用函数式可表示为

$$i_B=f(u_{BE})\big|_{u_{CE}=常数}$$

需要说明的是，输入特性曲线应是一簇曲线，当 $u_{CE}<1V$ 时，图 1-21 中的曲线左移，但当 $u_{CE}\geqslant1V$ 时，各特性曲线基本重合，因此常用 $u_{CE}\geqslant1V$ 的一条曲线来表示三极管的特性曲线。

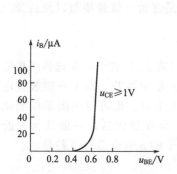

图 1-21　三极管的输入特性曲线

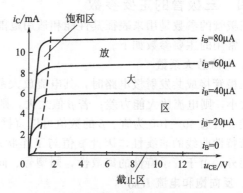

图 1-22　三极管的输出特性曲线

三极管的输入特性曲线类似于二极管的正向伏安特性曲线，它存在一个开启电压 U_{ON}，只有当 u_{BE} 大于开启电压时，输入回路才有 i_B 电流产生。常温下硅管的开启电压约为 0.5V，锗管约为 0.1V。另外，当发射结完全导通时，u_{BE} 也具有恒压特性。常温下，硅管的导通电压为 $0.6\sim0.7V$，锗管的导通电压为 $0.2\sim0.3V$。

2. 输出特性曲线

三极管的输出特性曲线是指，当 i_B 一定时，输出回路中的 i_C 与 u_{CE} 之间的关系曲线用函数式可表示为

$$i_C=f(u_{CE})\big|_{i_B=常数}$$

特性曲线如图 1-22 所示。给定不同的 i_B 值，可对应测得不同的曲线，这样不断改变 i_B，便可得到一簇输出特性曲线。对于单独一条曲线，当 u_{CE} 从零开始逐渐增大时，i_C 电流也随之增大。这是因为 u_{CE} 增大将引起集电结电场增强，从而使扩散到集电结边缘的载流子更多地被集电区收集。当 u_{CE} 大到一定数值时，i_C 电流不再增大，曲线平行于横坐标，这是因为扩散到集电结边缘的载流子已全部收集到集电区。

从输出特性曲线整体来看，可将其划分成放大、截止和饱和三个区域。

（1）截止区　截止区顾名思义是指电流为零的区域。其特征是 b-e 之间的正偏电压小于开启电压。此时 $i_B=0$，$i_C\leqslant I_{CEO}$。

（2）饱和区　$u_{CE}\leqslant u_{BE}$ 时的区域称饱和区。此时，集电结处于正向偏置状态，i_C 不仅受 i_B 控制，而且也受 u_{CE} 控制。但在饱和区域，三极管的电流放大系数 β 下降，从而失去放大能力。通常将 $u_{CE}=u_{BE}$ 称为临界饱和，将 $u_{CE}<u_{BE}$ 称为深度饱和。饱和状态下 c-e 之间的电

压称为饱和压降，用 U_{CES} 表示。一般情况下，小功率管的 $U_{CES} < 0.4V$（硅管约为 0.3V，锗管约为 0.1V）。由于 U_{CES} 通常很小，可忽略不计，因此三极管 c-e 之间相当于短路状态，类似于开关闭合。

（3）放大区　放大区的特征是集电结反向偏置、发射结正向偏置且大于开启电压。也就是 $u_{CE} > u_{BE}$，$u_{BE} > U_{ON}$。在放大区，输出特性曲线是一簇与横坐标轴基本平行的等距离直线，所以放大区有如下重要特性。

① 受控特性，即 i_C 仅受 i_B 控制，而且为 $i_C = \beta i_B$。

② 恒流特性，即 i_C 与 u_{CE} 的大小基本无关，指当输入回路中有一个恒定的 i_B 时，输出回路便对应有一个 u_{CE} 基本不影响的恒定的 i_C。

③ 各曲线间的间隔大小可体现 β 值的大小。

若三极管用于信号放大，则它必须工作在放大区；若将三极管当作开关使用，则它必须工作在饱和状态及截止状态。饱和状态表示 c-e 间接通，截止状态表示 c-e 间断开。

四、三极管的主要参数

三极管的参数是用来表征其性能和适用范围的，也是评价三极管质量以及选择三极管的依据，常用的主要参数如下。

1. 电流放大系数

三极管接成共发射极电路时，其电流放大系数用 β（或 h_{fe}）表示，在选择三极管时，如果 β 太小，则电流放大能力差；若 β 值太大，则会使工作稳定性差。对于一般放大电路，三极管的 β 值选 30～100 为宜。β 的数值可以直接从曲线上求取，也可以用图示仪测试。由于三极管特性曲线的非线性，因此 β 值与工作状态有关。但在放大区，一般认为 β 近似为线性。另外，由于管子特性的离散性，同型号、同一批管子的 β 值也会有所差异。

2. 反向饱和电流 I_{CBO}

I_{CBO} 是指发射极开路、集电结在反向电压作用下形成的反向饱和电流。I_{CBO} 的测量电路如图 1-23 所示。因为该电流是由少子定向运动形成的，所以它受温度变化的影响很大。常温下，小功率硅管的 $I_{CBO} < 1\mu A$，锗管的 I_{CBO} 在 $10\mu A$ 左右。I_{CBO} 的大小反映了三极管的热稳定性，I_{CBO} 越小，说明其稳定性越好。因此，在温度变化范围大的工作环境中，尽可能选择硅管。

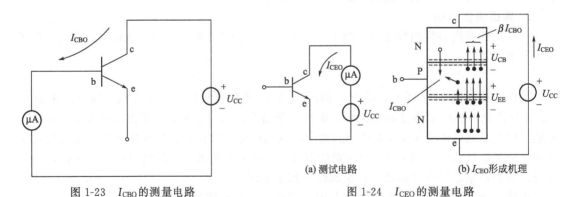

图 1-23　I_{CBO} 的测量电路　　　　　（a）测试电路　　　（b）I_{CEO} 形成机理

图 1-24　I_{CEO} 的测量电路

3. 穿透电流 I_{CEO}

I_{CEO} 是指基极开路、集电极-发射极间加上一定数值的反偏电压时，流过集电极和发射极之间的电流。I_{CEO} 的测量电路如图 1-24 所示。

当 c 与 e 间加 U_{CC} 电压后，U_{CC} 就降压在集电结和发射结上，即在集电结上分配有反向电压，发射结上分配有正向电压，如图 1-21（b）所示。集电结在反向电压作用下，集电区少数载流子——空穴就要漂移到基区，它的数量相当于 I_{CBO}。一方面，发射结在正向电压作用下，发射区的多数载流子——自由电子、集电区少数载流子——空穴就要漂移到基区，它的数量相当于 I_{CBO}；另一方面，发射结在正向电压作用下，发射区的多数载流子——自由电子就要扩散到基区，其中，少量与集电区漂移到基区的空穴复合，大量的将到达集电区。根据内部电流分配规律，发射区每向基区供给一个复合用的载流子，就要向集电区供给 β 个载流子，于是电流关系为

$$I_{CEO} = I_{CBO} + \beta I_{CBO} = (1+\beta)I_{CBO} \tag{1-7}$$

I_{CEO} 也是衡量三极管质量的重要参数，它受温度影响很大，温度升高，I_{CBO} 增大，I_{CEO} 增大。一般硅管的 I_{CEO} 比锗管的小。

4. 集电极最大允许电流 I_{CM}

当集电极电流太大时，三极管的电流放大系数 β 值下降。把 i_C 增大到使 β 值下降到正常值的 2/3 时所对应的集电极电流，称为集电极最大允许电流 I_{CM}。为了保证三极管的正常工作，在实际使用中，流过集电极的电流必须满足 $i_C < I_{CM}$。

5. 极间反向击穿电压

三极管有两个 PN 结，当反向电压超过规定值时，也会发生击穿。三极管的极间反向击穿电压参数较多，但常用的是 U_{CEO} 和 U_{CBO} 参数。

U_{CEO} 是指当基极开路时集电极与发射极之间的反向击穿电压。当温度上升时，击穿电压 U_{CEO} 要下降，故在实际使用中，必须满足 $U_{CE} < U_{CEO}$。

U_{CBO} 是指当发射极开路时集电极与基极之间的反向击穿电压，对于不同型号的三极管，U_{CBO} 从几十伏（V）到几千伏（kV），且 $U_{CBO} > U_{CEO}$。

6. 集电极最大耗散功率 P_{CM}

集电极最大耗散功率是指三极管正常工作时最大允许消耗的功率。三极管消耗的功率 $P_C = U_{CE} I_C$，它将转化为热能，损耗于管内，并主要表现为温度升高。当三极管消耗的功率超过 P_{CM} 值时，其发热过量，将使管子性能变差，甚至烧坏管子。因此，在使用三极管时，P_C 必须小于 P_{CM} 才能保证管子正常工作。

7. 共射截止频率 f 与特征频率 f_T

三极管的电流放大系数 β 与频率有关，如图 1-25 所示。低频时，$\beta = \beta_0$，随着频率的增高，β 值将减小。β 减至 $0.707\beta_0$ 时所对应的频率称为共射截止频率 f_β。

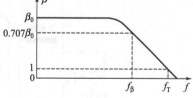

图 1-25 电流放大系数 β 的频率特性

当 β 减至 1 时所对应的频率称为特征频率 f_T。在 $f_\beta < f < f_T$ 范围内，β 与频率的关系简单地表示为 $f \times \beta = f_T$。

五、三极管的检测

三极管的型号不同，其管脚排列也不同。对于小功率塑封管，多数型号的管脚排列如图 1-26（a）所示；对于金属壳大功率管，其管脚排列如图 1-26（b）所示，其中，管壳就是集

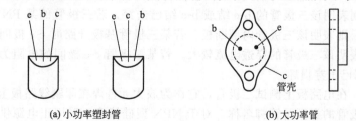

(a) 小功率塑封管　　　　　　　　　　(b) 大功率管

图 1-26 典型三极管的管脚排列

电极。

用万用表对三极管进行检测，首先判别基极与管型，方法如下。

将万用表置于 R×1kΩ 挡，并假设某一电极为基极。用黑表棒接三极管的假设基极，用红表棒分别接另外两个电极，若电阻值都较小；再用红表棒接三极管的假设基极，用黑表棒分别接另外两个电极，若电阻值都很大，则说明基极假设是正确的，而且类型为 NPN（PNP）型。测试示意图如图 1-27 所示。

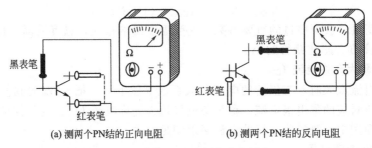

(a) 测两个PN结的正向电阻 (b) 测两个PN结的反向电阻

图 1-27 三极管的万用表测试示意图（1）

然后用万用表判别集电极和发射极，方法如下。

只有当完成基极及类型的判别后，方可再进行集电极和发射极的判别。若被测管是 NPN 型管，则测试如图 1-28(a) 所示。先将基极开路 S 断开，将万用表置于 R×1kΩ 挡，并假设某一电极为集电极，另一电极为发射极。用万用表的黑表笔搭假设的集电极，红表笔搭假设的发射极，此时阻值应极大；再在基极与假设的集电极之间接一个 100kΩ 电阻，S 闭合，此时阻值若明显减小，则说明假设正确；若 S 闭合后阻值减小不明显，则说明假设错误，即 c 极和 e 极互换使用，应重新假设。

对于 PNP 型管，测试如图 1-28(b) 所示。与 NPN 型管测试不同的是红表笔搭假设的集电极，黑表笔搭假设的发射极。

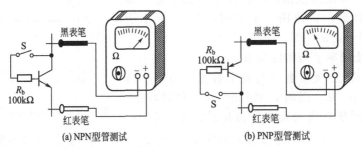

(a) NPN型管测试 (b) PNP型管测试

图 1-28 三极管的万用表测试示意图（2）

至于三极管的质量粗判，方法如下。

普通三极管的常见故障是断极开路、击穿短路及温度特性差。如果三极管的两个 PN 结的正向电阻均较小，反向电阻均很大，则三极管一般为正常。若三极管的某 PN 结的正、反向电阻均为零，则表明该三极管的 b-e 结或 b-c 结已击穿。若三极管的某 PN 结的正、反向电阻均为无穷大，则表明该三极管内部断极。若某三极管基极开路时 c-e 极间的电阻不是几百千欧以上，则表明该三极管的穿透电流较大。若某三极管 c-e 极间的电阻为零，则表明该三极管的 c-e 极间已击穿损坏。

实际使用中，在电路板上测试三极管，它作为放大元件焊在印刷线路板上，通电后，用万用表可测出三极管的类型及管脚名称。对于 NPN 型硅锗管，采用正电源供电，集电极对地电压最高，发射极对地电压最低，基极比发射极高出 0.6～0.7V，锗管高出 0.2～0.3V。

对于 PNP 型硅锗管，采用负电源供电，集电极对地电压最负，发射极对地负压最小，硅管基极比发射极低 $0.6 \sim 0.7\text{V}$，而锗管低 $0.2 \sim 0.3\text{V}$。

技能训练三　半导体三极管的识别与检测

1. 实训目的及要求

① 能识别常用的半导体三极管。

② 熟练使用万用表判别晶体三极管的极性和质量的好坏。

2. 实训所需器材及仪表

①万用表。②3AX31、3DG6 等三极管。③质量差或废弃三极管若干只。④塑料套管（三种颜色）等。

3. 实训原理

三极管的基本结构、电流分配原理。

4. 实训内容及步骤

（1）判别三极管的管脚及管型（PNP、NPN）。

① 用万用表电阻挡（R×100Ω 或 R×1kΩ）判别出基极和管型，并用一种颜色的塑料套管套在管脚上作标记。

② 判别集电极和发射极，也分别用不同颜色的塑料套管套在管脚上。

（2）测定管子的质量。

① 测定 I_{CEO} 和 β 大小情况。

② 用万用表测试废弃三极管各极间正反向电阻值，鉴别、分析管子质量和损坏情况。

5. 实训报告要求

① 整理各项实验数据，填入自拟的表格中。

② 对实验数据进行分析判断。

技能训练四　搭接测试三极管特性的电路

1. 实训目的及要求

① 巩固双极型三极管的特性知识。

② 学会三极管的特性测量方法。

2. 实训所需器材及仪表

① 电压表、毫安表、微安表。　　　② 9013 三极管。

③ 电阻、导线若干。　　　　　　　④ 可调电阻。

⑤ 直流稳压电源。　　　　　　　　⑥ 万用表。

3. 实训原理及电路图

实训原理：三极管的结构、电流分配原理及电流分配关系。实训电路如图 1-29 所示。

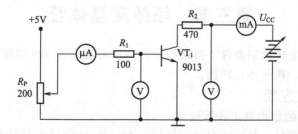

图 1-29　测试三极管特性电路图

4. 实训内容及步骤

① 按图 1-29 连线，R_P 旋至下端，接好三极管集电极的毫安表和电压表，这时，可以

按如图 1-29 所示电路进行输入、输出特性的测量。

② 按表 1-2 要求，调节电位器，改变基极电压，改变 U_{CC}，以改变集电极电压。分别测出基极电流 I_B 和相应的 U_{BE}，填入表中，即可测量三极管输入特性。

表 1-2　三极管输入特性数据表

条件 U_{CE}/V	I_B/μA	10	15	20	30	40	50	60	80
0									
1.255	U_{BE}/V								
6									

③ 测出 U_{CE} 和相应的集电极电流 I_C，填入表 1-3 中，即可测量三极管的输出特性。

表 1-3　三极管输出特性数据表

I_B/μA	U_{CE}/V	1.5	2.0	3.0	4.0	5.0	6.0	7.0	8.0
0									
10									
20									
30	I_C/mA								
40									
50									
60									

5. 实训报告要求

按照所测数据，分别画出双极型三极管的输入和输出特性曲线，并对曲线进行解释。

 想一想，做一做

1. 既然三极管有两个 PN 结，能否用两个二极管反向串联起来构成一只三极管？请说明其理由。

2. 用万用表的欧姆挡测某三极管的结电阻时，其中发射结的正反向电阻均为几十欧姆，此管还能使用吗？为什么？

3. 用万用表测三极管的结电阻时，为了使表笔与管脚接触良好，两手同时捏住两表笔与管脚，这样会影响测量结果吗？其结电阻是增加了，还是减少？

4. 如何用万用表的电阻挡判别一只三极管的 e、b、c 极？

5. 发射区和集电区都是同类型的半导体材料，发射极和集电极可以互换吗？为什么？

第三节　场效应晶体管

场效应管是一种电压控制器件。按结构分为结型场效应管（N 沟道、P 沟道）和绝缘栅型场效应管（增强型、耗尽型）两类。

一、结型场效应管

1. 结型场效应管的结构及工作原理

（1）基本结构及符号　如图 1-30(a) 所示，在一块 N 型硅半导体两侧制作两个 P 型区域，形成两个 PN 结，把两个 P 型区相连后引出一个电极，称为栅极，用字母 g 表示。

（2）工作原理　图 1-31 表示的是结型场效应管施加偏置电压后的接线图。

由图 1-31 可见，栅源之间加的是反向电压 u_{GS}，此时，耗尽层加宽，沟道变窄，电阻增

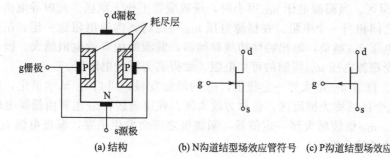

(a) 结构　　　**(b) N沟道结型场效应管符号**　　**(c) P沟道结型场效应**

图 1-30　结型场效应管结构与符号图

大，在漏源电压 u_{DS} 作用下，将产生一漏极电流 i_D。当栅源间反偏电压 u_{GS} 改变时，沟道电阻也随之改变，从而引起漏极电流 i_D 变化，即通过 u_{GS} 实现了对漏极电流 i_D 的控制作用。

2. 特性曲线

场效应管的特性曲线分为转移特性曲线和输出特性曲线。

（1）转移特性　在 u_{DS} 一定时，漏极电流 i_D 与栅源电压 u_{GS} 之间的关系称为转移特性，如图 1-32 所示，即

$$i_D = f(u_{GS})\big|_{u_{DS}=常数}$$

在 $U_{GS(off)} \leqslant u_{GS} \leqslant 0$ 的范围内，漏极电流 i_D 与栅极电压 u_{GS} 的关系为

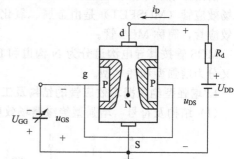

图 1-31　N 沟道结型场效应管工作原理

$$i_D = I_{DSS}\left(1 - \frac{u_{GS}}{U_{GS(off)}}\right)^2 \tag{1-8}$$

I_{DSS} 称为饱和漏电流，即当 $u_{GS}=0$ 时的 i_D。当 $u_{GS}=U_{GS(off)}$ 时，沟道被夹断，此时 $i_D=0$。$U_{GS(th)}$ 称为夹断电压。

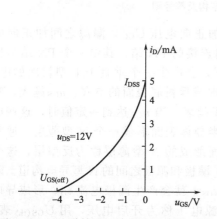

图 1-32　N 沟道结型场效应管转移特性曲线

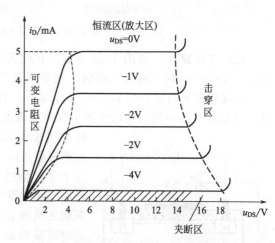

图 1-33　N 沟道结型场效应管输出特性曲线

（2）输出特性　输出特性是指栅源电压 u_{GS} 一定，漏极电流 i_D 与漏极电压 u_{DS} 之间的关系，即

$$i_D = f(u_{DS})\big|_{u_{GS}=常数}$$

图 1-33 所示特性曲线分四个区域。

① 可变电阻区。当漏源电压 u_{DS} 很小时，场效应管工作于该区。此时导电沟道畅通，场效应管的漏源之间相当一个电阻。在栅源电压 u_{DS} 一定时，沟道电阻也一定，i_D 随 u_{GS} 增大而增大。栅源电压 u_{GS} 越负，输出特性曲线越倾斜，漏源间的等效电阻越大。因此，场效应管可看成一个受栅源电压 u_{GS} 控制的可变电阻，故得名为可变电阻区。

② 恒流区。随着 u_{DS} 增大到一定程度，i_D 的增加变慢，以后 i_D 基本恒定，而与漏源电压 u_{DS} 无关，这个区域称为恒流区，也称为放大区。在恒流区，i_D 主要由栅源电压 u_{GS} 决定。

③ 击穿区。u_{DS} 继续增大到一定值后，漏源极之间会发生击穿，漏极电流 i_D 急剧上升，若不加限制，管子就会损坏。

④ 夹断区。当 u_{GS} 负值增加到夹断电压 $U_{GS(th)}$ 后，$i_D \approx 0$，场效应管截止。

二、绝缘栅型场效应管

前面介绍的结型场效应管 PN 结反偏时，总有一些电流，而且还受到温度影响。绝缘栅型场效应管（MOSFET）是由金属、氧化物、半导体组成的，所以又叫金属氧化物半导体场效应管，简称 MOS 管。

MOS 管按其导电沟道分为 N 沟道和 P 沟道管，即 NMOS 管和 PMOS 管；每一种 MOS 管又分为增强型和耗尽型。

1. 增强型绝缘栅场效应管的结构及工作原理

（1）结构及符号 增强型绝缘栅场效应管结构及符号图如图 1-34 所示。

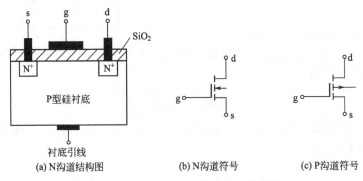

(a) N沟道结构图   (b) N沟道符号   (c) P沟道符号

图 1-34 增强型 MOS 管结构及符号图

（2）工作原理 如图 1-35 所示，在栅源之间加正向电压 U_{GG}，漏源之间加正向电压 U_{DD}，当 $u_{GS}=0$ 时，漏极与源极之间形成两个反向连接的 PN 结，其中一个 PN 结是反偏的，故漏极电流为零。当 $u_{GS}>0$ 时，在 u_{GS} 作用下，会产生一个垂直于 P 型衬底的电场，这个电场将 P 区中的自由电子吸引到衬底表面，同时排斥衬底表面的空穴。u_{GS} 越大，吸引到 P 衬底表面的电子越多。当 u_{GS} 达到一定值时，这些电子在栅极附近的 P 型半导体表面形成一个 N 型薄层，通常把这个在 P 型衬底表面形成的 N 型薄层称为反型层，这个反型层实际上就构成了漏极和源极之间的 N 型导电沟道。若在漏源之间加上电压 u_{DS}，就会产生漏极电流 i_D。形成导电沟道时所需的最小栅源电压称为开启电压，用 $U_{GS(th)}$ 表示。改变栅源电压就可以改变沟道的宽度，即可以有效控制漏极电流 i_D。

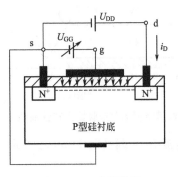

图 1-35 N 沟道增强型 MOS 管工作原理

（3）特性曲线

① 转移特性曲线。N 沟道增强型绝缘栅场效应管的转移特性曲线如图 1-36（a）所示。在 $u_{GS} \geqslant U_{GS(th)}$ 时，i_D 与

u_{GS} 的关系可用式(1-9) 表示，其中，I_{DO} 是 $u_{\text{GS}}=2U_{\text{GS(th)}}$ 时的 i_{D} 值。

$$i_{\text{D}}=I_{\text{DO}}\left(\frac{u_{\text{GS}}}{U_{\text{GS(th)}}}-1\right)^2 \tag{1-9}$$

② 输出特性曲线。N 沟道增强型绝缘栅场效应管的输出特性曲线如图 1-36(b) 所示。

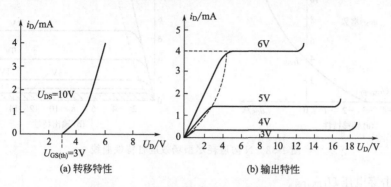

(a) 转移特性　　　　　　　(b) 输出特性

图 1-36　N 沟道增强型场效应管特性曲线

2. 耗尽型绝缘栅场效应管的结构及工作原理

图 1-37 为 N 沟道耗尽型绝缘栅场效应管的结构图。其结构与增强型 MOS 管相似，不同的是，这种管子在制造时，就在二氧化硅绝缘层中掺入了大量的正离子。由于正离子的作用，即使在 $u_{\text{GS}}=0$ 时，也会在漏源极之间形成导电沟道，此时，只要在漏源极之间加上电压 u_{DS}，就会产生漏极电流 i_{D}。

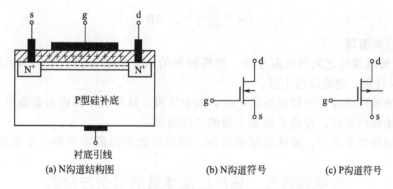

(a) N沟道结构图　　　　　(b) N沟道符号　　　　　(c) P沟道符号

图 1-37　N 沟道耗尽型 MOS 管结构及符号图

通常将 $u_{\text{GS}}=0$ 时的漏极电流 i_{D} 称为饱和漏极电流，用 I_{DSS} 表示。当栅源之间加反偏电压 u_{GS} 时，沟道中感应的负电荷减少，从而使 i_{D} 减小，反偏电压 u_{GS} 增大，沟道中感应的负电荷进一步减少。当反偏电压增大到某一值时，沟道被夹断，$i_{\text{D}}=0$，此时的 u_{GS} 称为夹断电压，用 $U_{\text{GS(off)}}$ 表示，特性曲线如图 1-38 所示。

在 $u_{\text{GS}}\geqslant U_{\text{GS(off)}}$ 时，i_{D} 与 u_{GS} 的关系可用式(1-10) 表示。

$$i_{\text{D}}=I_{\text{DSS}}\left(1-\frac{u_{\text{GS}}}{U_{\text{GS(off)}}}\right)^2 \tag{1-10}$$

耗尽型绝缘栅场效应管的 u_{GS} 不论是负或零，都可以控制 i_{D}。

三、场效应管的主要参数及使用注意事项

1. 主要参数

① 夹断电压 $U_{\text{GS(off)}}$ 或开启电压 $U_{\text{GS(th)}}$。

② 饱和漏极电流 I_{DSS}。

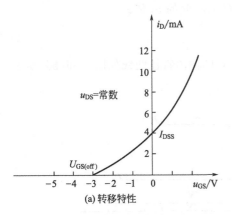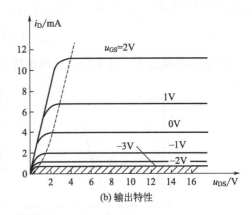

图 1-38 N 沟道耗尽型场效应管特性曲线

③ 漏源击穿电压 $U_{(BR)DS}$。

④ 栅源击穿电压 $U_{(BR)GS}$。

⑤ 直流输入电阻 R_{GS}。

⑥ 最大耗散功率 P_{DM}。

⑦ 跨导 g_m。

在 u_{DS} 为定值的条件下,漏极电流变化量与引起这个变化的栅源电压变化量之比称为跨导或互导,即

$$g_m = \frac{di_D}{du_{GS}} \Big|_{u_{DS}=常数}$$

2. 使用注意事项

① MOS 管栅源极之间的电阻很高,使得栅极的感应电荷不易泄放,因极间电容很小,故会造成电压过高,使绝缘层击穿。

② 有些场效应晶体管将衬底引出,故有四个管脚,这种管子漏极与源极可互换使用。

③ 使用场效应管时,各极必须加正确的工作电压。

④ 在使用场效应管时,要注意漏源电压、漏源电流及耗散功率等,不要超过规定的最大允许值。

技能训练五 场效应晶体管的识别与检测

1. 实训目的及要求

① 掌握场效应管的类型、外观及相应标志。

② 学会用测电阻法判别结型场效应管的电极及好坏。

③ 学会用感应信号输入法估测场效应管的放大能力。

2. 实训所需器材及仪表

①万用表。②结型场效应管。

3. 实训原理

场效应管的基本结构、工作原理。

4. 实训内容及步骤

① 用测电阻法判别结型场效应管的电极。

第一步:将万用表挡位拨至 R×1kΩ 挡。

第二步:任选两个电极,分别测出正、反向电阻值。

第三步:若两个电极的正、反向电阻值相等,且为几千欧姆时,则这两个电极分别是漏

极 d 和源极 s，剩下的电极是栅极 g。

要求学生自己做出表格，记录相应的测量数据。

② 用测电阻法判别结型场效应管的好坏。

第一步：将万用表挡位拨至 R×10Ω 或 R×100Ω 挡。

第二步：测量源极 s 和漏极 d 之间的电阻（通常在几十欧到几千欧的范围），若测量值大于正常值，则可能是内部接触不良；若测得阻值无穷大，则可能是内部断极。

第三步：再把万用表挡位拨至 R×10kΩ 挡位，测栅极 g1 与 g2 之间、栅极与源极、栅极与漏极之间的电阻值。当测得其各项电阻值均为无穷大时，则说明管是正常的；若测得上述各阻值太小或为通路，则说明管是坏的。

③ 用感应信号输入法估测场效应管的放大能力。

第一步：将万用表挡位拨至 R×100Ω 挡。

第二步：用红表笔接源极 s，黑表笔接漏极 d，此时表针指示的是漏源极间的电阻值。

第三步：用手捏住结型场效应管的栅极 g，将人体的感应电压信号加到栅极上，此时由于管子的放大作用，可以观察到万用表指针有较大幅度的摆动。如果手捏栅极，指针摆动较小，则说明管的放大能力较差；如果指针摆动较大，则表明管的放大能力大；若指针不动，则说明管是坏的。

将检测结果记录于表 1-4 中。

表 1-4　场效应晶体管的检测表

元件型号	管型	画出外形并标明电极	质量判别	放大能力

5. 实训报告要求

总结判定场效应管电极和质量好坏的方法。

技能训练六　搭接测试场效应晶体管特性的电路

1. 实训目的及要求

① 巩固所学场效应管的特性知识。

② 学会场效应管的特性测量方法。

2. 实训所需器材及仪表

① 万用表。　　　　② 毫安表。　　　　③ 直流电压表。

④ 结型场效应管。　⑤ 电阻、导线若干。

3. 实训原理及电路图

场效应管的基本结构及工作原理。测试场效应管特性的电路图如图 1-39 所示。

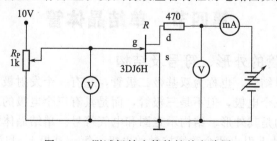

图 1-39　测试场效应管特性的电路图

4. 实训内容及步骤

① 按图 1-39 接线，打开电源开关，调节可变直流电源，使之输出为 1.25V，此时可将实验电路的电源接通。按图 1-39 所示接好电压、电流表，读出栅极电压 U_{GS} 和漏极电压 U_D 值，即将调节电位器旋至最下端。

② 按表 1-5 要求，分别测出转移特性 $I_D\text{-}U_{GS}$ 的关系和输出特性 $I_D\text{-}U_{DS}$ 关系。先固定使 $U_{DS}=10V$，然后，改变 U_{GS} 值，每改变一次，读出一个对应的 I_D 值（可选用万用表的毫安挡来测 I_D）。

表 1-5　测试场效应管转移特性数据表

$U_{DS}=10V$	U_{GS}/V	0	−0.25	−0.75	−1	−1.25	−1.5	−7	−8	−9	−10
	I_D/mA										

③ 输出特性的测量，要求固定 U_{GS} 值，在测 $I_D\text{-}U_{DS}$ 值时，按表 1-6 要求，共测六条 $I_D\text{-}U_{DS}$ 曲线。

表 1-6　测试场效应管输出特性数据表

U_{GS}/V	U_{DS}/V	1.25	2.0	3.0	4.0	5.0	6.0	7.0	8.0	9.0	10.0
−1.25											
−2.0											
−4.0	I_D/mA										
−6.0											
−8.0											
−10.0											

5. 实训报告要求

画出场效应管的转移特性曲线和输出特性曲线，并对曲线进行解释。

 想一想，做一做

1. 场效应管与晶体三极管比较有何特点？

2. N 沟道结型场效应管栅源极之间能否加正偏电压？为什么？

3. 能否用万用表测量绝缘栅型场效应管各管脚以及它的性能？

4. 总结各种场效应管外加电压极性的规律。

第四节　单结晶体管

一、单结晶体管的外形、符号及结构

单结晶体管简称单结管，也称为双基极二极管，它有一个发射极和两个基极，外形和普通三极管相似，它有三个电极，但不是三极管，而是具有三个电极的二极管，管内只有一个 PN 结。图 1-40 所示的是其外形、结构示意图和电气符号。单结晶体管的结构是在一块高电阻率的 N 型半导体基片上引出两个欧姆接触的电极：第一基极 b_1 和第二基极 b_2；在两个基

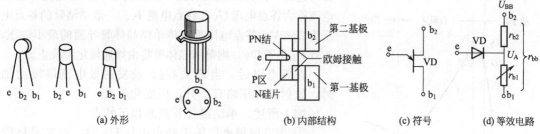

图 1-40 单结晶体管

极间靠近 b_2 处，用合金法或扩散法渗入 P 型杂质，引出发射极 e。单结晶体管共有上述三个电极，常见的型号有 BT31、BT32、BT33、BT35 等，型号的第一部分"B"表示半导体器件，第二部分"T"表示特种管，第三部分"3"表示 3 个电极，第四部分表示耗散功率为 100mW、200mW、300mW、500mW 等，如图 1-41 所示。

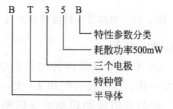

图 1-41 单结管型号的各符号意义

二、单结晶体管的伏安特性

图 1-42 所示为单结晶体管特性试验电路及其等效电路。将单结晶体管等效成一个二极管和两个电阻 R_{b1}、R_{b2} 组成的电路，R_{b1} 表示 e 与 b_1 极之间的电阻，数值随发射极电流 I_E 变化；R_{b2} 表示 e 与 b_2 极之间的电阻，数值与 I_E 无关。b_1 极与 b_2 极之间电阻用 R_{bb} 表示，$R_{bb} = R_{b1} + R_{b2}$。因为 e 与 b_1 极之间为一个 PN 结，可用一个二极管 VD 等效，其正向压降为 $0.6 \sim 0.7V$，那么，当两个基极上加电压 U_{BB} 时，R_{b1} 上分得的电压为

$$U_A = \frac{R_{b1}}{R_{b1} + R_{b2}} U_{BB} = \frac{R_{b1}}{R_{bb}} U_{BB} = \eta U_{BB}$$

其中，η 为分压比，$\eta = \dfrac{R_{b1}}{R_{b1} + R_{b2}}$，$\eta$ 一般为 $0.3 \sim 0.8$。η 是单结晶体管的主要参数，其数值由单结管内部结构决定。

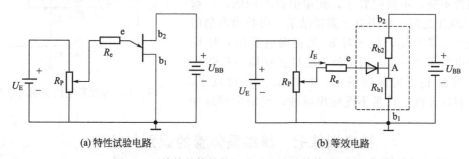

图 1-42 单结晶体管特性试验电路及其等效电路

下面分析单结晶体管的工作情况。

调节 R_P，使 U_E 从零逐渐增加。当 $U_E < \eta U_{BB}$ 时，单结晶体管 PN 结处于反向偏置状态，只有很小的反向漏电流，对应单结管伏安特性的截止区，即图 1-43 中的 $O'P$ 段。

当发射极电位 U_E 大小等于峰点电压 U_P（$U_P = U_D + U_A$，其中 U_D 为二极管导通电压）时，单结晶体管开始导通，此时的发射极电流称为峰点电流 I_P，I_P 是单结晶体管导通所需的最小电流，且随着 I_E 增大，R_{b1} 显著减小，因此发射结电压 U_E 随之减小，直到 U_E 下降到最低点，这一现象

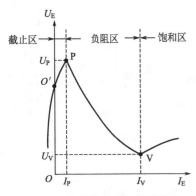

图 1-43 单结管发射极特性曲线

称为饱和，特性曲线上的这一点称为谷点，对应的电压和电流称为谷点电压 U_V 和谷点电流 I_V。一般单结管的谷点电压为 2~5V。谷点电压是维持单结晶体管导通的最小电压，一旦 U_E 小于 U_V，则单结晶体管将由导通转化为截止。

在谷点以后，当调大 U_E，使发射极电流继续增加时，发射极电压略有上升，但变化不大。

综上所述，单结晶体管具有以下特点。

① 当发射极电压等于峰点电压 U_P 时，单结晶体管导通。导通之后，当发射极电压小于谷点电压 U_V 时，单结晶体管就恢复截止。

② 单结晶体管的峰点电压 U_P 与外加固定电压及其分压比 η 有关。

③ 不同单结晶体管的谷点电压 U_V 和谷点电流 I_V 都不一样。在触发电路中，常选择 η 稍大一些、U_V 低一些和 I_V 大一些的单结晶体管，以增大输出脉冲幅度和移相范围。

单结管组成的频率可变的振荡电路可用来产生晶闸管触发脉冲。

三、单结晶体管的使用常识

1. 管脚的判别方法

对于金属管壳的管子，管脚对着自己，以凸口为起始点，顺时针方向数，依次是 e、b_1、b_2。对于环氧封装半球状的管子，平面对着自己，管脚向下，从左向右，依次为 e、b_2、b_1。国外的塑料封装管管脚排列一般也和国产环氧封装管的排列相同，如图 1-40(a) 所示。

2. 用万用表识别单结晶体管的三个电极

用万用表 R×100Ω 或 R×1kΩ 电阻挡分别测试 e、b_1 和 b_2 之间的电阻值，可以判断管子结构的好坏，识别三个管脚，如图 1-44 所示。e 对 b_1，测正反向电阻；e 对 b_2，测正反向电阻。

b_1 对 b_2 相当于一个固定电阻，表笔正、反向测得电阻值不变，不同的管子，此阻值是不同的，一般在 3~12kΩ 之间。利用以上测量结果，可找出发射极来。由于 e 靠近 b_2，故 e 对 b_1 的正向电阻比 e 对 b_2 的正向电阻稍大一些，用这种方法可区别第一基极 b_1 和第二基极 b_2。实际应用中，如果 b_1、b_2 接反了，也不会损坏元件，只是不能输出脉冲，或输出的脉冲很小罢了。

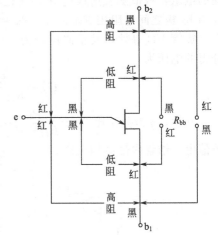

图 1-44 单结管电极识别示意图

技能训练七 单结晶体管的识别与检测

1. 实训目的及要求

① 巩固单结管的结构及伏安特性。

② 掌握单结管管脚的判别。

2. 实训所需器材及仪表

①万用表。②塑料封装、环氧封装等常用单结晶体管。

3. 实训原理

单结管的基本结构及伏安特性。

4. 实训内容及步骤

① 据外形对单结管进行管脚的判别。

② 用万用表 R×100Ω 或 R×1kΩ 电阻挡分别测试 e、b_1 和 b_2 之间的正反向电阻值，记入表 1-7 中。

表 1-7 单结晶体管测试表

R_{eb1}	R_{eb2}	R_{b1e}	R_{b2e}	结论

③ 用万用表测量 b_1、b_2 之间的电阻值，记录数值，结合表 1-7 判断单结管的三个电极，并与第一步单结管外形的判断加以比较。

5. 实训报告及要求

总结用万用表判别单结管好坏的方法。

技能训练八　搭接自励振荡电路

1. 实训目的及要求

① 进一步巩固单结晶体管的伏安特性。

② 搭接电路掌握自励振荡电路的工作原理。

2. 实训所需器材及仪表

① 直流稳压电源。　　　　② BT33 单结管。

③ 喇叭。　　　　　　　　④ 电阻若干。

⑤ 0.18μF，6V 电容。　　⑥ 导线若干。

⑦ 示波器。

3. 实训原理及电路图

实训电路图如图 1-45 所示。实训电路的工作原理如下。

电路接通电源 U_{BB} 后，电源通过 R_P、R_e 向电容 C 充电，电容电压 U_C 按指数规律上升。当 U_C 上升到使 $U_E \geqslant U_P$ 时，单结管导通，电容电压 U_C 迅速通过 R_1 放电，在 R_1 上形成脉冲电压。

随着电容 C 的放电，电容上的电压下降，引起 U_E 下降。当 $U_E < U_V$ 时，单结管截止，放电结束。

此后电容又充电，重复上述过程，于是在电容 C 上形成锯齿波电压，在 R_1 上形成尖脉冲，改变电位器 R_P 阻值的大小，可以调整电容器充电的快慢，从而改变输出脉冲的频率。

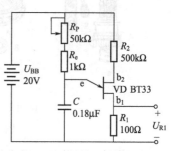

图 1-45　单结管自励振荡电路

4. 实训内容及步骤

① 按图 1-45 连接线路。

② 改变 R_P 阻值的大小，观察电容 C 和 R_1 两端的波形，设定表格记录 R_P 的大小改变与 u_e、u_{R1} 的波形变化情况。

③ 测定 R_e 的取值范围，并与理论计算值进行比较。

5. 实训报告要求

根据测定的数据，大致描绘 u_e、u_{R1} 随 t 的变化曲线，并加以解释。

 想一想，做一做

1. 单结管导通、截止的条件是什么？简述单结管与 RC 回路能构成振荡电路的工作原理。

2. 根据半导体的基本知识及 PN 结正反向电阻的不同，能用万用表的欧姆挡判别单结管的三个电极吗？

3. 怎样调整单结管振荡器的振荡频率？

第五节 晶 闸 管

晶闸管全称硅晶体闸流管，旧称可控硅，是一种大功率的电子变流器件，主要用于大功率交流电能和直流电能的相互转换，将交流电转换成直流电，并使输出电压可调，叫做可控整流；将直流电转换为交流电，叫做逆变。1947 年美国著名的贝尔实验室发明了晶闸管，引发了电子技术的一场革命，晶闸管的出现使大功率变流技术进入了一个新时代。由于其优越的电气性能和控制性能，使它的应用范围迅速扩大。晶闸管包括普通晶闸管、双向晶闸管、光控晶闸管、逆导晶闸管、可关断晶闸管和快速晶闸管等。

晶闸管这个名称往往专指晶闸管的一种基本类型——普通晶闸管。但从广义上讲，晶闸管还包括其许多类型的派生器件。本节主要介绍普通晶闸管的工作原理、基本特性和主要参数，然后对双向晶闸管也进行简要介绍。

一、晶闸管结构和特点

晶闸管是一种大功率半导体器件，它的管芯具有四个半导体区、三个 PN 结的结构。从外形上看，晶闸管主要有螺栓型和平板型两种封装结构，其外形、结构和图形符号如图1-46所示。由最外层的 P_1 和 N_2 层引出两个电极，分别为阳极 a 和阴极 k，由中间 P_2 层引出的电极是门极 g，又叫控制极。

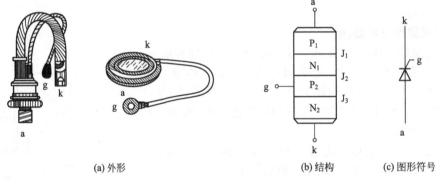

(a) 外形   (b) 结构   (c) 图形符号

图 1-46 晶闸管的外形、结构和图形符号

对于螺栓型封装的，通常螺栓是其阳极，做成螺栓状是为了与散热器紧密连接且安装方便。晶闸管一侧较粗的端子为阴极，细的为门极。平板型封装的晶闸管可由两个散热器将其夹在中间，其两个平板分别是阳极和阴极，引出的细线端子是门极。晶闸管的文字符号是 VT。

双向晶闸管属于晶闸管的派生器件。可以认为它是一对反并联连接的普通晶闸管的集成，也有三个电极，分别是两个主电极 a_1，a_2 和一个门极 g。双向晶闸管较一对反并联的普通晶闸管经济，且控制简单，常用于交流电路中，主要用于电阻性负载，作相位控制，也可用作固态继电器及电动机的控制等，其供电频率通常被限制在工频左右。

二、晶闸管工作原理

通过图 1-47 所示的电路来说明晶闸管的工作原理。在该电路中，由电源 E_a 白炽灯晶闸管的阳极和阴极组成晶闸管主电路；由电源 E_g、开关 S、晶闸管的门极和阴极组成控制电路，也称触发电路。

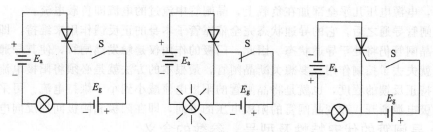

图 1-47 晶闸管导通试验电路图

当晶闸管的阳极接电源正极，阴极经白炽灯接电源的负极时，晶闸管承受正向电压。当控制电路中的开关 S 断开时，白炽灯不亮，说明晶闸管不导通。

当晶闸管的阳极和阴极之间承受正向电压，控制电路中开关闭合，使门极也加正向电压（门极相对于阴极）时，白炽灯亮，说明晶闸管导通。

当晶闸管导通时，将门极上的电压去掉（即开关 S 断开），白炽灯依然亮，说明一旦晶闸管导通，门极就失去了控制作用。

当晶闸管的阳极和阴极间加反向电压时，不论门极加不加电压，灯都不亮，晶闸管截止。如果门极加反向电压，不论晶闸管主电路加正向电压还是反向电压，晶闸管都不导通。

通过上述试验可知，晶闸管导通必须同时具备两个条件。

① 晶闸管主电路加正向电压。

② 晶闸管控制电路加合适的正向电压。

晶闸管的状态分为三种情况。

① 晶闸管的反向阻断。晶闸管（指阳极对阴极）承受反向电压的情况。

② 晶闸管的正向阻断。晶闸管（指阳极对阴极）承受正向电压，门极无正向电压时的情况。

③ 晶闸管的正向导通。晶闸管承受正向电压，同时门极加正向电压时的情况。

为了进一步说明晶闸管的工作原理，可把晶闸管看成是由一个 PNP 型和一个 NPN 型晶体管连接而成的，连接形式如图 1-48 所示。阳极 a 相当于 PNP 型晶体管 VT_1 的发射极，阴极 k 相当于 NPN 型晶体管 VT_2 的发射极。

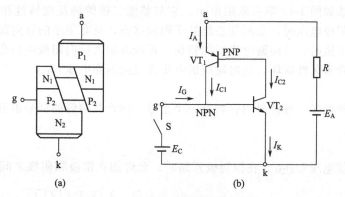

图 1-48 晶闸管工作原理等效电路

当晶闸管阳极承受正向电压，门极也加正向电压时，晶体管 VT_2 处于正向偏置，E_C 产生的门极电流 I_G 就是 VT_2 的基极电流 I_{B2}，VT_2 的集电极电流 $I_{C2}=\beta_2 I_G$。而 I_{C2} 又是晶体管 VT_1 的基极电流，VT_1 的集电极电流 $I_{C1}=\beta_1 I_{C2}=\beta_1 \beta_2 I_G$（$\beta_1$ 和 β_2 分别是 VT_1 和 VT_2 的电流放大系数）。电流 I_{C1} 又流入 VT_2 的基极，再一次放大。这样循环下去，形成了强烈的正反馈，使两个晶体管很快达到饱和导通，这就是晶闸管的导通过程。导通后，晶闸管上的压降很小，电源电压几乎全部加在负载上，晶闸管中流过的电流即负载电流。

在晶闸管导通之后，它的导通状态完全依靠管子本身的正反馈作用来维持，即使门极电流消失，晶闸管仍将处于导通状态。因此，门极的作用仅是触发晶闸管，使其导通，导通之后，门极就失去了控制作用。要想关断晶闸管，最根本的方法就是必须将阳极电流减小到使之不能维持正反馈的程度，也就是将晶闸管的阳极电流减小到小于维持电流。可采用的方法有：将阳极电源断开；改变晶闸管的阳极电压的方向，即在阳极和阴极间加反向电压。

三、晶闸管的伏安特性及型号、参数的含义

1. 晶闸管的伏安特性

晶闸管阳极与阴极间的电压 U_A 和阳极电流 I_A 的关系称为晶闸管阳极伏安特性，正确使用晶闸管必须要了解其伏安特性。图 1-49 所示即为晶闸管阳极伏安特性曲线，包括正向特性（第一象限）和反向特性（第二象限）两部分。

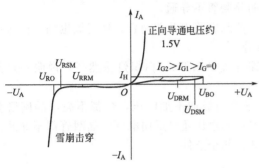

图 1-49 晶闸管伏安特性曲线

正向伏安特性曲线如图 1-49 第一象限所示。随着门极电流 I_G 的增大，晶闸管的正向转折电压 U_{BO} 迅速下降，当 I_G 足够大时，晶闸管的正向转折电压很小，可以看成与一般二极管一样，只要加上正向阳极电压，管子就导通了。晶闸管正向导通的伏安特性与二极管的正向特性相似，即当流过较大的阳极电流时，晶闸管的压降很小。

晶闸管正向导通后，要使晶闸管恢复阻断，只有逐步减小阳极电流 I_A，使 I_A 下降到小于维持电流 I_H（维持晶闸管导通的最小电流），则晶闸管又由正向导通状态变为正向阻断状态。图 1-50 中各物理量的含义如下。

U_{DRM}、U_{RRM}：正、反向断态重复峰值电压。

U_{DSM}、U_{RSM}：正、反向断态不重复峰值电压。

U_{BO}：正向转折电压。

U_{RO}：反向击穿电压。

反向特性曲线如图 1-49 第三象限所示，它与整流二极管的反向特性相似。在正常情况下，当承受反向阳极电压时，晶闸管总是处于阻断状态，只有很小的反向漏电流流过。当反向电压增加到一定值时，反向漏电流增加较快，再继续增大反向阳极电压会导致晶闸管反向击穿，造成晶闸管永久性损坏，这时对应的电压为反向击穿电压 U_{RO}。

2. 型号

晶闸管的品种很多，每种晶闸管都有一个型号。国产晶闸管的型号由五部分组成，如图 1-50 所示。

3. 主要参数

（1）反向峰值电压 U_{RRM} 在控制极开路时，允许加在阳极和阴极之间的最大反向峰值电压。

（2）正向阻断峰值电压 U_{DRM} 在控制极开路时，允许加在阳极与阴极之间的最大正向峰值电压。使用时若超过 U_{DRM}，晶闸管即便不加触发电压也能从正向阻断转向导通。

（3）额定正向平均电流 $I_{T(AV)}$ 在规定的环境温度和散热条件下，允许通过阳极和阴极之间的电流平

图 1-50 晶闸管型号的各符号意义

均值，例如，3A 额定电流的晶闸管，即指它的额定正向平均电流是 3A。

（4）正向电压降平均值 $U_{T(AV)}$ 又称为通态平均电压，指晶闸管导通时管压降的平均值，一般在 0.4～1.2V，这个电压越小，管子的功耗就越小。

（5）控制极触发电压 U_g 和触发电流 I_g 在室温下及一定的正向电压条件下，使晶闸管从关断到导通所需的最小控制电压和电流。

四、单向晶闸管的简易检测

在检修电子产品时，通常需对晶闸管进行简易的检测，以确定其质量是否良好。简单的检测方法如下。

1. 判别电极

万用表置于 R×1kΩ 挡，测量晶闸管任意两脚间的电阻，当万用表指示低阻值时，黑表笔所接的是控制极 g，红表笔所接的是阴极 k，余下的一脚为阳极 a，其他情况下电阻值均为无穷大。

2. 质量好坏的检测

检测按以下三个步骤进行。

① 万用表置于 R×10Ω 挡，红表笔接 k，黑表笔接 a，指针应接近∞，如图 1-51(a) 所示。

② 用黑表笔在不断开阳极的同时接触控制极 g，万用表指针向右偏转到低电阻，表明晶闸管能触发导通，如图 1-51(b) 所示。

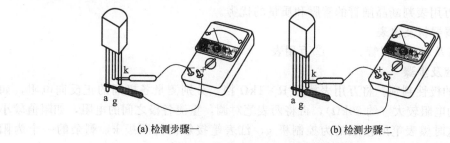

(a) 检测步骤一　　　　　　(b) 检测步骤二

图 1-51　用万用表检测晶闸管的质量

③ 在不断开阳极 a 的情况下，断开黑表笔与控制极 g 的接触，万用表的指针应保持在低电阻值上，表明晶闸管在撤去控制信号后仍将保持导通状态。

五、双向晶闸管

在实际应用中，有许多用电设备要求交流电源能够平稳调压，例如无级调速、调光、电热炉的恒温控制等。利用双向晶闸管进行交流调压，具有体积小、重量轻、控制方便等优点，因而得到广泛应用。

1. 结构与符号

双向晶闸管的结构、外形及电路图形符号如图 1-52 所示，它是一个具有 NPNPN 五层

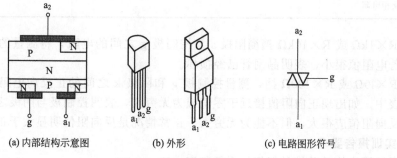

(a) 内部结构示意图　　　(b) 外形　　　(c) 电路图形符号

图 1-52　双向晶闸管

结构的半导体器件，功能相当于一对反向并联的单向晶闸管，允许电流从两个方向通过。外形与单向晶闸管相似，有三个电极，分别称为第一阳极 a_1，第二阳极 a_2 和控制极 g。国产型号常用 3CTS 或 KS 表示。

2. 主要特性

双向晶闸管的主电极 a_1、a_2 无论加正向电压还是反向电压，其控制极 g 的触发信号无论是正向还是反向，管子都可触发导通。双向晶闸管导通后除去触发信号，能继续保持导通，但主电极电压降至 0V 时，管子将截止。

3. 质量检测方法

① 万用表置 $R \times 1k\Omega$ 挡，用两表笔分别接 a_1 与 a_2，调换两表笔再测，表针不动或微动为正常。

② 万用表置 $R \times 1\Omega$ 挡，黑表笔接 a_1，红表笔接 a_2，将 g 极与 a_2 极短路一下，万用表应保持几十欧以下的读数；调换两表笔，再次将 g 极与 a_2 短路一下后离开，万用表也应保持在十欧以下的读数。对于小功率双向晶闸管，如按以上方法测量，若双向晶闸管一直保持高阻值，则表明此管无法触发导通，管子已损坏。

技能训练九 晶闸管的识别与检测

1. 实训目的及要求

① 根据外形能识别常用的晶闸管。

② 学会用万用表判断晶闸管的管脚和质量的优劣。

2. 实训所需器材及仪表

① 常用单向及双向晶闸管。   ② 万用表。

3. 实训内容及步骤

① 晶闸管的极性判别。将万用表拨至 $R \times 1k\Omega$ 挡，分别测量各极间的正反向电阻，如测得某两极间的电阻较大（约 $80k\Omega$），再将两表笔对调，重测各极之间的电阻，如阻值较小（大约 $2k\Omega$），这时黑表笔所接触的为控制极 g，红表笔接触的为阴极 k，剩余的一个为阳极 a。

② 晶闸管质量好坏的初步判断。用 $R \times 1k\Omega$ 或 $R \times 10k\Omega$ 挡测阴极 k 与阳极 a 之间的正反向电阻（控制极不接电压），两个阻值均应很大。电阻值越大，表明正反向漏电电流越小。如果测得的阻值很低，或近于无穷大，说明晶闸管已经击穿短路或已经开路，此晶闸管不能使用了。将测量的阻值记在表 1-8 中。

表 1-8 晶闸管测试表

测试项目	k-a 极间电阻	a-g 极间电阻	g-k 极间电阻
正向电阻			
反相电阻			

用 $R \times 1k\Omega$ 或 $R \times 10k\Omega$ 挡测阳极 a 与控制极 g 之间的电阻，将测量的阻值记录在上述表中。若电阻值很小，表明晶闸管已经损坏。

用 $R \times 10\Omega$ 或 $R \times 100\Omega$ 挡，测量控制极 g 和阴极 k 之间的正反向电阻，将测量的阻值记录在表中。如出现正向阻值接近于零值或为无穷大，表明控制极与阴极之间的 PN 结已经损坏。反向阻值应很大，但不能为无穷大，正常情况是反向阻值明显大于正向阻值。

4. 实训报告要求

认真填写表格并总结晶闸管的质量判定方法。

技能训练十　搭接测试晶闸管导电特性的电路

1. 实训目的及要求

① 熟悉晶闸管的导电特性。

② 了解应用晶闸管进行电子制作。

2. 实训所需器材及仪表

① 电烙铁、镊子、剪线钳等常用工具 1 套。②实验电路元件 1 套。

3. 实训原理及电路图

实训原理为晶闸管的导电特性，实训电路图如图 1-53 所示。

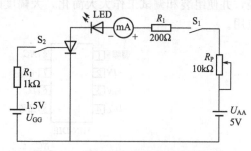

图 1-53　测试晶闸管的导电特性电路

4. 实训内容及步骤

① 按实训电路图搭接好电路。将开关 S_1、S_2 处于断开的位置，R_P 旋至阻值最小，然后进行以下实验。

② 接通 S_1，晶闸管的 a-k 极间加入工作电压，观察发光二极管是否发光。

③ 接通 S_2，晶闸管的 g 极加上触发电压，观察发光二极管是否发光。

④ 晶闸管导通后，断开 S_2，撤去触发电压，观察发光二极管是否发光。

⑤ 把 S_1 断开再接通（切断阳极电压再接通），观察发光二极管是否发光。

⑥ 触发电流方向试验　把 1.5V 电池反接，S_1、S_2 都接通，R_P 旋至最小值，观察发光二极管是否发光，电流表有无读数。

将步骤②～⑥实验结果记录于表 1-9 中。

表 1-9　测试晶闸管的导电特性表

电路状态	发光二极管亮暗情况	电路情况分析
S_1 合，S_2 断		
S_1、S_2 合		
导通后 S_2 断		
S_1 断后再接通		
触发电源反接		

5. 实训报告及要求

通过实验总结、分析晶闸管的导电规律。

 想一想，做一做

1. 晶闸管导通的条件是什么？导通后流过晶闸管的电流怎样确定？负载电压是什么？晶闸管的关断条件是什么？如何实现？

2. 如何用万用表判别晶闸管元件的好坏？

3. 晶闸管的正向伏安特性可以分为哪几个部分？

4. 双向晶闸管与单向晶闸管的工作特性有什么不同？

第六节　集成运算放大器

由于现代电子技术的飞速发展，半导体集成工艺发展很快。在很小一块硅材料基片上，制作出所需要的二极管、三极管、电阻和电容等元件，并按一定顺序连接起来所构成的完整的功能电路就是集成电路。集成运算放大器（集成运放）因最初主要用于模拟量的数学运算而得名，其外形结构如图 1-54 所示。由于集成电路中各元件的连接线短、元件密度大、外部引线及焊点少，这就大大提高了电路工作的可靠性，从而使电子设备体积缩小，重量减轻，并使组装和调试工作大大简化，大幅度降低了产品成本。因此，集成电路获得了广泛的应用。

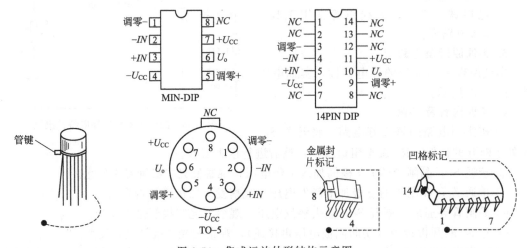

图 1-54　集成运放外形结构示意图

集成电路分为模拟集成电路和数字集成电路。模拟集成电路又可分为线性集成电路和非线性集成电路。集成运算放大器是模拟集成电路中最重要和应用最广泛的器件之一，属于线性集成电路。它实质上是一个高增益的多级直流放大器，具有很高的电压放大倍数、高输入电阻、低输出电阻，在自动控制系统、测量仪器和其他电子设备中得到了广泛的应用。

在学习集成运算放大器时，要求掌握其功能、参数和应用，对于它的内部电路只需一般了解，不必进行讨论研究。

一、集成运算放大器的理想化条件及理想集成运算放大器的特点

在分析集成运放构成的应用电路时，将集成运放看成理想集成运算放大器，可以使分析简化。

1. 理想集成运算放大器应满足的条件

① 开环电压放大倍数 $A_{ud} \to \infty$。

② 输入电阻 $r_{id} \to \infty$。

③ 输出电阻 $r_{od} \to 0$。

④ 共模抑制比 $K_{CMRR} \to \infty$。

⑤ 失调电压、失调电流均为零。

⑥ 频带宽度 $BW \to \infty$。

2. 理想集成运算放大器的特点

由理想集成运算放大器的特性可以推导出其两个重要的特点。

（1）同相输入端（同相端）的电位等于反相输入端（反相端）的电位　集成运放工作在线性区时，输出电压在有限值之间变化，而集成运放的 $A_{ud} \to \infty$，则有差模输入电压 $u_{id} = u_{od}/A_{ud} \approx 0$，而 $u_{id} = u_+ - u_-$，则可得

$$u_+ \approx u_- \tag{1-11}$$

式（1-11）说明，同相端和反相端电压几乎相等，所以称为虚短，如图 1-55(b) 所示。

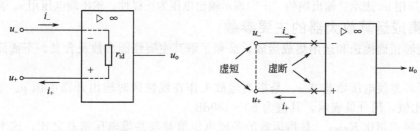

(a) 集成运放的电压和电流   (b) 理想集成运放的虚短和虚断

图 1-55 集成运放的电压和电流及虚短和虚断

（2）输入电流等于零　由于集成运放的输入电阻 $r_{id} \to \infty$，所以流经同相、反相输入端的电流为零，即

$$i_+ = i_- \approx 0 \tag{1-12}$$

式（1-12）称为"虚断"。其示意图如图 1-55（b）所示。

二、集成运放的组成及其符号

集成运放内部实际上是一个高增益的直接耦合放大器，其内部组成原理框图用图 1-56 表示，它由输入级、中间级、输出级和偏置电路等四部分组成。

图 1-56 集成运算放大器的内部组成原理框图

1. 输入级

输入级是提高运算放大器质量的关键部分。要求其输入电阻高，为了能减小零点漂移和抑制共模干扰信号，输入级都采用具有恒流源的差动放大电路，也称差动输入级。

2. 中间级

中间级的主要作用是提供足够大的电压放大倍数，故而也称电压放大级。

要求中间级本身具有较高的电压增益。为了减少前级的影响，还应具有较高的输入电阻。另外，中间级还应向输出级提供较大的驱动电流，并能根据需要实现单端输入、双端差动输出，或双端差动输入、单端输出。

3. 输出级

输出级的主要作用是输出足够的电流以满足负载的需要，同时还需要有较低的输出电阻和较高的输入电阻，以起到将放大级和负载隔离的作用。输出级一般由射极输出器组成，以降低输出电阻，提高带负载能力。

4. 偏置电路

偏置电路的作用是为各级提供合适的工作电流，一般由各种恒流源电路组成。此外还有一些辅助环节，如电平移动电路、过载保护电路以及高频补偿环节等。

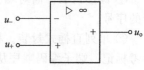

集成运放在电路中的符号如图 1-57 所示。图中"▷"表示信号的传输方向，"∞"表示放大倍数为理想条件。两个输入端中，"－"表示反相输入端，电压用"u_-"表示，符号"＋"表示同相

图 1-57 集成运放的符号

输入端，电压用 u_+ 表示。输出端的"＋"表示输出电压为正极性，输出端电压用 u_o 表示。

三、集成运算放大器的主要参数

为了能够正确挑选和运用集成运放，必须了解其主要性能参数及含义。下面简单介绍其主要参数。

（1）开环差模电压增益 A_{ud}　是指当运放工作在线性区时输出开路电压 u_o 与输入差模电压 u_{id} 的比值，用分贝表示，其值为 60～180dB。

（2）共模抑制比 K_{CMR}　是指运放的差模电压增益与共模电压增益之比，这个定义在前面已经提到过，其值为 80～180dB。

（3）差模输入电阻 r_{id} 和输出电阻 r_{od}　是指开环和输入差模信号时运放的输入电阻和输出电阻。输入电阻 r_{id} 越大越好，输出电阻 r_{od} 越小越好。r_{id} 的数量级为 MΩ，r_{od} 一般小于 200Ω。

（4）输入失调电压 U_{IO}　对于理想集成运放，在不加调零电位器的情况下，当输入电压为 0 时，输出电压也为 0。实际的集成运放在输入电压为 0 时，输出电压并不为 0。规定在 25℃室温及规定电源电压下，在输入端加补偿电压，输出电压为 0，此时的补偿电压是输入失调电压 U_{IO}。输入失调电压 U_{IO} 越小，集成运放质量越好，一般为 1～10mV。

（5）输出峰-峰值电压 V_{OPP}　指放大器在空载情况下，最大不失真输出电压的峰-峰值。

（6）静态功耗 P_D　运放在输入端短路、输出端开路时所消耗的功率。

（7）开环带宽 BW　与放大器的幅频特性的频带宽度相类似，指下限频率与上限频率之间的频率范围，一般在几千赫至几百千赫。

技能训练十一　集成运算放大器的识别与端子辨别

1. 训练目的

① 能识别常见封装的集成运算放大器的端子。

② 了解集成电路的常见检测方法。

2. 所需设备与器件

①万用表。②常见圆形、单列直插式、双列直插式、三角封装的集成适放各 6 只。

3. 训练内容及步骤

（1）集成适放的识别　如图 1-58 所示。

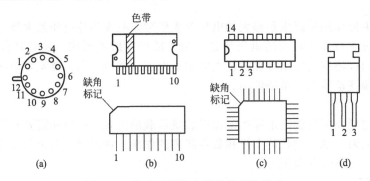

图 1-58　集成运算放大器常见封装形式

① 圆形封装。面对端子一面，从凸出的管键标志处开始，沿顺时针方向即可读出各端子的序号。

② 单列直插式封装。将集成电路水平放置，端子向下，以缺口、凹槽或色点作为端子参考标记，端子编码顺序从左到右排列。

③ 双列直插式封装或四边带端子的扁平型封装。将集成电路水平放置，端子向下，以

缺口、凹槽或色点等作为参考标记，端子从标记处开始按逆时针方向排列。

注意：除此之外，也有一些端子方向排列较为特殊的集成电路，它们主要为印刷板电路的排列对称方便而特别设计，应引起注意。

（2）集成电路的检测

① 不在线电阻测量法。所谓不在线直流电阻测量，是指集成电路没有装在印制电路板上或集成电路未与外围元件连接时，测量集成电路的各端子对地脚的正、反向电阻。具体测量时，首先应在集成电路手册上或某些技术资料中找到被测集成电路的型号，查到该集成电路各端子对地接地脚的正、反向电阻的参考值，并熟悉各端子的功能。

② 在线测量法。在线测量法是判断集成电路好坏的常用方法。在集成电路通电情况下，用万用表的直流电压挡测出各端子对地的直流电压值，然后与标注的参考电压进行比较，并结合其内部和外围电路进行分析，据此来判断集成电路的好坏。

4. 实训报告及要求

① 自己设计表格测量集成电路的各端子对应于地脚的正、反向电阻，并判别各集成运算放大器的质量。

② 简述集成电路端子的判别方法。

想一想，做一做

1. 集成运放的功能是什么？
2. 集成运放主要由哪几部分组成？集成运放中的电流源通常起何作用？
3. 集成运放的同相输入端、反相输入端有何不同之处？
4. 如何用万用表对集成运放进行测试，以确定其质量的好坏？

第七节 集成稳压器

随着电子技术的发展，把调整电路、取样电路、基准电路、启动电路及保护电路集成在一块硅片上，构成集成稳压电路。它完整的功能体系、健全的保护电路、安全可靠的工作性能，给稳压电源的制作带来极大的方便。使用者可根据电路要求，参阅相关资料即可正确使用集成稳压器。

集成稳压器的种类有三端固定式、三端可调式、多端可调及单片开关式。

三端固定式集成稳压器是一种串联调整式稳压器，其电路只有输入管脚、输出管脚和公共管脚三个管脚，其型号有CW78××正电压系列、CW79××负电压系列。

三端可调式集成稳压器精度高，输出电压纹波小，一般输出电压为 1.25～35V 连续可调，常用的型号有 LM317、LM318、LM196 等。

多端可调集成稳压器精度高，但输出功率小，引出端多，用起来不方便。

开关式集成稳压器是一种新的稳压电源，不同于上述类型，具有由直流变交流再变直流的变换器，输出电压可调，效率高。

一、三端固定式集成稳压器

1. 三端固定式集成稳压器外形及管脚排列

三端固定式集成稳压器的外形和管脚排列如图 1-59 所示。由于它只有输入、输出和公共地端三个端子，故称为三端稳压器。

2. 三端固定式集成稳压器的型号组成及其意义

三端固定式集成稳压器的型号组成及其意义如图 1-60 所示。

国产的三端固定式集成稳压器有 CW78×× 系列和 CW79×× 系列，其输出电压为

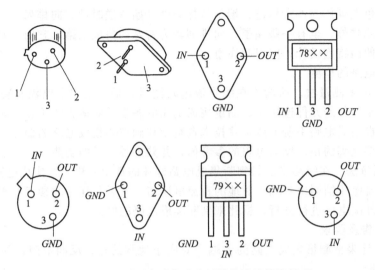

图 1-59　三端固定式集成稳压器外形及管脚排列

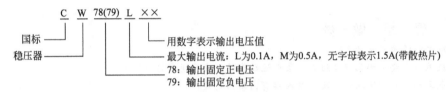

图 1-60　三端固定式集成稳压器的型号组成及其意义

$\pm 5V$、$\pm 6V$、$\pm 8V$、$\pm 9V$、$\pm 12V$、$\pm 15V$、$\pm 18V$、$\pm 24V$，最大输出电流有 0.1A、0.5A、1A、1.5A、2.0A 等。

3. 三端固定式集成稳压器的应用

（1）固定输出稳压器　在实际中，可根据所需输出电压、电流，选用符合要求的 CW78$\times\times$系列产品，如某电视机电源正常工作电流为 0.8A，工作电压 12V，就可以查阅相关手册，选用 CW7812。它的输出电流可达 1.5A，最大输入电压允许 36V，最小输入电压允许 14V，输出电压为 12V。

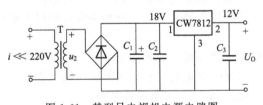

图 1-61　某型号电视机电源电路图

实际电路组成如图 1-61 所示。图中，C_1 为滤波电容，C_2 的作用是旁路高频干扰信号，C_3 的作用是改善负载瞬态响应。

（2）提高输出电压的方法　如果需要输出电压高于三端固定式集成稳压器输出电压时，可采用图 1-62 所示电路。

图 1-62(a) 中，

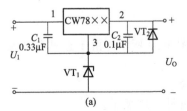
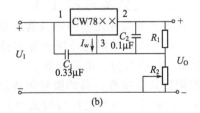

图 1-62　提高输出电压的接线图

$$U_O = U_{XX} + U_Z \tag{1-13}$$

式中，U_{XX} 为集成稳压器的输出电压；U_Z 为稳压管的稳压值。

图 1-62(b) 中，

$$U_O = U_{XX}\left(1 + \frac{R_2}{R_1}\right) + I_W R_2 \tag{1-14}$$

式中，I_W 为三端固定式集成稳压器的静态电流，一般为几毫安。

若经过 R_1 的电流 I_{R1} 大于 $5I_W$，可以忽略 $I_W R_2$ 的影响，则有

$$U_O \approx U_{XX}\left(1 + \frac{R_2}{R_1}\right) \tag{1-15}$$

通过调整 R_P 可以得到所需电压，但它的电压可调范围小。

（3）用于提高输出电流　当负载电流大于三端固定式集成稳压器输出电流时，可采用图 1-63 所示电路。

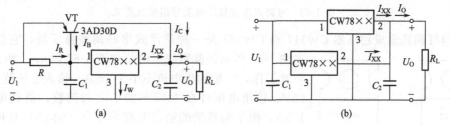

图 1-63　提高输出电流的电路

在图 1-63(a) 中，

$$I_O = I_{XX} + I_C$$

$$I_{XX} = I_R + I_B - I_W$$

$$I_O = I_R + I_B - I_W + I_C = \frac{U_{BE}}{R} + \frac{1+\beta}{\beta}I_C - I_W$$

由于 $\beta \gg 1$，且 I_W 很小，可忽略不计，所以

$$I_O \approx \frac{U_{BE}}{R} + I_C \tag{1-16}$$

$$R \approx \frac{U_{BE}}{I_O - I_C} \tag{1-17}$$

图 1-64 中，R 为 VT 提供偏置电压，具体数据可由式(1-17) 决定；U_{BE} 由三极管决定，锗管为 0.3V，硅管为 0.7V。

图 1-63(b) 中，输出电流为单片三端固定式集成稳压器的 2 倍，即

$$I_O = 2I_{XX} \tag{1-18}$$

（4）具有正、负电压输出的稳压电源　如图 1-64 所示，电源变压器带有中心抽头并接地，输出端得到大小相等、极性相反的电压。

二、三端可调式集成稳压器

为了得到可调输出电压值，在 CW78×× 系列和 CW79×× 系列固定输出式稳压器的基础上，现已研制、生产出输出电压可连续调整的三端稳压器。按输出电压分为正电压输出 CW317（CW117、CW127）和负电压输出 CW337（CW137）两大类。按输出电流的大小，每个系列又分为 L 型、M 型。型号由五部分组成，其意义如图 1-65 所示。

三端可调式集成稳压器克服了三端固定式稳压器输出电压不可调的缺点，继承了三端固定式集成稳压器的诸多优点。

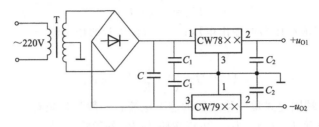

图 1-64 正负对称的稳压电路

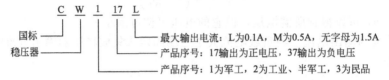

图 1-65 可调式集成稳压器型号组成及意义

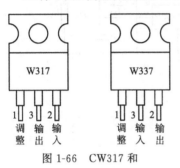

图 1-66 CW317 和
CW337 外形图

三端可调式集成稳压器 CW317 和 CW337 是一种悬浮式串联调整稳压器，它们的外形如图 1-66 所示，典型应用电路如图 1-67 所示。为了使电路正常工作，一般输出电流不小于 5mA。输入电压范围为 $2\sim40V$，输出电压可在 $1.25\sim37V$ 之间调整，负载电流可达 1.5A，由于调整端的输出电流非常小（$50\mu A$）且恒定，故可将其忽略，那么，输出电压可用下式表示。

$$U_O \approx \left(1 + \frac{R_{RP}}{R_1}\right) \times 1.25V \qquad (1-19)$$

式中，1.25V 是集成稳压器输出端和调整端之间的固定参考电压 U_{REF}；R_1 一般取值 $120\sim240\Omega$（此值保证稳压器在空载时也能正常工作），调节 R_P 可改变输出电压的大小（R_P 取值视 R_L 和输出电压的大小而定）。

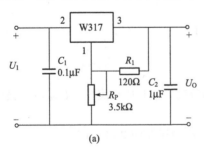
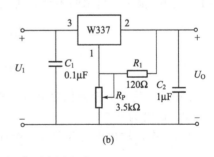

图 1-67 CW317 和 CW337 典型应用电路

三、三端集成稳压器的使用注意事项

① 三端集成稳压器的输入、输出和接地端绝不能接错，不然容易烧坏。

② 一般三端集成稳压器的最小输入、输出电压差约为 2V，否则不能输出稳定的电压。一般应使电压差保持在 $4\sim5V$，即经变压器变压、二极管整流、电容器滤波后的电压应比稳压值高一些。

③ 在实际应用中，应在三端集成稳压电路上安装足够大的散热器（当然小功率的条件下不用）。当稳压器温度过高时，稳压性能将变差，甚至损坏。

④ 当制作中需要一个能输出 1.5A 以上电流的稳压电源时，通常采用多块三端稳压电路

并联起来，使其最大输出电流为 N 个 1.5A。但应用时需注意，并联使用的集成稳压电路应采用同一厂家、同一批号的产品，以保证参数的一致性。另外，在输出电流上留有一定的余量，以避免个别集成稳压电路失效时导致其他电路的联锁烧毁。

技能训练十二　集成稳压器的识别与管脚辨别

1. 实训目的要求

① 能识别三端固定式集成稳压器，并根据外形判断管脚。

② 学会识别三端可调式集成稳压器，并根据外形判断管脚。

③ 了解集成稳压器的应用

2. 实训所需器材及材料

① CW78××系列、CW79××系列集成稳压器若干。　② 万用表。

③ CW317、CW337、CW117 及 CW137 可调式集成稳压器。

3. 实训项目及步骤

① 三端固定式集成稳压器外形及型号识别。

② 判别三端固定式集成稳压器输入、输出及公共端子。

③ 检测各管脚之间的电阻值，根据测量结果粗略判断三端固定式集成稳压器的好坏，查手册与正常值相比较，若相差较大，说明集成稳压器性能有问题（要求学生自己作出表格，并填入数据）。

④ 判断三端固定式集成稳压器的输出电压。利用加电测试法，参照图 1-68 测量实际的稳压值。

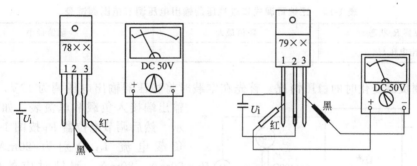

图 1-68　加电测试三端固定集成稳压器

⑤ 三端可调式集成稳压器外形及型号识别。

⑥ 判别三端可调式集成稳压器输入、输出及调整管脚。

4. 思考题

① 总结集成稳压器外形及管脚判别相关知识。

② 总结固定式集成稳压器的测试方法及使用注意事项。

技能训练十三　搭接三端可调式稳压器电路

1. 实训目的及要求

① 掌握制作三端可调式集成稳压器的全过程。

② 了解集成稳压器的特性和使用方法。

③ 掌握测量集成稳压器的基本性能的方法。

2. 实训所需器材及材料

① 集成稳压电路器件 1 套（见实验电路图）。　② 万用表。

③ 自耦调压器。　　④ 电烙铁、镊子、剪线钳等常用工具。

⑤ 焊锡丝、导线若干。

3. 实训电路图

实训电路图如图 1-69 所示。

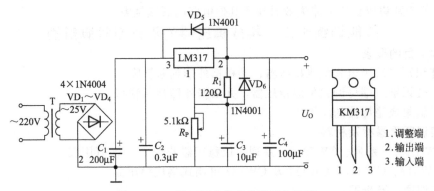

图 1-69 三端可调式集成稳压器电路图

4. 实训内容及步骤

① 三端可调式集成稳压器的制作 按照电路图进行安装，只要电路装接无误，一般无需调试即可正常工作。

② 检测自制稳压器的性能。

a. 测量输出电压调节范围。不接负载电阻，将稳压器通电，调节 R_P 阻值分别为最大和最小，测量输出电压 U_O 的调节范围，并将数据记录在表 1-10 中。

表 1-10 三端可调式集成稳压器输出电压调节范围测试表

电位器 R_P 状态	阻值最大	阻值最小
输出电压 U_O		

b. 检测负载变化时的稳压情况。首先在空载时将稳压器输出电压调为 12V，在稳压器输出端接入负载和电流表，如图 1-70 所示。然后调节电位器 R_P 按图 1-69 要求使负载电流 I_O 分别为 20mA、40mA、60mA、80mA，测量对应的输出电压 U_O，记录在表 1-11 中，并根据数据分析负载对稳压性能的影响。最后根据 $r_O = \Delta U_O / \Delta I_O$ 计算输出电阻，输出电阻越小，表示稳压效果越好；计算出输出电流为

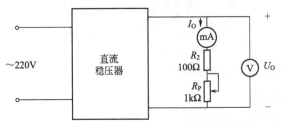

图 1-70 检测负载变化时的稳压电路接线图

0mA 及 80mA 的输出电压的偏差值 ΔU_O，根据 $K_I = |\Delta U_O| / U_O$ 计算电流调整率 K_I。K_I 越小，稳压效果越好。

表 1-11 三端可调式稳压器稳压效果测试表

输出电流 I_O	0mA	20mA	40mA	60mA	80mA
输出电压 U_O	12V				
输出电阻 r_O					
电流调整率 K_I					

5. 实训报告要求及思考题

① 根据要求填好表格。

② 说明三端稳压器 LM317 各管脚的基本功能。

③ 分析制作的集成稳压电源原理图中各元件的作用。

 想一想，做一做

1. 要想获得＋15V的直流稳压电源，应选用什么型号的固定式集成稳压器？
2. 要想获得－9V的直流稳压电源，应选用什么型号的固定式集成稳压器？
3. 请画出CW217组成的可调式集成稳压器应用电路。

本章小结

① 半导体具有热敏性、光敏性和掺杂性，因而成为制造电子元器件的关键材料。二极管是由一个PN结构成的，其主要特性是具有单向导电性，该特性可由伏安特性曲线准确描述。选用或更换二极管必须考虑最大整流电流、最高反向工作电压两个主要参数，高频工作时还应考虑最高工作频率。实际应用中可以根据二极管的结构特点，用万用表判断其类型、管脚及质量的好坏。

② 半导体三极管是由三层不同性质的半导体组合而成的，其特点是具有电流放大作用。三极管实现放大作用的条件是：发射结正向偏置，集电结反向偏置。三极管的输出特性曲线可划分为三个工作区域：放大区、饱和区、截止区。在放大区，三极管具有基极电流控制集电极电流的特性。在饱和区和截止区，具有开关特性。根据三极管的结构特点，可用万用表判断三极管的类型、管脚及三极管质量的好坏。

③ 场效应管是一种电压控制器件，它是利用栅源电压来控制漏极电流的，分为绝缘栅型和结型两大类，每类又有P沟道和N沟道之分。绝缘栅场型效应管还有增强型和耗尽型两种。结型和耗尽型绝缘栅场效应多用于模拟电子电路，增强型绝缘栅场效应管多用于数字电路中。

④ 单结晶体管也称为双基极二极管，它是具有负阻特性的半导体器件，利用该特性可以组成张弛振荡器，为单向晶闸管提供触发脉冲。

⑤ 晶闸管是一种大功率半导体器件，也是一种可控整流元件，既具有二极管的单向导电的整流作用，又具有可控的开关作用，且具有弱电控制强电的特点。单向晶闸管的工作条件是：阳极与阴极之间加正向电压，控制极与阴极之间加正向控制电压。单向晶闸管导通后，控制极就失去作用。要使单向晶闸管关断，必须使阳极电流小于维持电流 I_H。

⑥ 集成运算放大器是一种高电压放大倍数的多级直接耦合集成放大电路，内部主要由差分式输入级、中间级、互补对称式输出级及辅助电路所组成。一般集成运放有以下端子：同相输入端、反相输入端、输出端、正电源端、负电源端、接地端，有些运放还有外接调零电阻端、外接RC相位补偿端等。各种型号的运算放大器的端子各不相同，使用时要先查阅集成电路手册，根据端子功能进行接线。

⑦ 三端集成稳压器目前已广泛应用于稳压电路中，它具有体积小，安装方便等优点。它有固定输出和可调输出、正电压输出和负电压输出之分。CW78××系列为固定正电压输出，CW79××系列为固定负电压输出，CW×17为可调式正电压输出，CW×37为可调式负电压输出。使用时应注意稳压器的管脚排列差异。

思考练习题

1. A、B、C三只二极管，测得它们的反向电流分别是 $2\mu A$、$0.5\mu A$、$5\mu A$，在外加相同的正向电压时，测得它们的正向电流分别是5mA、15mA、8mA，试比较三只二极管的性

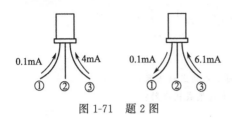

图 1-71 题 2 图

能，哪只好些？为什么？

2. 在两个放大电路中，测得三极管各极电流分别如图 1-71 所示。求另一个电极的电流，并在图中标出其实际方向及各电极 e、b、c。试分别判断它们是 NPN 型管还是 PNP 型管。

3. 已知某放大电路中三极管的三个电极 A、B、C 的对地电位分别为 U_A-9V，$U_B=-6V$，$U_C=-6.2V$，试分析 A、B、C 中哪个是基极 b、哪个是发射极 e、哪个是集电极 c，并说明三极管是 NPN 型管还是 PNP 型管。

4. 试根据三极管各电极的实测对地电压数据，判断图 1-72 中各三极管的工作区域（放大区、饱和区、截止区）。

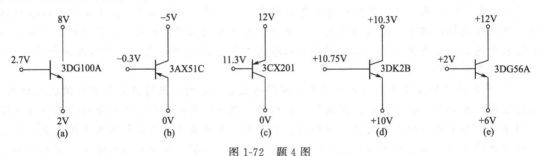

图 1-72 题 4 图

5. 为什么说场效应管是电压控制元件？

6. 使用场效应管应注意哪些问题？

7. 画出 N 沟道耗尽型 MOS 管和 P 沟道增强型 MOS 管的代表符号。

8. 场效应管的输出特性曲线如图 1-73 所示，试指出各场效应管的类型并画出电路符号；对于耗尽型管，求出 $U_{GS(off)}$、I_{DSS}；对于增强型管，求出 $U_{GS(th)}$。

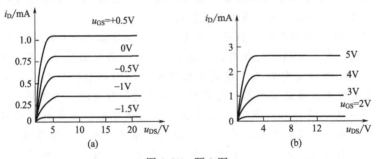

图 1-73 题 8 图

9. 为什么说晶闸管具有弱电控制强电的作用？

10. 写出图 1-74 中集成稳压器的管脚功能。

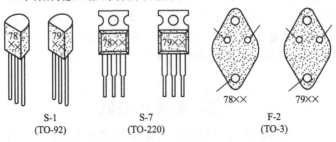

图 1-74 题 10 图

11. 写出图 1-75 中可调式集成稳压器的管脚功能。

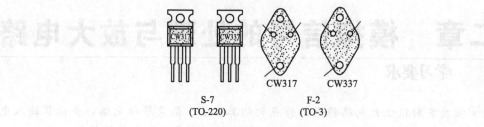

图 1-75 题 11 图

12. 指出题图 1-76 中的错误，并在原图上加以改正。

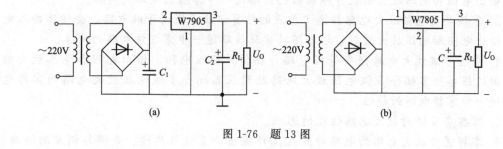

图 1-76 题 13 图

第二章　模拟信号的处理与放大电路

学习要求

1. 掌握共发射极放大电路静态工作点的估算方法、微变等效电路，会估算输入电阻、输出电阻和电压放大倍数，能熟练搭接线路进一步掌握该电路的特性。

2. 掌握共基极放大电路静态工作点的估算方法、微变等效电路，会估算输入电阻、输出电阻和电压放大倍数并根据搭接线路进一步掌握该电路的特性。

3. 掌握共集电极放大电路静态工作点的估算方法、微变等效电路，会估算输入电阻、输出电阻和电压放大倍数，根据搭接实际线路进一步掌握该电路的特性。

4. 掌握多级放大电路微变等效电路，会估算输入电阻、输出电阻和电压放大倍数。通过搭接阻容耦合多级电压放大电路及变压器耦合多级电压放大电路的实际电路，进一步掌握电路的特性。

5. 掌握负反馈对放大电路性能的影响。

6. 掌握差分放大电路的电路特点及工作原理；差模与共模、失调与调零的概念。通过搭接线路进一步掌握该电路的特性。

7. 掌握功率放大电路的任务、特点、结构、原理及应用。通过搭接线路重点掌握 OTL 功率放大电路及 OCL 功率放大电路的特点。

8. 掌握反相比例运算、加法与减法运算电路的结构与原理，并通过实训环节进一步巩固集成运放的线性应用。

9. 掌握集成运放电路的非线性特性、电路的结构与原理。

10. 掌握场效应管放大电路微变等效电路、静态工作点的估算方法；估算输入电阻、输出电阻和电压放大倍数并能完成实训环节。

第一节　共射极放大电路

在电子设备中，经常要把微弱的电信号放大，以便推动执行元件工作。由三极管组成的基本放大电路是电子设备中应用最为广泛的基本单元电路，也是分析其他复杂电子线路的基础。下面以应用最广泛的共发射极放大电路为例来说明它的组成及静态工作点的设置。

一、基本放大电路的组成

图 2-1 所示是共发射极接法的基本放大电路，输入端接交流信号源，输入电压为 u_i，输出端接负载电阻 R_L，输出电压为 u_o。

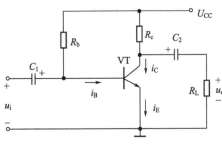

图 2-1　共发射极放大电路

1. 电路中各元件的作用

（1）三极管 VT　三极管 VT 是放大电路中的核心元件，起电流放大作用。

（2）直流电源 U_{CC}　直流电源 U_{CC} 一方面与 R_b、R_c 相配合，保证三极管的发射结正偏和集电结反偏，即保证三极管工作在放大状态，另一方面为输出信号提供能量。U_{CC} 的数值一般为几至几十伏。

（3）基极偏置电阻 R_b　基极偏置电阻 R_b 与 U_{CC} 配合，决定了放大电路基极电流 I_{BQ} 的大小。R_b 的阻值一般为几十至几百千欧。

（4）集电极负载电阻 R_c　集电极负载电阻 R_c 的主要作用是将三极管集电极电流的变化量转换为电压的变化量，反映到输出端，从而实现电压放大。R_c 的阻值一般为几至几十千欧。

（5）耦合电容 C_1 和 C_2　耦合电容 C_1 和 C_2 起"隔直通交"的作用：一方面隔离放大电路与信号源和与负载之间的直流通路；另一方面使交流信号在信号源、放大电路、负载之间能顺利传送。C_1、C_2 一般为几至几十微法的电解电容。

三极管有三个电极，由它构成的放大电路形成两个回路，即信号源、基极、发射极形成输入回路；负载、集电极、发射极形成输出回路。发射极是输入、输出回路的公共端，所以，该电路被称为共发射极放大电路。

在电路图中，符号"⊥"表示电路的参考零电位，又称为公共参考端，它是电路中各点电压的公共端点。这样，电路中各点的电位实际上就是该点与公共端点之间的电压。"⊥"符号俗称"接地"符号，但实际上并不一定需要真正接大地。

2. 放大电路中电流、电压符号使用规定

任何放大电路都是由两大部分组成的：一部分是直流偏置电路，另一部分是交流信号通路。因此，放大电路中的电流和电压有交、直流之分。为了清楚地表示这些电量，对其表示的符号进行如下规定。

（1）直流量　字母大写，下标大写，如 I_B、I_C、U_{BE}、U_{CE}。

（2）交流量　字母小写，下标小写，如 i_b、i_c、u_{be}、u_{ce}。

（3）交、直流叠加量　字母小写，下标大写，如 i_B、i_C、u_{BE}、u_{CE}。

（4）交流量的有效值　字母大写，下标小写，如 I_b、I_c、U_{be}、U_{ce}。

二、静态工作点的设置

晶体管是放大电路的核心，但要使晶体管正常发挥作用，还必须具备一定的外部条件，即合适的静态工作点。

1. 设置静态工作点的意义

当输入信号电压 $u_i = 0$ 时，放大电路称为静态，或称为直流工作状态。静态工作点可以用晶体管的电流、电压的一组数值来表示，分别是基极电流 I_{BQ}、集电极电流 I_{CQ} 和集射极电压 U_{CEQ}，它们在晶体管输出特性曲线上所确定的一个点，就称为静态工作点，习惯上用 Q 表示，故又称 Q 点。从减少电能损耗的角度来看，总希望静态值越小越好，例如，为了减小电流，依据 $I_{CQ} = \beta I_{BQ}$ 可以减小 I_{BQ}，但是，当 I_{BQ} 太小时，交流信号电压 u_i 的负半波的全部或部分会使晶体管的发射结进入"死区"，电路处于截止状态，失去对负半波的正常放大作用，如图 2-2 所示；相反，I_{BQ} 太大，除了增加功率损耗外，更严重的是，当输入信号正半波到来时，电路会进入饱和区，i_B 对 i_C 失去控制作用，同样不能正常放大。I_{BQ} 的值对放大电路工作好坏起着十分重要的作用，通常 I_{BQ} 称为晶体管的偏置电流，产生 I_{BQ} 的电路为偏置电路。另外，U_{CEQ} 和 I_{CQ} 对放大电路的工作影响也不能忽视。Q 点是由它们三者共同确定的，理想的点 Q 应该处在放大区，并且当外加信号 u_i 到来时，i_B 与 u_{BE} 成线性变化，在 i_B 的变化范围内，输出特性曲线间隔均匀，当然也不能脱离安全工作区。

2. 求静态工作点

处于静态状况下的电路，只有直流成分而无交流成分。图 2-3（b）所示为相应的直流通路。在图 2-3（b）中，依据 KVL 有

$$I_{BQ}R_b + U_{BEQ} - U_{CC} = 0$$

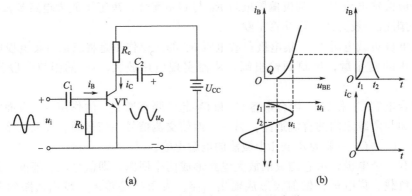

图 2-2　I_{BQ} 太小时各电流、电压波形

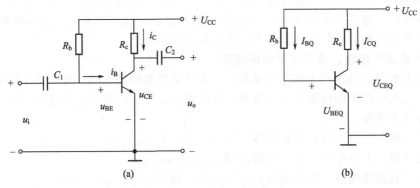

图 2-3　放大电路和直流通道

$$I_{BQ} = \frac{U_{CC} - U_{BEQ}}{R_b} \tag{2-1}$$

电压 U_{BEQ} 近似等于二极管的正向电压值，对于小功率晶体管有

$$U_{BEQ} \approx \begin{cases} 0.3V & \text{（锗管）} \\ 0.7V & \text{（硅管）} \end{cases}$$

当 $U_{CC} \gg U_{BEQ}$ 时有

$$I_{BQ} \approx U_{CC}/R_b \tag{2-2}$$

同理

$$I_{CQ}R_C + U_{CEQ} - U_{CC} = 0$$

$$U_{CEQ} = U_{CC} - I_{CQ}R_C \tag{2-3}$$

式中

$$I_{CQ} = \beta I_{BQ} \tag{2-4}$$

【例 2-1】　求如图 2-1 所示电路的静态工作点。已知 $R_b = 200k\Omega$，$R_c = 4k\Omega$，$\beta = 30$，$U_{CC} = 12V$。

解：

$$I_{BQ} = \frac{U_{CC} - U_{BEQ}}{R_b} = \frac{12 - 0.7}{200} \approx 0.06(mA)$$

$$I_{CQ} = \beta I_{BQ} = 0.06 \times 30 = 1.8(mA)$$

$$U_{CEQ} = U_{CC} - I_{CQ}R_c = 12 - 1.8 \times 2 = 8.4(V)$$

注意：上述求静态工作点的方法是假设晶体管工作在放大区的，如果按此法求出 U_{CEQ} 太小，接近零或负值（原因可能是 R_b 太小），说明集电结失去正常的反向电压偏置，晶体管接近饱和区或已进入饱和区，这时 β 将逐渐减小或根本无放大作用，$i_C = \beta i_B$ 不再成立，只能是 $I_{CQ} \approx U_{CC}/R_c$，$U_{CEQ} \approx 0$。

以上分析的是晶体管为 NPN 型的情况，当晶体管为 PNP 型时，U_{CC} 应为负值，分析方法相同。

三、放大电路的性能指标

放大电路的技术指标用以定量描述电路的有关技术性能。测试时，通常在放大电路的输入端加上一个正弦测试电压，然后测量电路中的其他相关电量。技术指标测试示意图见图2-4。下面扼要介绍放大电路的主要技术指标。

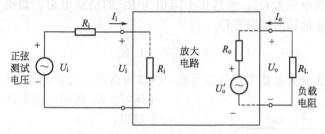

图 2-4　放大电路技术指标测试示意图

1. 放大倍数

放大倍数是描述一个放大电路放大能力的指标，其中，电压放大倍数定义为输出电压与输入电压的变化量之比。当输入一个正弦测试电压时，也可用输出电压与输入电压的正弦相量之比来表示，即

$$A_u = \frac{\dot{U}_o}{\dot{U}_i} \tag{2-5}$$

与此类似，电流放大倍数定义为输出电流与输入电流的变化量之比，同样也可用两者的正弦相量之比来表示，即

$$A_i = \frac{\dot{I}_o}{\dot{I}_i} \tag{2-6}$$

必须注意，以上两个表达式只有在输出电压和输出电流基本上是正弦波，即输出信号没有明显失真的情况下才有意义。这一点也适用于以下各项相关指标。

2. 最大输出幅度

最大输出幅度表示在输出波形没有明显失真的情况下，放大电路能够提供给负载的最大输出电压（或最大输出电流），一般指电压的有效值，以 U_{om} 表示，也可用峰-峰值表示，正弦信号的峰-峰值等于其有效值的 $2\sqrt{2}$ 倍。

3. 输入电阻

从放大电路的输入端看进去的等效电阻称为放大电路的输入电阻，见图2-4。此处只考虑中频段的情况，故从放大电路输入端看，等效为一个纯电阻 R_i。输入电阻 R_i 的大小等于外加正弦输入电压与相应的输入电流之比，即

$$R_i = \frac{U_i}{I_i} \tag{2-7}$$

输入电阻这项技术指标描述放大电路对信号源索取电流的大小。通常希望放大电路的输入电阻越大越好，R_i 越大说明放大电路对信号源索取的电流越小。

4. 输出电阻

输出电阻是从放大电路的输出端看进去的等效电阻，见图2-4。在中频段，从放大电路的输出端看，同样等效为一个纯电阻 R_o。输出电阻 R_o 的定义是当输入端信号短路（即 $U_S=0$，但保留 R_S），输出端负载开路（即 $R_L=\infty$）时，外加一个正弦输出电压 $\dot{U}_o$，得到相应的输出电流 $\dot{I}_o$，两者之比即输出电阻 R_o，即

$$R_o = \frac{\dot{U}_o}{\dot{I}_o}\bigg|_{\substack{U_S=0 \\ R=\infty}} \tag{2-8}$$

实际工作中测试输出电阻时，通常在输入端加上一个固定的正弦交流电压 $\dot{U}_i$，首先使负载开路，测得输出电压为 U'_o，然后接上阻值为 R_L 的负载电阻，测得此时的输出电压为 U_o，根据图 2-4 示出的输出回路可得

$$R_o = \left(\frac{U'_o}{U_o} - 1\right)R_L \tag{2-9}$$

输出电阻是描述放大电路带负载能力的一项技术指标。通常希望放大电路的输出电阻越

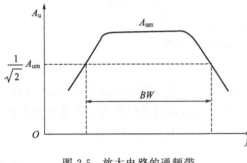

图 2-5 放大电路的通频带

小越好。R_o 越小，说明放大电路的带负载能力越强。

5. 通频带

由于放大器件本身存在极间电容，还有一些放大电路中接有电抗性元件，因此，放大电路的放大倍数将随着信号频率的变化而变化。一般情况下，当频率升高或降低时，放大倍数都将减小，而在中间一段频率范围内，因各种电抗性元件的作用可以忽略，故放大倍数基本不变，如图 2-5 所示。通常将放大倍数在高频和低频段分别下降至中频段放大倍数的 $1/\sqrt{2}$ 时所包括的频率范围定义为放大电路的通频带，用符号 BW 表示，如图 2-5 所示。

显然，通频带越宽，表明放大电路对信号频率的变化越具适应能力。

6. 最大输出功率与效率

放大电路的输出功率是指在输出信号不产生明显失真的前提下，能够向负载提供的最大输出功率，通常用符号 P_{OM} 表示。

前已述及，放大的本质是能量的控制，负载上得到的输出功率，实际上是利用放大器件的控制作用将直流电源的功率转换成交流功率而得到的，因此就存在一个功率转换的效率问题。放大电路的效率 η 定义为最大输出功率 P_{OM} 与直流电源消耗的功率 P_V 之比，即

$$\eta = \frac{P_{OM}}{P_V} \tag{2-10}$$

以上介绍了放大电路的几个主要技术指标，此外，针对不同的使用场合，还可能提出其他一些指标，例如电源的容量、抗干扰能力、信号噪声比、重量、体积以及工作温度的要求等，因限于篇幅，不在此介绍。

四、放大电路的分析方法

1. 交流通路和直流通路

在图 2-1 所示的共发射极放大电路中，因为有直流电源 U_{CC} 和交流输入信号 u_i，所以电路中既有直流量又有交流量。

由于耦合电容的存在，直流量所流经的通路和交流量所流经的通路是不相同的。在研究电路性能时，通常将直流电源对电路的作用和输入交流信号对电路的作用分别进行讨论。直流通路是指当输入信号为零时在直流电源作用下直流量流通的路径，也称为静态电流流通通路，由此通路可以确定电路的静态工作点。交流通路是指在输入信号作用下交流信号流通的路径，由此通路可以分析电路的动态参数和性能。

画放大电路的直流通路时，其原则是：将信号源视为短路，内阻保留，将电容视为开

路。对于图 2-1 所示的放大电路，将耦合电容 C_1、C_2 开路后的直流通路如图 2-6(a) 所示。从直流通路可以看出，直流量是与信号源内阻 R_S 和输出负载 R_L 的大小均无关的。

画放大电路的交流通路的原则是：将耦合电容和旁路电容视为短路；将内阻近似为零的直流电源也视为短路（电源上不产生交流压降）。在图 2-1 所示的放大电路中，将耦合电容 C_1、C_2 和直流电压 U_{CC} 短路后，交流通路如图 2-6(b) 所示。由于 U_{CC} 对地短路，所以电阻 R_b 和 R_c 的对应一端变成接地点了。这时输入信号电压 u_i 加在基极和公共接地端，输出信号电压 u_o 取自集电极和公共接地端。

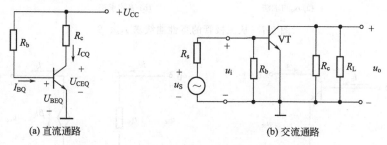

(a) 直流通路　　　　　　　　　　　　(b) 交流通路

图 2-6　基本放大电路的直流通路和交流通路

2. 静态工作点的估算

静态值既然是直流，就可以从电路的直流通路中求得。首先，估算基极电流 I_{BQ}，再估算集电极电流 I_{CQ} 和集-射电压 U_{CEQ}。当电路参数 U_{CC} 和 R_b 确定后，基极电流 I_{BQ} 为固定值，故图 2-1 所示电路又称为固定偏置共射放大电路。该电路的静态工作点的估算已经在前面介绍过了，在此不再赘述。

3. 微变等效电路法

当放大电路工作在小信号范围内时，可利用微变等效电路来分析放大电路的动态指标，即输入电阻 r_i、输出电阻 r_o 和电压放大倍数 A_u。

（1）三极管的微变等效电路　三极管是非线性元件，在一定的条件（输入信号幅度小，即微变）下可以把三极管看成一个线性元件，用一个等效的线性电路来代替它，从而把放大电路转换成等效的线性电路，使电路的动态分析、计算大大简化。

首先，从三极管的输入与输出特性曲线入手来分析其线性电路。由图 2-7(a) 所示可以看出，当输入信号很小时，在静态工作点 Q 附近的曲线可以认为是直线。这表明在微小的动态范围内，基极电流 Δi_B 与发射结电压 Δu_{BE} 成正比，为线性关系。因而可将三极管输入端（即基极与发射极之间）等效为一个电阻 r_{be}，常用式(2-11) 估算。

$$r_{be} = 300\Omega + (1+\beta)\frac{26(mV)}{I_{EQ}(mA)} \tag{2-11}$$

式中，I_{EQ} 是发射极电流的静态值，mA；r_{be} 一般为几百欧到几千欧。

图 2-7(b) 所示是三极管的输出特性曲线，在线性工作区是一组近似等距离的平行直线。这表明集电极电流 i_C 的大小与集电极电压 u_{CE} 的变化无关，这就是三极管的恒流特性；i_C 的大小仅取决于 i_B 的大小，这就是三极管的电流放大特性。由这两个特性可以将 i_C 等效为一个受 i_B 控制的恒流源，其内阻为 ∞，$i_C = \beta i_B$。

所以三极管的集电极与发射极之间可用一个受控恒流源代替。因此，三极管电路可等效为一个由输入电阻和受控恒流源组成的线性简化电路，如图 2-8 所示。但应当指出，在这个等效电路中，忽略了 u_{CE} 对 i_C 及输入特性的影响，所以又称为三极管简化的微变等效电路。

（2）微变等效电路法的应用　利用微变等效电路，可以比较方便地运用电路基础知识来分析放大电路的性能指标。下面仍以图 2-1 所示单管共射放大电路为例来说明电路分析

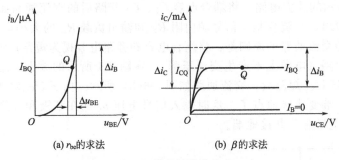

(a) r_{be}的求法 　　　　　(b) β的求法

图 2-7　从三极管的特性曲线求 r_{be}、β

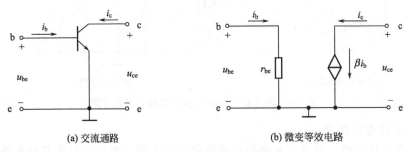

(a) 交流通路 　　　　　(b) 微变等效电路

图 2-8　三极管等效电路模型

过程。

　　首先，根据该电路的交流通路，然后把交流通路中的三极管用其等效电路来代替，即可得到如图 2-9 所示的微变等效电路。

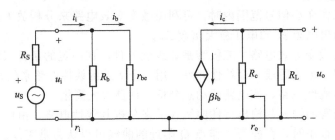

图 2-9　单管共射放大电路的微变等效电路

　　① 电压放大倍数 A_u。A_u 定义为放大器输出电压 u_o 与输入电压 u_i 之比，是衡量放大电路电压放大能力的指标，即

$$A_u = \frac{u_o}{u_i}$$

如图 2-9 所示，得

$$A_u = -\frac{i_c(R_c /\!/ R_L)}{i_b r_{be}} = -\frac{\beta(R_c /\!/ R_L)}{r_{be}} = -\beta\frac{R_L'}{r_{be}}$$

　　式中，$R_L' = R_c /\!/ R_L$，负号表示输出电压与输入电压的相位相反。当不接负载 R_L 时，电压放大倍数为

$$A_u = -\frac{\beta R_c}{r_{be}} \tag{2-12}$$

　　由式(2-12)可知，接上负 R_L 载后，电压放大倍数 A_u 将有所下降。

　　② 输入电阻 r_i。显而易见，放大电路是信号源的一个负载，这个负载电阻就是从放大

器输入端看进去的等效电阻。从图 2-9 所示的电路可知

$$r_i = \frac{u_i}{i_i} = R_b /\!/ r_{be} \tag{2-13}$$

一般 $R_b \gg r_{be}$，所以 $r_i = r_{be}$。

r_i 反映放大电路对所接信号源（或前一级放大电路）的影响程度。一般来说，希望 r_i 尽可能大一些，以使放大电路向信号源索取的电流尽可能小。由于三极管的输入电阻 r_{be} 约为 $1k\Omega$，所以共射放大电路的输入电阻较低。

③ 输出电阻 r_o。对负载电阻 R_L 来说，放大器相当于一个信号源。放大电路的输出电阻就是从放大电路的输出端看进去的交流等效电阻，从图 2-9 所示电路可知

$$r_o = \frac{u_o}{i_o} = R_c \tag{2-14}$$

输出电阻是衡量放大电路带负载能力的一个性能指标。放大电路接上负载后，要向负载（后级）提供能量，可将放大电路看成是一个具有一定内阻的信号源，这个信号源的内阻就是放大电路的输出电阻。

【例 2-2】 在图 2-1 所示电路中，若已知 $R_b = 200k\Omega$，$R_c = 4k\Omega$，$U_{CC} = 12V$，$\beta = 30$，$R_L = 4k\Omega$，求 A_u、r_i、r_o。

解： 由例 2-1 已知，该电路的 $I_{CQ} = 1.8mA$。因为 $I_{EQ} \approx I_{CQ} = 1.8mA$，则可求出

$$r_{be} = 300\Omega + (1+\beta) \times 26mV/I_{EQ} = 300\Omega + (1+30) \times 26mV/1.8mA \approx 748\Omega$$

$$R_L' = R_c /\!/ R_L = (4 \times 4)/(4+4) = 2(k\Omega)$$

$$A_u = \frac{u_o}{u_i} = -\frac{\beta R_L'}{r_{be}} = -\frac{30 \times 2}{0.748} \approx -80$$

$$r_i = r_{be} /\!/ R_b \approx r_{be} = 748\Omega$$

$$r_o = R_c = 4k\Omega$$

根据以上分析，可以归纳出使用微变等效电路法分析电路的步骤如下。

① 首先对电路进行静态分析，求出 I_{BQ}、I_{CQ}、U_{CEQ}。

② 求出三极管的输入电阻 r_{be}。

③ 画出放大电路的微变等效电路。

④ 根据微变等效电路求出 A_u、r_i、r_o。

五、分压偏置式放大电路

1. 电路组成

该电路有以下两个特点。

① 利用电阻 R_{b1} 和 R_{b2}（见图 2-10）分压来稳定基极电位。基极电位 U_{BQ} 为

$$U_{BQ} \approx \frac{R_{b2}}{R_{b1} + R_{b2}} U_{CC}$$

所以，基极电位 U_{BQ} 由电源电压 U_{CC} 经电阻 R_{b1} 和 R_{b2} 分压所决定，基本不随温度而变化，且与晶体管参数无关。

② 由发射极电阻 R_e 实现静态工作点的稳定。温度上升使 I_{CQ} 增大时，I_{EQ} 随之增大，U_{EQ} 也增大，因为基极电位 $U_{BQ} = U_{BEQ} + U_{EQ}$ 恒定，故 U_{EQ} 增大使 U_{BEQ} 减小，引起 I_{BQ} 减小，使 I_{CQ} 相应减小，从而抑制了温度升高引起的增量，即稳定了静态工作点。其稳定过程如下：

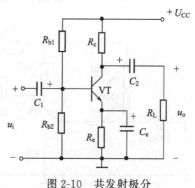

图 2-10 共发射极分压偏置式放大电路

$$T(\text{℃}) \uparrow \rightarrow I_{CQ} \uparrow \rightarrow I_{EQ} \uparrow \rightarrow U_{EQ} \uparrow \xrightarrow{\ U_B \ \text{固定}\ } U_{BEQ} \downarrow \rightarrow I_{BQ} \downarrow \longrightarrow$$
$$I_{CQ} \downarrow \longleftarrow$$

2. 静态分析

如图 2-11(a) 所示分压偏置式放大电路的直流通路，可得静态工作点：

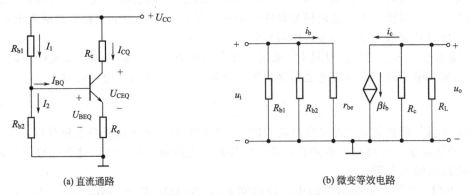

(a) 直流通路	(b) 微变等效电路

图 2-11 分压偏置式放大电路的直流通路和微变等效电路图

$$U_{BQ} \approx \frac{R_{b2}}{R_{b1}+R_{b2}} U_{CC} \tag{2-15}$$

$$I_{CQ} \approx I_{EQ} = \frac{U_{BQ}-U_{BEQ}}{R_e} \approx \frac{U_{BQ}}{R_e} \tag{2-16}$$

$$U_{CEQ} = U_{CC} - I_{CQ}(R_c+R_e) \tag{2-17}$$

3. 动态分析

由放大电路的微变等效电路图 2-11(b) 可得：

$$A_u = -\frac{i_c(R_c // R_L)}{i_b r_{be}} = -\frac{\beta(R_c // R_L)}{r_{be}} = -\beta \frac{R_L'}{r_{be}} \tag{2-18}$$

$$r_i = R_{b1} // R_{b2} // r_{be} \approx r_{be} \tag{2-19}$$

$$r_o = R_c \tag{2-20}$$

技能训练一 固定偏置共射极放大电路

1. 实训目的

① 进一步熟悉固定偏置共射极放大电路的工作原理。

② 学会放大器静态工作点调试方法，分析静态工作点对放大器性能的影响。

③ 掌握放大器 A_u、R_i、R_o 及最大不失真输出电压的测试方法。

④ 熟悉常用电子仪器及实验设备的使用。

2. 实训所需设备与器件

① 电子技术实验装置。　② 双踪示波器。

③ 交流毫伏表。

④ 电阻器、电容器若干。

⑤ 万用表。　　　　　⑥ 毫安表。

⑦ 直流稳压电源。

3. 电路原理图

固定偏置共射极放大电路见图 2-12。

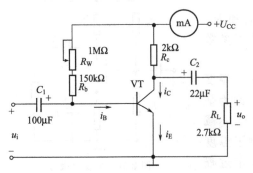

图 2-12 固定偏置共射极放大电路

4. 训练内容及步骤

① 训练所用线路板分析。信号发生器产生

的输入信号从 u_i 处加入，调节电位器 R_W 可改变静态工作点。

② 调直流稳压电源输出为 12V，接到电路 U_{CC} 与地之间。

③ 将毫安表串接于电路中，测 I_c（注意方向、量程）。调 R_W，使 $I_c = 2mA$，测静态工作点（用直流数字电压表，量程为 20V），并在设计的表格中记录数据。

④ 测电压放大倍数

在输入端（u_i 处）加入 1kHz，$U_i = 10mV$ 的信号，用示波器观察 u_o 波形（正弦波），并用毫伏表测 U_o，记录数据填入表 2-1 中。

表 2-1 测放大倍数的数据表

R_c	R_L	U_o	$A_u(U_o/U_i)$
2.4kΩ	∞		
1.2kΩ	∞		
2.4kΩ	2.4kΩ		

依据 $A_u = -\beta \dfrac{R_L'}{r_{be}}$ 和 $R_L' = R_c /\!/ R_L$ 进行验算。

⑤ 最大不失真输出电压的测试。慢慢加大输入信号 u_i 的数值，密切观察输出电压 u_o 的波形，使之不要失真。若产生了失真，适当减小输入信号 u_i 的数值，直至输出电压 u_o 的波形不失真为止。此时已排除了由于输入信号太大而引起的失真。

① 顺时针慢慢调节 R_W，改变静态工作点，密切观察输出电压 u_o 的波形，直至 u_o 的波形产生失真为止。记下此时 I_c 的大小和 u_o 的波形，填入表 2-2 中。

② 逆时针慢慢调节 R_W，密切观察输出电压 u_o 的波形，直至 u_o 的波形产生失真为止。记下此时 I_c 的大小和 u_o 的波形，填入表 2-2 中。

表 2-2 最大不失真电压测试数据表

集电极电流 I_c		
输出电压 u_o 的波形		
失真类型		
改善失真的措施		

5. 实验结果分析

① 分析集电极电阻 R_c 的改变对放大器电压放大倍数有何影响。

② 分析静态工作点的设置对放大器工作的影响，顶部失真和底部失真产生的原因，如何消除失真。

技能训练二　分压偏置共射极放大电路

1. 实训目的及要求

① 进一步熟悉分压偏置共射极放大电路的工作原理。

② 学会放大器静态工作点调试方法，分析静态工作点对放大器性能的影响。

③ 掌握放大器 A_u、R_i、R_o 及最大不失真输出电压的测试方法。

④ 熟悉常用电子仪器及实验设备的使用。

2. 实训所需设备与器件

① 电子技术实验装置。②双踪示波器。③交流毫伏表。④电阻器、电容器若干。⑤万用表。⑥毫安表。⑦直流稳压电源。

3. 电路原理图

分压偏置共射极放大电路见图 2-13。

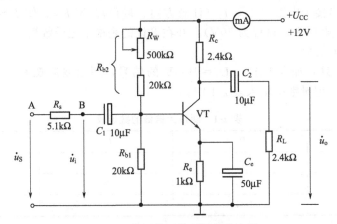

图 2-13　分压偏置共射极放大电路

4. 实训内容及步骤

① 分析训练所用线路板，信号发生器产生的输入信号从 u_i 处加入，调节电位器 R_W 可改变静态工作点。

② 调直流稳压电源输出为 12V，接到电路 U_{CC} 与地之间。

③ 将毫安表串接于电路中测 I_c（注意方向、量程）。

调节 R_W 使 $I_c = 2mA$，测静态工作点，（用直流数字电压表，注意量程），并记入表 2-3 中。

表 2-3　测静态工作点的数据表

I_{CQ}	U_B	U_E	U_C	U_{BE}

④ 测电压放大倍数。在输入端（u_i 处）加入 1kHz、$U_i = 10mV$ 的信号，用示波器观察 u_o 波形（正弦波），并用毫伏表测 U_o，在表 2-4 中记录数据。

表 2-4　测放大倍数数据表

R_c	R_L	U_o	$A_u(U_o/U_i)$
2.4kΩ	∞		
1.2kΩ	∞		
2.4kΩ	2.4kΩ		

依据 $A_u = -\beta \dfrac{R'_L}{r_{be}}$ 和 $R'_L = R_c // R_L$ 进行验算。

⑤ 最大不失真输出电压的测试。慢慢加大输入信号 u_i 的数值，密切观察输出电压 u_o 的波形不要失真。若产生了失真，适当减小输入信号 u_i 的数值，直至输出电压 u_o 的波形不失真，此时，已排除了由于输入信号太大而引起的失真。

① 顺时针慢慢调节 R_W，改变静态工作点，密切观察输出电压 u_o 的波形，直至 u_o 的波形产生失真，记下此时 I_c 的大小和 u_o 的波形。添入表 2-5 中。

② 逆时针慢慢调节 R_W，密切观察输出电压 u_o 的波形，直至 u_o 的波形产生失真，记下此时 I_c 的大小和 u_o 的波形。填入表 2-5 中。

表 2-5 最大不失真电压测试数据表

集电极电流 I_c	
输出电压 u_o 的波形	
失真类型	
改善失真的措施	

5. 实训报告要求

① 分析集电极电阻 R_c 的改变对放大器电压放大倍数有何影响。

② 分析静态工作点的设置对放大器工作的影响,顶部失真和底部失真产生的原因,如何消除失真?

想一想,做一做

1. 什么是静态?什么是静态工作点?温度对静态工作点有什么影响?

2. 分压式偏置电路为什么能稳定静态工作点?旁路电容 C_e 有什么作用?

3. 如图 2-14(a) 所示电路中,$R_b = 510\text{k}\Omega$,$R_c = 10\text{k}\Omega$,$R_L = 1.5\text{k}\Omega$,$U_{CC} = 10\text{V}$,三极管 VT 的输出特性曲线如图 2-14(b) 所示。

① 计算电路的静态工作点,并分析这个工作点是否合适。

② 在 U_{CC} 和晶体管不变的情况下,为了把 U_{CEQ} 提高到 5V 左右,可以改变哪些参数?如何改变?

③ 在 U_{CC} 和晶体管不变的情况下,为了使 $I_{CQ} = 2\text{mA}$,$U_{CEQ} = 2\text{V}$,应改变哪些参数?改变成什么数值?

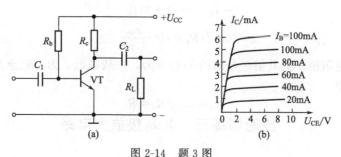

图 2-14 题 3 图

第二节 共基极放大电路

一、电路组成

共基极放大电路如图 2-15(a) 所示。基极偏置电流 I_{BQ} 由 U_{CC} 通过基极偏流电阻 R_{b1} 和 R_{b2} 提供,C_b 为旁路电容,对交流信号视为短路,因而基极接地,输入信号加到发射极和基极之间,使放大倍数不至于因 R_{b1} 和 R_{b2} 存在而下降。输出信号取自集电极和基极之间,基极是输入回路和输出回路的公共端,故称为共基极放大电路。

二、工作原理

1. 静态分析

由电路图的直流通路可知

$$U_{BQ} = \frac{R_{o2}}{R_{b1} + R_{b2}} U_{CC} \tag{2-21}$$

$$I_{CQ} \approx I_{EQ} = \frac{U_{BQ} - U_{BEQ}}{R_e} \approx \frac{U_{BQ}}{R_e} \tag{2-22}$$

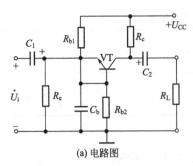
(a) 电路图

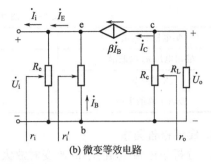
(b) 微变等效电路

图 2-15 共基极放大电路

$$U_{CEQ} = U_{CC} - I_{CQ}R_C - I_{EQ}R_e \tag{2-23}$$

$$I_{BQ} = I_{CQ}/\beta \tag{2-24}$$

2. 动态分析

(1) 电压放大倍数 A_u 由微变等效电路图 2-15(b) 可知

$$A_u = \frac{\dot{U}_o}{\dot{U}_i} = \frac{-\dot{I}_C R_L'}{-\dot{I}_B r_{be}} = \frac{\beta R_L'}{r_{be}}$$

由上式可知，共基极电路与共射极电路的电压放大倍数在数值上相同，只差一个负号。

(2) 输入电阻

$$r_i' = \frac{\dot{U}_i}{-\dot{I}_E} = \frac{-\dot{I}_B r_{be}}{-(1+\beta)\dot{I}_B'} = \frac{r_{be}}{1+\beta}$$

$$r_i = R_e /\!/ r_i' \approx \frac{r_{be}}{1+\beta}$$

可见，输入电阻减小为共射极电路的 $1/(1+\beta)$，一般很低，为几欧至几十欧。

(3) 输出电阻

$$r_o = r_{ce} /\!/ R_c = R_c$$

技能训练三 共基极放大电路

1. 实训目的

① 进一步熟悉共基极放大电路的工作原理。

② 学会使用电子仪器（信号发生器、万用表、毫伏表、示波器）测量和调整电路。

2. 实训所需设备与器件

① 电子技术实验装置。　② 双踪示波器。　③ 交流毫伏表。

④ 电阻器、电容器若干。　⑤ 万用表。　⑥ 毫安表。

⑦ 直流稳压电源。

3. 电路原理图

共基极放大电路原理图见图 2-16。

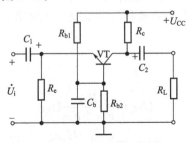

图 2-16 共基极放大电路

4. 训练内容及步骤

① 调直流稳压电源输出为 12V，接到电路＋U_{CC}与地之间。

② 将毫安表串接于电路中，测 I_c（注意方向、量程），测静态工作点（用直流数字电压表，注意量程），并记入表 2-6 中。

表 2-6　测静态工作点数据表

I_{CQ}	U_B	U_E	U_C	U_{BE}

③ 测电压放大倍数。在输入端加入 1kHz、$U_i=10mV$ 的信号，用示波器观察 u_o 波形（正弦波），并用毫伏表测 u_o，将数据记入表 2-7 中。

表 2-7　测放大倍数数据表

R_c	R_L	U_o	$A_u(U_o/U_i)$
2.4kΩ	∞		
1.2kΩ	∞		
2.4kΩ	2.4kΩ		

依据 $A_u=\beta\dfrac{R'_L}{r_{be}}$ 和 $R'_L=R_c/\!/R_L$ 验算。

④ 最大不失真输出电压的测试。慢慢加大输入信号 u_i 的数值，密切观察输出电压 u_o 的波形，使之不要失真。若产生了失真，适当减小输入信号 u_i 的数值，直至输出电压 u_o 的波形不失真为止。此时已排除了由于输入信号太大而引起的失真。

改变基极电阻的大小，并用示波器观察相应波形，在表 2-8 记下此时 I_c 的大小和 u_o 的波形。

表 2-8　最大不失真电压测试数据表

集电极电流 I_c	
输出电压 u_o 的波形	
失真类型	
改善失真的措施	

想一想，做一做

1. 输出波形的顶部被切割，属于哪种失真？应如何消除这种失真？

2. 为什么接入负载后放大倍数会减小？

3. 分析静态工作点的设置对放大器工作的影响、顶部失真和底部失真产生的原因，如何消除失真？

第三节　共集电极放大电路

一、电路组成

共集电极放大电路如图 2-17（a）所示，它是由基极输入信号、发射极输出信号组成的，所以称为射极输出器。由图 2-17（b）所示的交流通路可知，集电极是输入回路与输出回路的公共端，所以又称为共集电极放大电路。

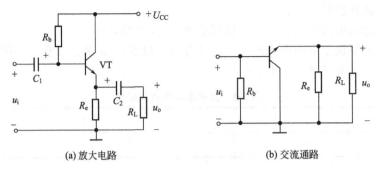

(a) 放大电路　　　　　　　　(b) 交流通路

图 2-17　共集电极放大电路

二、射极输出器的特点

1. 静态工作点稳定

由图 2-18(a) 所示的共集放大电路的直流通路可知

$$U_{CC} = I_{BQ}R_b + U_{BEQ} + I_{EQ}R_e$$

而

$$I_{BQ} = \frac{I_{EQ}}{1+\beta}$$

于是得

$$I_{CQ} \approx I_{EQ} = \frac{U_{CC} - U_{BEQ}}{R_e + \dfrac{R_b}{1+\beta}} \tag{2-25}$$

故

$$U_{CEQ} = U_{CC} - I_{CQ}R_e \tag{2-26}$$

射极电阻 R_e 具有稳定静态工作点的作用。

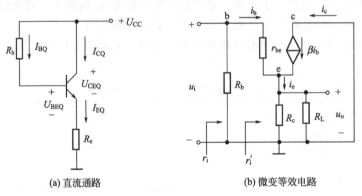

(a) 直流通路　　　　　　　　(b) 微变等效电路

图 2-18　共集电极放大电路的直流通路和微变等效电路

2. 电压放大倍数近似等于 1

射极输出器的微变等效电路如图 2-18(b) 所示，由此图可知

$$A_u = \frac{u_o}{u_i} = \frac{i_e R_L'}{i_b r_{be} + i_e R'} = \frac{(1+\beta) i_b R_L'}{i_b r_{be} + i_b (1+\beta) R_L'} = \frac{(1+\beta) R_L'}{r_{be} + (1+\beta) R_L'} \tag{2-27}$$

式中，$R_L' = R_c /\!/ R_L$。

通常 $(1+\beta) R_L' \gg r_{be}$，于是得

$$A_u \approx 1$$

电压放大倍数约为 1 并为正值，可见输出电压 u_o 随着输入电压 u_i 的变化而变化，大小近似相等，且相位相同，因此，射极输出器又称为射极跟随器。

应该指出，虽然射极输出器的电压放大倍数约等于 1，但它仍具有电流放大和功率放大的作用。

3. 输入电阻高

由图 2-18（b）可知

$$r_i = R_b \mathbin{/\mkern-6mu/} r_i' = R_b \mathbin{/\mkern-6mu/} [r_{be} + (1+\beta)R_L'] \tag{2-28}$$

由于 R_b 和 $(1+\beta)R_L'$ 值都较大，因此，射极输出器的输入电阻 r_i 很高，可达几十千欧到几百千欧。

4. 输出电阻低

由于射极输出器 $u_o \approx u_i$，当 u_i 保持不变时，u_o 就保持不变。可见，输出电阻对输出电压的影响很小，说明射极输出器带负载能力很强。输出电阻的估算公式为：

$$r_o \approx \frac{r_{be}}{1+\beta} \tag{2-29}$$

通常，r_o 很低，一般只有几十欧。

【例 2-3】 放大电路如图 2-17（a）所示，图中，三极管为硅管，$\beta=100$，$r_{be}=1.2\text{k}\Omega$，$R_b=200\text{k}\Omega$，$R_e=2\text{k}\Omega$，$R_L=2\text{k}\Omega$，$U_{CC}=12\text{V}$，试求：

（1）静态工作点 I_{CQ} 和 U_{CEQ}；

（2）输入电阻 r_i 和输出电阻 r_o。

解： ① 计算静态工作点。

$$I_{CQ} = \frac{U_{CC} - U_{BEQ}}{R_e + \dfrac{R_b}{1+\beta}} = \frac{12 - 0.7}{2 + \dfrac{200}{1+100}} = 2.8(\text{mA})$$

$$U_{CEQ} = U_{CC} - I_{CQ}R_e = 12 - 2.8 \times 2 = 6.4(\text{V})$$

② 求输入电阻 r_i 和输出电阻 r_o。

$$r_i = R_b \mathbin{/\mkern-6mu/} r_i' = R_b \mathbin{/\mkern-6mu/} [r_{be} + (1+\beta)R_L'] = 200\text{k}\Omega \mathbin{/\mkern-6mu/} (1.2\text{k}\Omega + 101 \times 1\text{k}\Omega) = 66.7\text{k}\Omega$$

$$r_o = \frac{r_{be}}{\beta} = \frac{1.2\text{k}\Omega}{100} = 12\Omega$$

三、射极输出器的应用

1. 用作输入级

在要求输入电阻较高的放大电路中，常用射极输出器作输入级，利用其输入电阻很高的特点，可减少对信号源的衰减，有利于信号的传输。

2. 用作输出级

由于射极输出器的输出电阻很低，常用作输出级，可使输出级在接入负载或负载变化时，对放大电路的影响小，使输出电压更加稳定。

3. 用作中间隔离级

将射极输出器接在两级共射电路之间，利用其输入电阻高的特点，可提高前级的电压放大倍数；利用其输出电阻低的特点，可减小后级信号源内阻，提高后级的电压放大倍数。由于其隔离了前后两级之间的相互影响，因而也称为缓冲级。

技能训练四　共集电极放大电路

1. 实训目的

① 掌握射极跟随器的特性及测试方法。

② 进一步学习放大器各项参数测试方法。

2. 电路原理图

共集电极放大电路实验原理图见图 2-19。

3. 实训所需设备与器件

① +12V 直流电源。　　② 函数信号发生器。

③ 双踪示波器。　　　　④ 交流毫伏表。

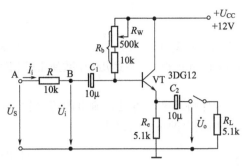

图 2-19 共集电极放大电路实验原理图

⑤ 直流电压表。

⑥ 电阻器、电容器若干。

4. 实训内容及步骤

① 静态工作点的调整。接通＋12V 的直流电源，用信号发生器产生并加入 $f=1$kHz 正弦信号 u_i，输出端用示波器监视输出波形，反复调整线路板上的 R_W 及信号源的输出幅度，使在示波器的屏幕上得到一个最大的不失真输出波形，然后置 $u_i=0$，用直流电压表测量晶体管各电极对地电位，则将得到的数据记入表2-9中。

表 2-9 静态工作点测试表

U_E/V	U_B/V	U_C/V	I_E/mA

在下面整个测试过程中，应保持 R_W 值不变（即保持静态工作点 I_E 不变）。

② 测量电压放大倍数 A_u。接入负载 $R_L=1$kΩ，在 B 点加 $f=1$kHz 正弦信号 u_i，调节输入信号幅度，用示波器观察输出波形 u_o，在输出最大不失真情况下，用交流毫伏表测 U_i、U_o 值，记入表 2-10 中。

表 2-10 测量放大倍数数据表

U_i/V	U_o/V	A_u

③ 测量输出电阻 R_o。接入负载 $R_L=1$kΩ，在 B 点加入 $f=1$kHz 正弦信号 u_i，逐渐增加其幅度，用示波器观察输出波形，测空载输出电压 U_o，有负载时的输出电压 U_0，记入表 2-11 中。

表 2-11 测量输出电阻数据表

U_o/V	U_0/V（有载）	$R_o/kΩ$

④ 测量输入电阻 R_i。在 A 点加 $f=1$kHz 的正弦信号 u_s，用示波器监测输出波形，用交流毫伏表分别测出 A、B 点对地的电位 U_S、U_i，记入表 2-12 中。

表 2-12 测量输入电阻数据表

U_S/V	U_i/V	$R_i/kΩ$

⑤ 测量跟随特性。接入负载 $R_L=1$kΩ，在 B 点加 $f=1$kHz 正弦信号 u_i，用示波器监测输出波形直到输出波形到最大不失真，测量对应的 U_L 值，记录到表（由学生自己设计）中。

⑥ 测试频率响应特性。保持输入信号 u_i 幅度不变，改变信号源频率，用示波器监测输出波形，用毫伏表测量不同频率下的输出电压 U_L 值，记入表（由学生自己设计）中。

5. 实验分析

① 根据电路图的元件参数估算静态工作点，并与测量值比较。

② 整理实验数据，并画出曲线 $U_o = f(U_i)$，$U_o = f(f)$。

③ 分析射极跟随器的性能和特点。

想一想，做一做

1. 如何识别三种不同组态的基本放大电路？

2. 判断图 2-20 中电路属于何种组态的基本放大电路。

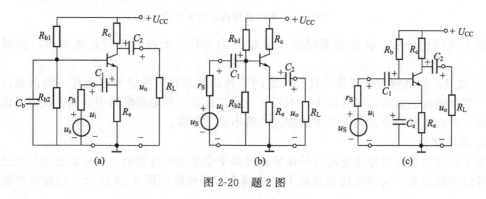

(a)　　　　　　　　　　(b)　　　　　　　　　　(c)

图 2-20　题 2 图

第四节　多级电压放大电路

前面分析的放大电路都是由一个晶体管组成的单级放大电路，它们的放大倍数是有限的。在实际应用，例如通信系统、自动控制系统及检测装置中，输入信号都是极微弱的，必须将微弱的输入信号放大到几千乃至几万倍才能驱动执行机构，如扬声器、伺服机构和测量仪器等进行工作。所以，实用的放大电路都是由多个单级放大电路组成的多级放大电路。

一、多级放大器的级间耦合方式

多级放大电路的组成可用图 2-21 所示的框图来表示。其中，输入级与中间级的主要作用是实现电压放大，输出级的主要作用是功率放大，以推动负载工作。

图 2-21　多级放大电路的结构框图

多级放大电路是由两级或两级以上的单级放大电路连接而成的。在多级放大电路中，把级与级之间的连接方式称为耦合方式。而级与级之间耦合时，必须满足下列条件。

① 耦合后，各级电路仍具有合适的静态工作点。

② 保证信号在级与级之间能够顺利传输过去。

③ 耦合后，多级放大电路的性能指标必须满足实际的要求。为了满足上述要求，一般常用的耦合方式有阻容耦合、直接耦合、变压器耦合。

1. 阻容耦合

把级与级之间通过电容连接的方式称为阻容耦合方式，电路如图 2-22 所示，由图可得阻容耦合放大电路的特点如下。

① 优点。因电容具有"隔直"作用，所以各级电路的静态工作点相互独立，互不影响。

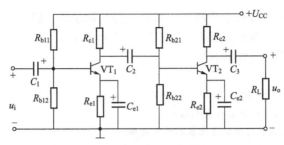

图 2-22 两级阻容耦合放大电路

这给放大电路的分析、设计和调试带来了很大的方便。此外，还具有体积小、重量轻等优点。

② 缺点。因电容对交流信号具有一定的容抗，信号在传输过程中会有一定的衰减。尤其对于变化缓慢的信号，容抗很大，不便于传输。此外，在集成电路中，制造大容量的电容很困难，所以这种耦合方式下的多级放大电路不便于集成。

2. 直接耦合

为了避免电容对缓慢变化的信号在传输过程中带来的不良影响，也可以把级与级之间直接用导线连接起来，这种连接方式称为直接耦合，其电路如图 2-23 所示。直接耦合的特点如下。

① 优点。既可以放大交流信号，也可以放大直流和变化非常缓慢的信号；电路简单，便于集成，所以集成电路中多采用这种耦合方式。

② 缺点。存在着各级静态工作点相互牵制和零点漂移这两个问题。

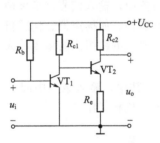

图 2-23 直接耦合放大电路

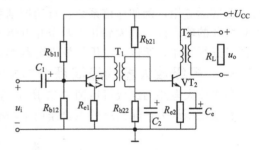

图 2-24 变压器耦合放大电路

3. 变压器耦合

把级与级之间通过变压器连接的方式称为变压器耦合，其电路如图 2-24 所示。变压器耦合的特点如下。

① 优点。各级静态工作点相互独立，互不影响。容易实现阻抗变换。

② 缺点。变压器体积大而重，不便于集成。不能传送直流和变化缓慢的信号。

二、多级放大电路的性能指标估算

1. 电压放大倍数

根据电压放大倍数的定义式

$$A_u = \frac{u_o}{u_i}$$

在图 2-22 中，由于

$$u_o = A_{u2} u_{i2}, \quad u_{i2} = u_{o1}, \quad u_{o1} = A_{u1} u_i$$

故

$$A_u = \frac{u_o}{u_i} = A_{u1} \cdot A_{u2} \qquad (2-30)$$

注意：A_{u1}、A_{u2} 是考虑前后级影响后的各级电压放大倍数。

因此可推广得 n 级放大电路的电压放大倍数为

$$A_u = A_{u1} A_{u2} \cdots A_{un} \qquad (2-31)$$

2. 输入电阻

多级放大电路的输入电阻就是输入级的输入电阻。计算时要注意：当输入级为共集电极放大电路时，要考虑第二级的输入电阻作为前级负载时对输入电阻的影响。

3. 输出电阻

多级放大电路的输出电阻就是输出级的输出电阻。计算时要注意：当输出级为共集电极放大电路时，要考虑其前级对输出电阻的影响。

三、放大电路的频率特性

1. 单级阻容耦合放大电路的频率特性

图 2-25(a) 所示是单级阻容耦合共射放大电路，图 2-25(b)、图 2-25(c) 是其频率响应特性，其中，图 2-25(b) 示出的是幅频特性，图 2-25(c) 示出的是相频特性。

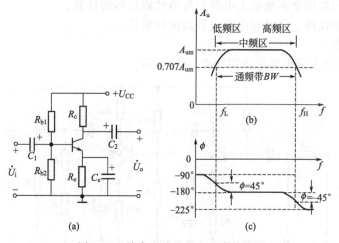

图 2-25　放大电路的频率响应特性图

在某一段频率范围内，电压放大倍数与频率无关，输出信号与输入信号差为 $-180°$，这一频率范围称为中频区。在低频区和高频区，电压放大倍数要减少，相位差也要发生变化。

低频区，电压放大倍数下降是由于 C_1、C_2、C_e 的容抗随频率下降而增大，使信号在这些电容上的压降也增大。

高频区，三极管的极间电容和电路中的分布电容因频率升高而等效容抗减少，对信号的分流作用增大，降低了集电极电流和输出电压。

2. 多级放大电路的幅频特性

多级放大电路的通频带如图 2-26 所示。

下限截止频率 f_L 和上限截止频率 f_H 为频率变化使电压放大倍数下降到中频放大倍数 A_{um} 的 $\dfrac{1}{\sqrt{2}}$ 时所对应的低频频率点和高频频率点。

f_H 与 f_L 之间的频率范围称为通频带，即

$$BW = f_H - f_L$$

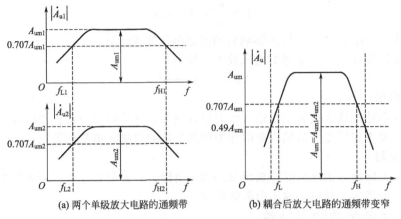

(a) 两个单级放大电路的通频带　　(b) 耦合后放大电路的通频带变窄

图 2-26　多级放大电路的通频带

技能训练五　阻容耦合多级电压放大电路

1. 实训目的

① 加深理解阻容耦合多级放大电路中各项性能指标的计算。

② 熟悉用电子仪器、仪表对电路进行测试和调整。

2. 电路原理图

阻容耦合基本放大器电路原理图如图 2-27 所示。

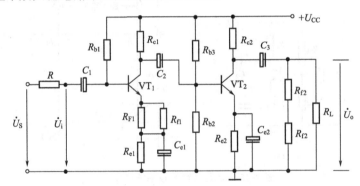

图 2-27　阻容耦合基本放大器

3. 所需设备与器件

① ＋12V 直流电源。　　② 函数信号发生器。

③ 双踪示波器。　　　　④ 频率计。

⑤ 交流毫伏表。　　　　⑥ 直流电压表。

⑦ 电阻器、电容器若干。

4. 内容及步骤

① 测量静态工作点。按图 2-27 连接实验电路，取 $U_{CC} = +12V$，$U_i = 0$，用直流电压表分别测量第一级、第二级的静态工作点，记入表 2-13 中。

表 2-13　测量静态工作点数据表

测试项目 级别	U_B/V	U_E/V	U_C/V	I_C/mA
第一级				
第二级				

② 测量中频电压放大倍数 A_u、输入电阻 r_i 和输出电阻 r_o。

a. 将 $f=1\text{kHz}$，U_S 约为 5mV 的正弦波信号输入放大器，用示波器监视输出波形 U_o，在 U_o 不失真的情况下，用交流毫伏表测量 U_S、U_i、U_L，记入表 2-14 中。

b. 保持 U_S 不变，断开负载电阻 R_L，测量空载时的输出电压 U_o，记入表 2-14。

表 2-14　动态测试数据表

U_S/mV	U_i/mV	U_L/V	U_o/V	A_u	r_i/kΩ	r_o/kΩ

5. 实训报告及要求

① 将基本放大器动态参数的实测值和理论估算值列表进行比较。

② 根据实验结果，总结多级电压放大器和单级电压放大器在电路参数上的不同。

技能训练六　变压器耦合多级电压放大电路

1. 训练目的

① 加深理解变压器耦合多级放大电路中各项性能指标的计算。

② 熟悉用电子仪器、仪表对电路进行测试和调整。

2. 电路原理图

电路原理图如图 2-28 所示。

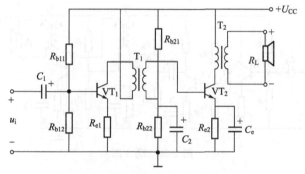

图 2-28　变压器耦合多级放大电路

3. 所需设备与器件

① +12V 直流电源。　　　　② 函数信号发生器。

③ 双踪示波器。　　　　　④ 频率计。

⑤ 交流毫伏表。　　　　　⑥ 直流电压表。

⑦ 电阻器、电容器若干。　⑧ 直流毫安表。

4. 内容及步骤

① 测量静态工作点。按图 2-28 连接实验电路，取 $U_{CC}=+12\text{V}$，$u_i=0$，用直流电压表分别测量第一级、第二级的静态工作点，记入表 2-15 中。

表 2-15　测量静态工作点数据表

级别＼测试项目	U_B/V	U_E/V	U_C/V	I_C/mA
第一级				
第二级				

② 测量中频电压放大倍数 A_u、输入电阻 r_i 和输出电阻 r_o。

a. 将 $f=1kHz$，U_i 约为 5mV 的正弦波信号输入放大器，用示波器监视输出波形 U_o，在 U_o 不失真的情况下用交流毫伏表测量 U_i、U_L，记入表 2-16 中。

b. 保持 U_i 不变，断开负载电阻 R_L，测量空载时的输出电压 U_o，记入表 2-16 中。

表 2-16　动态测试数据表

U_i/mV	U_L/V	U_o/V	A_u	$r_i/k\Omega$	$r_o/k\Omega$

5. 实训报告及要求

① 将基本放大器动态参数的实测值和理论估算值列表进行比较。

② 根据实验结果，总结多级电压放大器和单级电压放大器在电路参数上的不同。

 想一想，做一做

1. 什么是多级放大电路？为什么要使用多级放大电路？

2. 多级放大电路有哪几种耦合方式？各有什么特点？

3. 根据题图 2-29 所示放大电路回答：

(1) 电路由几级放大电路构成？并说明有各级之间采用何种耦合方式？

(2) 各级采用哪类偏置电路？

(3) 画出电路的框图。

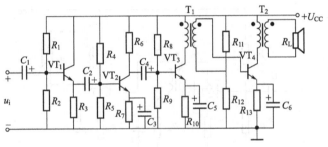

图 2-29　题 3 图

4. 在分析多级放大电路时，为什么要考虑各级之间的相互影响？

5. 多级放大电路的通频带为什么比单级放大电路的通频带窄？

6. 放大电路的高低频响应主要取决于放大电路的哪些元件？

第五节　各种反馈的放大电路

一、反馈的基本概念

1. 反馈的概念

将放大电路输出量（电压或电流）的一部分或全部通过某一电路送回到输入端，来影响原输入量（电压或电流）的过程称为反馈。有反馈的放大电路称为反馈放大电路，由输出信号形成反馈信号的电路（元件或网络）称为反馈电路或反馈网络，反馈到输入回路的信号称为反馈信号。

2. 反馈放大器的组成

反馈放大电路组成框图如图 2-30(a) 所示。

图 2-30(b) 示出的是一个具体的反馈放大电路。图中，除了基本放大电路外，还有一条由 R_f 和 R_1 组成的电路，接在输入端和输出端之间，由于它们将输出量反送到放大器输

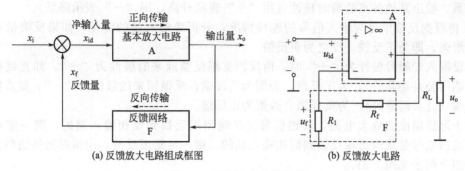

(a) 反馈放大电路组成框图　　　　　　　　　(b) 反馈放大电路

图 2-30　反馈放大电路组成

入端，因此称为反馈元件，或反馈网络。u_i、u_f、u_{id} 和 u_o 分别表示电路的输入电压、反馈电压、净输入电压和输出电压。

3. 反馈放大器的基本关系式

由图 2-30 所示的反馈放大器的方框图可得各信号量之间的基本关系。

$$x_{id} = x_i - x_f$$

$$A = \frac{x_o}{x_{id}}$$

$$F = \frac{x_f}{x_o}$$

$$A_f = \frac{x_o}{x_i} = \frac{x_o}{x_{id} + x_f} = \frac{A}{1 + AF} \qquad (2-32)$$

式(2-32) 表明，闭环增益 A_f 是开环增益 A 的 $\dfrac{1}{1+AF}$，小于 A。其中，$1+AF$ 称为反馈深度，它的大小反映了反馈的强弱；乘积 AF 常称为环路增益。

4. 反馈的分类

（1）反馈极性（正、负反馈）　在反馈放大电路中，反馈量使放大器净输入量得到增强的反馈称为正反馈，使净输入量减弱的反馈称为负反馈。

（2）交流反馈与直流反馈　在放大电路中，存在有直流分量和交流分量，若反馈信号是交流量，则称为交流反馈，它影响电路的交流性能；若反馈信号是直流量，则称为直流反馈，它影响电路的直流性能，如静态工作点。若反馈信号中既有交流量又有直流量，则反馈对电路的交流性能和直流性能都有影响。

（3）电压反馈与电流反馈　从输出端看，若反馈信号取自输出电压，即反馈信号与输出电压成正比，则为电压反馈；若取自输出电流，即反馈信号与输出电流成正比，则为电流反馈。从另一个角度说，反馈对输出电压或输出电流采样，分别称为电压反馈和电流反馈。电压反馈的重要特性是能稳定输出电压；电流反馈的重要特点是能稳定输出电流。

（4）串联反馈与并联反馈　如果反馈信号在放大器输入端以电压的形式出现，就是串联反馈。如果反馈信号在放大器输入端以电流的形式出现，就是并联反馈。这是按照反馈信号在放大器输入端的连接方式分类的。

二、反馈类型的判别

在判别反馈类型之前，首先应看放大器的输出端与输入端之间有无电路连接。

1. 正、负反馈的判别

通常采用"瞬时极性法"判别正、负反馈，具体方法如下。

① 假设输入信号某一瞬时的极性（一般设为对地为正极性）。由各级输入、输出之间的

相位关系，推出其他各点的瞬时极性（用"＋"表示升高，用"－"表示降低）。

② 再根据反馈信号与输入信号的连接情况，分析净输入量的变化，如果反馈信号使净输入量增强，即为正反馈，反之为负反馈。

当设输入端瞬时极性为"＋"时，由反馈支路反馈回来的极性为"＋"，如直接反馈回到输入端（公共端除外），为正反馈，否则为负反馈；反馈回来的极性为"－"，如直接反馈回输入端（公共端除外），为负反馈，否则为正反馈。

对于运放组成的放大电路，反馈信号是从输出端反馈到反相输入端的，则一定是负反馈；若反馈信号是从输出端反馈到同相输入端的，则一定是正反馈。用瞬时极性法判别反馈极性的四个例子见图 2-31。

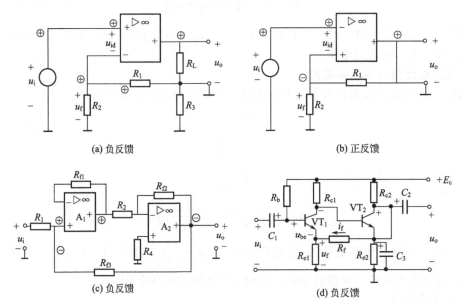

图 2-31　用瞬时极性法判断反馈极性的四个例子

2. 交流反馈与直流反馈的判别

判别直流反馈还是交流反馈的方法是：画出放大电路的交、直流通路，查看交、直流通路中有无反馈元件，或者观察反馈回输入端的信号是直流信号还是交流信号，由此判断是直流反馈还是交流反馈，如图 2-32 所示。

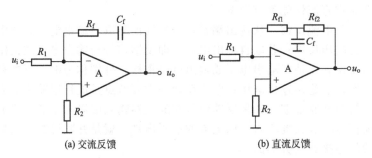

图 2-32　具有不同反馈的电路

3. 电压、电流反馈的判别

在判断电压反馈时，根据电压反馈的定义：反馈信号与输出电压成比例，可以假设将负载 R_L 两端短路（$u_o=0$，但 $i_o \neq 0$），判断反馈量是否为零，如果是零，就是电压反馈。图 2-33 所示电压反馈电路正是如此，R_L 短路，$u_o=0$、$u_f=0$。

在判断电流反馈时，根据电流反馈的定义：反馈信号与输出电流成比例，可以假设将负载 R_L 两端开路（$i_o=0$，但 $u_o\neq0$），判断反馈量是零，就是电流反馈。图 2-34 所示电路正是如此，R_L 开路，$i_o=0$、$i_f=0$、$u_f=0$。

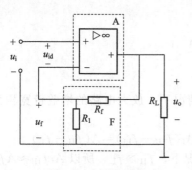

图 2-33 电压反馈

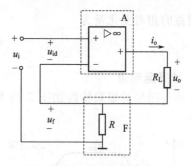

图 2-34 电流反馈

4. 串联、并联反馈的判别

判别串联、并联反馈，一是看反馈信号与输入信号在输入回路中是以电压形式叠加，还是以电流形式叠加，前者为串联反馈，后者为并联反馈；二是采用反馈节点对地短路法，当反馈节点对地短路时，输入信号不能加进基本放大器，则为并联反馈，否则为串联反馈。串联负反馈、并联负反馈如图 2-35 所示。

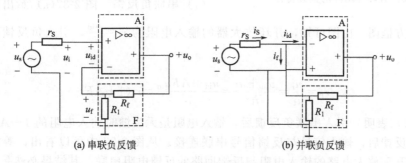

(a) 串联负反馈   (b) 并联负反馈

图 2-35 串联接法和并联接法

一般来说，可以这样来判别电压、电流、串联、并联反馈：当反馈支路与输出端直接相连（公共端除外）时，为电压反馈，否则为电流反馈；当反馈支路与输入端直接相连（公共端除外）时，为并联反馈，否则为串联反馈。反馈信号与输入信号在不同节点的为串联反馈，在同一个节点的为并联反馈。反馈取自输出端或输出分压端的为电压反馈，反馈取自非输出端的为电流反馈。

根据输出端的取样方式和输入端的连接方式，可以组成四种不同类型的负反馈电路。

① 电压串联负反馈。

② 电压并联负反馈。

③ 电流串联负反馈。

④ 电流并联负反馈。

三、负反馈对放大器性能的影响

1. 减小非线性失真

2. 提高增益的稳定性

根据闭环增益方程

$$A_f=\frac{A}{1+AF}$$

求 A_f 对 A 的导数，得

$$\frac{\mathrm{d}A_f}{\mathrm{d}A}=\frac{1}{(1+AF)^2}$$

即微分

$$\mathrm{d}A_f=\frac{\mathrm{d}A}{(1+AF)^2}$$

闭环增益的相对变化量为

$$\frac{\mathrm{d}A_f}{A_f}=\frac{1}{1+AF}\frac{\mathrm{d}A}{A} \tag{2-33}$$

3. 扩展通频带

开环与闭环的幅频特性如图 2-36 所示。在通常情况下，放大电路的增益带宽积为一常数，即

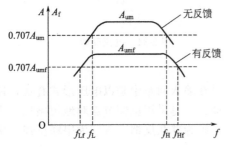

$$A_f(f_{Hf}-f_{Lf})=A(f_H-f_L)$$

一般情况下，$f_H\gg f_L$，所以 $A_f f_{Hf}\approx Af_H$。

应当指出，由于负反馈的引入，在减小非线性失真的同时降低了输出幅度。此外，输入信号本身固有的失真是不能用引入负反馈来改善的。

图 2-36 开环与闭环的幅频特性

4. 负反馈对输入电阻的影响

负反馈对输入电阻的影响取决于反馈网络在输入端的连接方式。

（1）串联负反馈 图 2-37(a) 示出的是串联负反馈电路的方框图。由图可知，开环放大器的输入电阻为 $r_i=\dfrac{u_{id}}{i_i}$，引入负反馈后，闭环输入电阻 r_{if} 为

$$r_{if}=\frac{u_i}{i_i}=\frac{u_{id}+u_f}{i_i}=\frac{u_{id}+AFu_{id}}{i_i}=r_i(1+AF) \tag{2-34}$$

式(2-34) 表明，引入串联负反馈后，输入电阻是无反馈时输入电阻的 $1+AF$ 倍。这是因为引入负反馈后，输入信号与反馈信号串联连接。从图 2-37 中可以看出，等效的输入电阻相当于原开环放大电路的输入电阻与反馈回路的反馈电阻串联，其结果必然是增加了，所以串联负反馈使输入电阻增大。

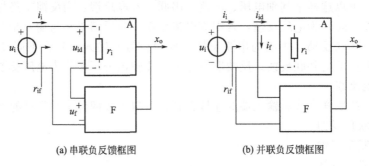

(a) 串联负反馈框图　　　　　(b) 并联负反馈框图

图 2-37　负反馈对输入电阻的影响

（2）并联负反馈 图 2-37(b) 示出的是并联负反馈电路的方框图。由图可知，开环放大器的输入电阻为 $r_i=\dfrac{u_i}{i_{id}}$。引入负反馈后，闭环输入电阻 r_{if} 为

$$r_{if}=\frac{u_i}{i_i}=\frac{u_i}{i_{id}+i_f}=\frac{u_i}{i_{id}+AFi_{id}}=r_i\,\frac{1}{1+AF} \tag{2-35}$$

式(2-35)表明，引入并联负反馈后，输入电阻是无反馈时输入电阻的$\dfrac{1}{1+AF}$，这是因为引入反馈后，输入信号与反馈信号并联连接。从图 2-37 中可以看出，等效的输入电阻相当于原开环放大电路输入电阻与反馈回路的反馈电阻并联，其结果必然是减小了，因此并联负反馈使输入电阻减小。

5. 负反馈对输出电阻的影响

负反馈对输出电阻的影响取决于反馈网络在输出端的取样量。

(1) 电压负反馈　图 2-38(a) 是电压负反馈的方框图。对于负载 R_L 来说，从输出端看进去，等效的输出电阻相当于原开环放大电路输出电阻与反馈网络的电阻并联，其结果必然使输出电阻减小。经分析，两者的关系为

$$r_{of} = \frac{r_o}{1+AF} \tag{2-36}$$

即引入电压负反馈后的输出电阻是开环输出电阻的$\dfrac{1}{1+AF}$。

(2) 电流负反馈　图 2-38(b) 是电流负反馈的方框图。对于负载 R_L 来说，从输出端看进去，等效的输出电阻相当于原开环放大电路输出电阻与反馈网络的电阻串联，其结果必然使输出电阻增大。经分析，两者的关系为

$$r_{of} = (1+AF)r_o \tag{2-37}$$

即引入电流负反馈后的输出电阻是开环输出电阻的 $1+AF$ 倍。

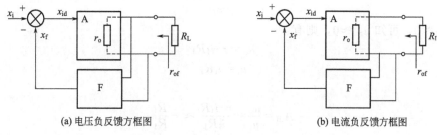

(a) 电压负反馈方框图　　　　　　　　(b) 电流负反馈方框图

图 2-38　负反馈对输出电阻的影响

四、深度负反馈放大电路

1. 深度负反馈的特点

在负反馈放大电路中，反馈深度 $1+AF \gg 1$ 时的反馈称为深度负反馈。一般在 $1+AF \geqslant 10$ 时，就可以认为是深度负反馈。此时，$1+AF \approx AF$，因此有

$$A_f = \frac{A}{1+AF} \approx \frac{A}{AF} = \frac{1}{F} \tag{2-38}$$

由式(2-38)可得出如下结论。

① 深度负反馈的闭环增益 A_f 只由反馈系数 F 来决定，而与开环增益几乎无关。

② 外加输入信号近似等于反馈信号，即

$$\frac{x_o}{x_i} \approx \frac{x_o}{x_f}$$

$$x_i \approx x_f \tag{2-39}$$

式(2-39)表明，在深度负反馈条件下，由于 $x_f \approx x_i$，则有 $x_{if} \approx 0$，即净输入量近似为零。对于串联负反馈，有 $u_f \approx u_i$；对于并联负反馈，有 $i_i \approx i_f$。

2. 深度负反馈放大电路的参数估算

(1) 电压串联负反馈电路

由图 2-39 可见，$u_f \approx \dfrac{R_L}{R_L + R_f} u_o$

$$F = \frac{u_f}{u_o} \approx \frac{R_L}{R_L + R_f}$$

在深度负反馈条件下，已知 F 值，则可估算出 A_{uf} 的值为

$$A_{uf} \approx \frac{1}{F} = \frac{R_L + R_f}{R_L} = 1 + \frac{R_f}{R_L}$$

也可利用在深度负反馈条件下 $x_f \approx x_i$ 的结论，在这里 $u_f \approx u_i$，同样可得

$$A_{uf} = \frac{u_o}{u_i} \approx \frac{u_o}{u_f} = \frac{R_1 + R_f}{R_1} = 1 + \frac{R_f}{R_1}$$

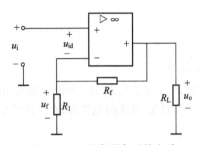

图 2-39　电压串联负反馈电路

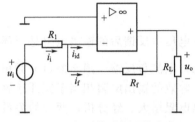

图 2-40　电压并联负反馈电路

（2）电压并联负反馈电路　由图 2-40 可知，

$$i_i \approx i_f$$

再根据 $u_{id} \approx 0$，可知 $u_- \approx 0$，则有

$$u_o = -i_f R_1$$

$$u_i = i_i R_1$$

因此

$$A_{uf} = \frac{u_o}{u_i} \approx \frac{-i_f R_f}{i_i R_1} \approx -\frac{R_f}{R_1}$$

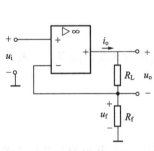

图 2-41　电流串联负反馈电路

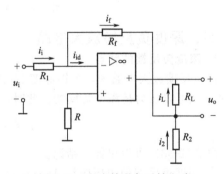

图 2-42　电流并联负反馈电路

（3）电流串联负反馈电路　图 2-41 示出的是电流串联负反馈电路，由图可得

$$u_f = i_o R_f = \frac{u_o}{R_L} R_f$$

因此，电压放大倍数为
$$A_{uf} = \frac{u_o}{u_i} \approx \frac{u_o}{u_f} = \frac{R_L}{R_f}$$

（4）电流并联负反馈电路　图 2-42 示出的是电流并联负反馈电路，由于 $i_{id} \approx 0$，因而有

$$i_i \approx i_f$$

根据 $u_{id} \approx 0$，可知 $u_- \approx 0$，则有

$$u_i \approx i_i R_1$$

$$u_o = -i_L R_L = -i_f \frac{R_2 + R_f}{R_2} R_L$$

因此

$$A_{uf} = \frac{u_o}{u_i} = -\left(1 + \frac{R_f}{R_2}\right)\frac{R_L}{R_1}$$

技能训练七　电压串联负反馈放大电路

1. 实训目的及要求

① 了解电压串联负反馈放大电路的构成，加深理解放大电路中引入负反馈的方法。

② 电压串联负反馈对放大器性能的影响。

2. 实训所需设备及器材

① +12V 直流电源。　　　　② 函数信号发生器。

③ 双踪示波器。　　　　　　④ 频率计。

⑤ 交流毫伏表。　　　　　　⑥ 直流电压表。

⑦ 实训用电路板。　　　　　⑧ 电阻器、电容器若干。

3. 电路原理图

如图 2-43 所示。

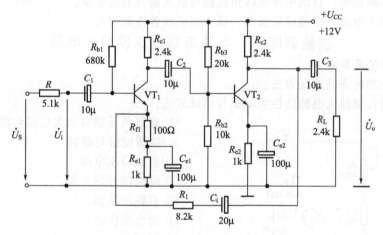

图 2-43　负反馈放大电路

4. 实训内容及步骤

① 接通线路，将直流电源 +12V 接到电路板上。

② 测静态工作点。用直流数字电压表测三极管各极电位，并记入表 2-17 中。

表 2-17　静态工作点测试数据表

	U_B	U_C	U_E
第一级			
第二级			

③ 将信号发生器产生的 $U_S = 10\text{mV}$、$f = 1\text{kHz}$ 信号接到电路输入端，测表 2-18 中各数据，比较有无反馈两种情况下各信号大小，其中：

$$r_i = \frac{U_i}{U_S - U_i} R_S \qquad (R_S = 10\text{k}\Omega)$$

$$r_o = \frac{U_o - U_L}{U_L} R_L \qquad (R_L = 2.4\text{k}\Omega)$$

表 2-18　动态数据测试表

放大器(无反馈)	U_S	U_i	U_L	U_o	A_u	r_i	r_o
负反馈放大器	U_S	U_i	U_L	U_o	A_{uf}	r_{if}	r_{of}

④ 通频带测试。

a. 无反馈时，测在 $U_S = 10\text{mV}$、$f = 1\text{kHz}$ 信号下 U_o 的大小。

b. 减小 f（调节"频率调节"钮），使 U_o 下降到 $0.7U_o$，记下 f_L。

c. 增加 f，使 $U_o = 0.7U_o$，记下 f_H。

d. 接入负反馈，测 U_o，重复上述三步。比较两种情况下通频带。$BW = f_H - f_L$

$$BW' = f_{Hf} - f_{Lf}$$

5. 实训报告及要求

① 将基本放大器和负反馈放大器动态参数的实测值和理论估算值列表进行比较。

② 根据实验结果，总结电压串联负反馈对放大器性能的影响。

③ 一个放大电路只要接成负反馈，就一定能改善性能吗？

<h1 align="center">技能训练八　电流串联负反馈放大电路</h1>

1. 实训目的及要求

① 掌握电路的正确连接方法。

② 掌握负反馈放大电路的性能测试与调试方法。

③ 理解负反馈对放大电路性能的影响。

2. 实训设备与器材

① 直流稳压电源。

② 低频信号发生器。

③ 双踪示波器。

④ 交流毫伏表。

⑤ 万用表。

⑥ 实训电路板。

3. 实训原理及电路图

实训电路如图 2-44 所示，首先进行负反馈类型的判定，然后总结负反馈对放大电路性能的影响。

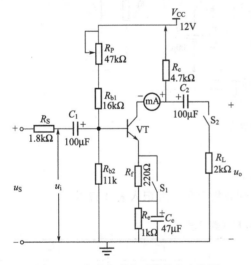

图 2-44　电流串联负反馈放大电路图

4. 实训内容及步骤

① 安装连接电路。用万用表检测各元器件和导线是否有损坏，在检查无误后按如图2-44所示电路在实训电路板上装接电流串联负反馈放大电路。要求布局合理，平整美观，连线正确，接触可靠。

② 静态工作点的测试与调整（S_1 闭合，无负反馈）。

a. 用低频信号发生器输入 $f = 1\text{kHz}$、幅度适当的正弦信号，调节 R_P，使静态工作点在合适位置，即输入波形后输出波形不失真。

b. 去掉输入信号，测试静态工作点的数值，将测量的数据记入表 2-19 中。

表 2-19 静态工作点测试数据表

测试项目	U_{BQ}	U_{EQ}	U_{CQ}	I_{CQ}
测试值				

③ 基本放大电路性能的测试（S_1 闭合，无负反馈）。

a. 电压放大倍数 A_u。输入 $f=1kHz$、幅度适当的正弦信号，使输出不失真，用毫伏表分别测量出输入、输出电压有效值，计算出 A_u 的值。

b. 输入电阻 R_i。输入 $f=1kHz$、幅度适当的正弦信号，使输出不失真，用毫伏表分别测出 R_S 两端的电压 u_S、u_i，计算出该电路的输入电阻 R_i。

$$R_i = \frac{u_i}{i_i} = \frac{u_i}{u_S - u_i}R_S$$

c. 输出电阻 R_o。在输入信号不变的条件下，要求输出不失真，用毫伏表分别测出 S_2 断开（负载为∞）时的输出电压 $u_{o\infty}$ 和 S_2 闭合（负载为 R_L）时的输出电压 U_{OL}，计算出输出电阻 R_o 为

$$R_o = \left(\frac{u_{o\infty}}{u_{oL}} - 1\right)R_L$$

d. 频带宽度 BW。在 $R_L=\infty$ 时，输入 $f=1kHz$、幅度适当的正弦信号，使输出电压（如 1V 左右）在示波器上显示出适度而不失真的正弦波。保持输入信号幅度不变，提高输入信号频率，直至示波器上显示的波形幅度降为原来的 70%，此输入信号频率即为 f_H。恢复原输入信号，同样保持输入信号幅度不变，降低输入信号频率，直至示波器上显示的波形幅度下降到原来的 70%，此输入信号频率即为 f_L。这样就可以计算出放大电路的频带宽度 $BW = f_H - f_L$。

④ 加入负反馈后放大电路性能的测试（S_1 断开，有负反馈）。

a. 电压放大倍数 A_{uf}。将开关 S_1 断开（有负反馈），输入 $f=1kHz$、幅度适当的正弦信号，在保证输出不失真的情况下，用毫伏表分别测量输入、输出电压有效值，计算出 A_{uf}。

$$A_{uf} = \frac{u_o}{u_i}$$

b. 输入电阻 R_{if}。用毫伏表分别测 R_S 两端的电压 u_S、u_i，保证输出不失真，求得 R_{if}。

$$R_{if} = \frac{u_i}{i_i} = \frac{u_i}{u_S - u_i}R_S$$

c. 输出电阻 R_{of}。在输入信号不变，保证输出不失真的情况下，用毫伏表分别测出 $u_{o\infty}$ 和 u_{oL}，从而求得 R_{of}。

$$R_{of} = \left(\frac{u_{o\infty}}{u_{oL}} - 1\right)R_L$$

d. 频带宽度 BW。测试步骤同前述，测试基本放大电路上、下限频率及频带宽度的步骤一样。

将以上的所有数据记入表 2-20 中，然后对其进行分析，理解负反馈对放大电路性能的影响。

表 2-20 有无负反馈时的测试数据表

电路形式	电压放大倍数	输入电阻	输出电阻	频带宽度
基本放大电路				
负反馈放大电路				

5. 实训报告要求

通过实验数据分析电流串联负反馈对放大电路性能的影响。

想一想，做一做

1. 有一负反馈放大器，其开环增益 $A=100$，反馈系数 $F=\frac{1}{10}$，试问它的反馈深度和闭环增益各是多少？

2. 有一负反馈放大器，当输入电压为 0.1V 时输出电压为 2V，而在开环时，对于 0.1V 的输入电压，其输出电压则有 4V，试计算其反馈深度和反馈系数。

3. 判断图 2-45 所示各电路的反馈极性及交、直流反馈的类型。

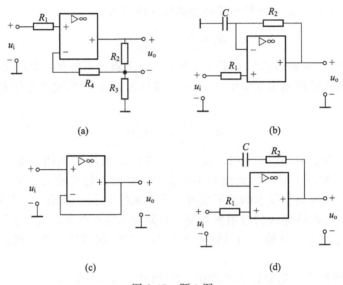

图 2-45 题 3 图

第六节 差动放大电路

一、直接耦合放大电路及其零点漂移现象

1. 直接耦合放大电路的特点

直接耦合是级与级之间直接相连的耦合方式。直接耦合放大器能放大缓慢变化的信号或直流信号。也就是说，直接耦合放大器可用于放大频率接近于 0 或等于 0 的信号，所以，直接耦合放大器也称为直流放大器。直流放大器级与级之间不能采用电容耦合或变压器耦合等耦合方式，否则前级电路输出的直流信号不能传输到后级电路。直流放大器也能放大交流信号。直接耦合放大器存在下面两个特殊问题。

（1）级间电平的配合 放大器级间直接耦合导致前后级电位相互牵制，各级静态工作点不是相互独立的，必须在级间设计电位调节电路，合理安排各级工作点电压。这是有别于交流放大器的特点之一，常见的级间电位调节电路有具有 R_e 的直接耦合电路、发射极具有二极管或稳压管的直接耦合电路、NPN 型管与 PNP 型管交错使用的直接耦合电路等。

（2）零点漂移 零点漂移是指放大电路输入端无输入信号的情况下（即静态时），输出端却出现了偏离原稳定值而发生缓慢的、无规则变化的现象。零点漂移现象如图 2-46 所示，例如，图 2-47 中 VT_1 放大管的输出应为静态值 U_{CE1}，它与 U_{E2} 的差值作为 VT_2 管的输入信号被放大，最后放大电路的输出端电压为 U。（称输入端为零时的输出电压值为零电压），理论上它应该是固定不变的，但由于环境温度的变化，或电源电压的波动等原因，放大电路静态工作点会缓慢变化，如图 2-47 中 VT_1 放大电路的输出电压在 U_{CE1} 附近偏离，VT_2 构成的放大电路把这个偏离值放大了。因此，可能在没有输入的情况下，在放大电路的输出端却出现一个忽大忽小、不规则变化的电压 U_o，即零点漂移。

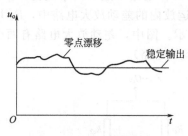

图 2-46 零点漂移现象

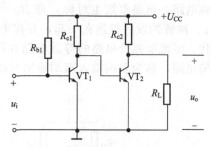

图 2-47 简单的直接耦合放大电路

在多级直流放大电路中，每一级的静态输出电压均会漂移。在阻容耦合及变压器耦合的放大电路中，这种无规则缓慢变化的零漂被限制在本级放大电路中，不会耦合到下一级去，它不足以影响整个电路的正常工作，因此不必考虑零漂问题。但在直接耦合的放大电路中，由于级与级之间采用的是直接耦合，输入级输出的缓慢变化的电压经过逐级放大，使末级输出的电压偏离稳定值。电压的放大级数越多，放大倍数越大，输出电压偏离稳定值越严重，即零漂越严重，其结果往往是在输出级不仅干扰了有效信号，有时甚至淹没了有效信号，将无法根据输出信号来判断是否有信号输入，也无法分析输入信号的大小，很难把有用信号与零漂分辨出来，这时的放大电路已无使用价值。因此，零点漂移（简称零漂）是直流放大电路必须克服的主要问题。

【例 2-4】 已知一个多级放大电路由三级电路构成，每一级的电压放大倍数都是 20，当环境温度变化时，各级放大电路的输出电压的零点漂移均为 5mV，则此多级放大电路输出端的零点漂移为多少？

解： 每一级的零点漂移均被下一级电路当作输入信号放大，故有

输出端的零点漂移 $= 20 \times 20 \times \Delta U_{O1} + 20 \times \Delta U_{O2} + \Delta U_{O3} = 2105\text{mV}$

显然这个漂移量是不可忽视的。

2. 产生零点漂移的主要原因

零点漂移产生的原因很多，如温度的变化、电源电压的变化、电路元器件本身的老化等。其中，温度改变导致半导体器件参数的变化是引起零点漂移的主要原因。

对于交流放大器而言，某一级电路直流电压的漂移不能通过电容等隔直流的耦合元件传递给下一级放大器，因而不能逐级放大。只要工作点选择恰当，放大电路就可以正常工作。在多级直接耦合放大器中，每一级输出电路的漂移将被逐级放大，还忽略了第二级、第三级放大电路产生的漂移。对于这样的放大电路，只有输出的有用信号远大于零漂信号，才能将其区分出来。零点漂移还可能使直接耦合放大器进入饱和状态或截止状态，不能正常工作。因此，一个好的直接耦合放大器必须解决零点漂移的问题。

抑制零点漂移通常采用下列五种办法。

① 选用参数稳定性好的高质量硅半导体器件。

② 采用负反馈，减小零点漂移。

③ 采用直流稳压电源，减小电源电压波动引起的零点漂移。

④ 利用热敏器件补偿放大器的温度漂移。

⑤ 采用差动式放大电路。差动放大器可以有效抑制零点漂移，是直流放大电路的主要形式。

二、差动放大电路的组成及工作原理

为了抑制零点漂移，常采用差动放大器。

1. 电路的组成

图 2-48(a) 所示为一个基本差动放大电路，它由两个特性相同的三极管 VT_1、VT_2 组成对称电路，电路参数也对称，即 $R_{c1}=R_{c2}=R_c$，另外，电路中还有两个电源，$+U_{CC}$ 和 $-U_{EE}$。两管的发射极连在一起，并接电阻 R_e。集成运放内的差动放大电路中，R_e 用恒流源替代，恒流源差分电路的等效电路如图 2-48(b) 所示。图中，差动放大电路有两个输入端和输出端，称为双端输入双端输出差动放大电路（差放电路）。

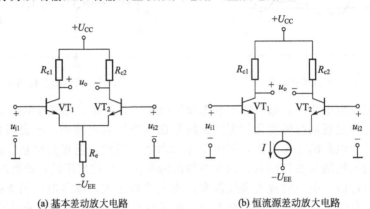

(a) 基本差动放大电路   (b) 恒流源差动放大电路

图 2-48 差动放大电路

2. 工作原理

(1) 静态分析　如图 2-48 所示电路，没有输入信号电压时，即 $u_{i1}=u_{i2}=0$，该放大电路的直流通路如图 2-49 所示。由于电路完全对称，$R_{c1}=R_{c2}=R_c$，两管发射结的压降 $U_{BE1}=U_{BE2}=0.7V$，这时

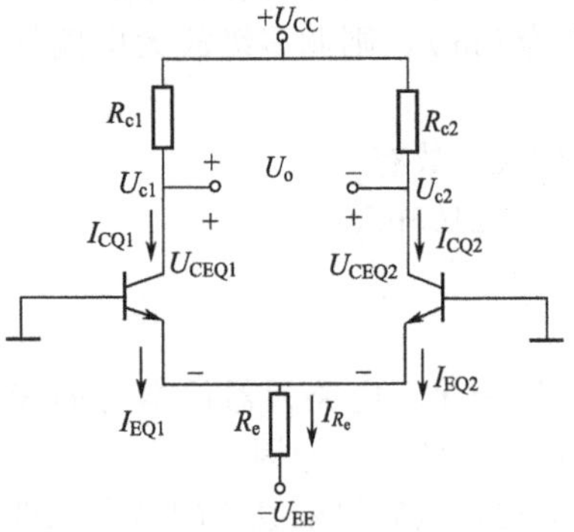

图 2-49 直流通路

$$I_{R_e}=\frac{-0.7-(-U_{EE})}{R_e}=\frac{U_{EE}-0.7}{R_e}$$

$$I_{EQ1}=I_{EQ2}=\frac{1}{2}I_{R_e}$$

$$I_{CQ1}=I_{CQ2}\approx I_{EQ}$$

$$I_{BQ1}=I_{BQ2}=\frac{I_{CQ1}}{\beta}$$

$$U_{CE1}=U_{CE2}=U_{CC}-I_{CQ1}R_c-(0.7)$$
$$=U_{CC}-I_{CQ1}R_c+0.7$$

两管集电极之间的输出电压

$$U_O=U_{C1}-U_{C2}=0$$

由此可知，输入信号电压为 0 时，输出信号电压也为 0。

(2) 抑制零漂的原理　当外界因素发生变化时，两管的静态值会同时发生漂移。例如当温度上升时，I_{CQ1}、I_{CQ2} 同时上升，结果 U_{C1}、U_{C2} 同时下降，即两管集电极电压的变化也是相同的，因此其输出电压为 0，输出电压没有漂移，其过程表示如下：

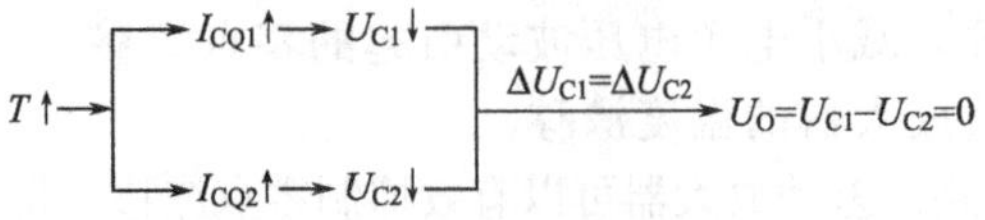

$$T\uparrow \rightarrow \begin{matrix} \rightarrow I_{CQ1}\uparrow \rightarrow U_{C1}\downarrow \\ \\ \rightarrow I_{CQ2}\uparrow \rightarrow U_{C2}\downarrow \end{matrix} \rightarrow \Delta U_{C1}=\Delta U_{C2} \rightarrow U_O=U_{C1}-U_{C2}=0$$

可以看出，差动放大电路是利用电路的对称性来抑制零点漂移的。差动放大电路两边对称性越好，对零点漂移的抑制作用就越强。

差动放大电路不仅可以抑制由于外界因素变化所引起的输出电压的变化，而且还可以抑制两输入端输入的大小相等、方向相同的信号对输出端的影响，这样的信号可以表示为

$$u_{ic1} = u_{ic2} = u_{ic}$$

把这样的信号称为共模信号，用下标符号"c"表示，如图 2-50 所示。在共模信号电压作用下，两管的电流同时增加或减少，由于电路对称，输出端的电压 u_{oc1} 和 u_{oc2}，也是大小相等，极性相同，输出电压 $u_{oc} = u_{oc1} - u_{oc2} = 0$，其输出端的共模电压放大倍数为

$$A_{uc} = \frac{u_{oc}}{u_{ic}} = \frac{u_{oc1} - u_{oc2}}{u_{ic}} = 0$$

外界温度变化使两三极管的静态电流 I_{C1} 和 I_{C2} 同时变化，相当于在差放电路两输入端施加了大小相等、方向相同的共模信号。因此，差动放大器对零点漂移的抑制可以归类为对共模信号的抑制。

（3）对差模信号的放大作用　在差动放大器两个输入端之间加入需要放大的输入信号 u_{id}，如图 2-51 所示。

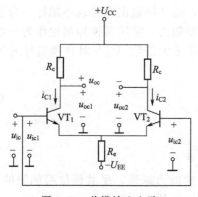

图 2-50　共模输入电路

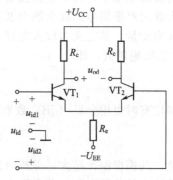

图 2-51　差模输入电路

由于电路对称，每个输入端得到的输入信号电压是总的输入信号电压的一半，即

$$u_{id1} = -u_{id2} = \frac{1}{2}u_{id}$$

把这样的大小相等、相位相反的信号，称为差模信号，用下标符号"d"表示。由于两管的输入电压方向相反，流过两管的电流方向也相反，一管电流增加，另一管电流减少，在电路完全对称的情况下，i_{c1} 增加的量与 i_{c2} 减小的量相等，所以流过 R_e 的电流变化为 0，即 $u_{R_e} = 0$，可以认为 R_e 对差模信号呈短路状态。

差模输入时的交流通路如图 2-52 所示。

当从两管集电极取出电压时，其差模电压放大倍数表示为

$$A_{ud} = \frac{u_{od}}{u_{id}} = \frac{u_{od1} - u_{od2}}{u_{id1} - u_{id2}} = \frac{2u_{od1}}{2u_{id1}} = -\beta\frac{R_c}{r_{be}} = A_{u1} \quad (2-40)$$

由此可看出：差动放大电路的差模电压放大倍数与单管共射放大电路的电压放大倍数相同。可见，差动放大电路是用增加一个单管共射放大电路作为代价来换取对零点

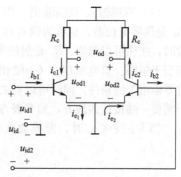

图 2-52　差模输入时的交流通路

漂移的抑制能力的。

（4）共模抑制比 差动放大电路两输入端的输入信号，不仅仅只是一个单纯的差模信号或者单纯的共模信号，还可以是大小不等的任意信号，信号的输入方式如图 2-48 所示。此时，可以将其分解为差模信号与共模信号。差模信号为两输入信号之差，即

$$u_{id} = u_{i1} - u_{i2}$$

每一管的差动信号输入为

$$u_{id1} = -u_{id2} = \pm \frac{1}{2}(u_{i1} - u_{i2})$$

共模信号为两输入信号的算术平均值

$$u_{ic} = \frac{1}{2}(u_{i1} + u_{i2})$$

则

$$u_{i1} = u_{ic} + u_{id1}$$
$$u_{i2} = u_{ic} - u_{id2}$$

此时可利用叠加原理来求总的输出电压，即

$$u_o = A_{ud} u_{id} + A_{uc} u_{ic} \tag{2-41}$$

差模信号是有用信号，共模信号是无用信号或者是干扰噪声等有害信号。所以，在差动放大器的输出电压中，总希望差模输出电压越大越好，而共模输出电压越小越好。为了表明差动放大器对差模信号的放大能力及对共模信号的抑制能力，常用共模抑制比作为一项重要技术指标来衡量，其定义为放大电路对差模信号的电压放大倍数 A_{ud} 与对共模信号的放大倍数 A_{uc} 之比取绝对值，即

$$K_{CMR} = \left| \frac{A_{ud}}{A_{uc}} \right| \tag{2-42}$$

共模抑制比有时也用分贝（dB）数来表示

$$K_{CMR} = 20 \lg \left| \frac{A_{ud}}{A_{uc}} \right| \tag{2-43}$$

显然，共模抑制比越大，差放电路分辨差模信号的能力越强，受共模信号的影响越小。对于双端输出的差放电路，若电路完全对称，则共模电压放大倍数 $A_{uc} = 0$，$K_{CMR} \to \infty$。对于实际电路，虽然 K_{CMR} 不能趋于无穷大，但也希望其数值越大越好，常通过增加差放电路的发射极电阻 R_e 或用恒流源代替 R_e 提高共模抑制比。

三、差动放大电路的接法

实际应用中的差动放大器在简单差动放大器的基础上有所改进。常用差动放大器有双端输入-双端输出、单端输入-双端输出、双端输入-单端输出和单端输入-单端输出四种形式。下面简单介绍这四种电路接法的特点和有关计算公式。

（1）双端输入-双端输出 图 2-53 所示为双端输入-双端输出的典型差动放大器电路，图中 R_W 是调零电位器，也称为调对称电位器，取值很小，一般只有几十欧或几百欧，在估算放大倍数时，往往可以忽略。R_e 是射极电阻，对共模信号有很强的负反馈作用，对差模信号没有作用，相当于短路。负电源 U_{EE}（一般和 U_{CC} 相等）的作用是使典型差动放大器静态时，满足"零输入时零输出"的条件，同时可以省去偏置电阻 R_b。该电路具有很高的共模抑制比，常用于输入输出不需要一端接地的地方，如多级直流耦合放大器的输入级和中间级。

当 $R_W/2 \ll r_{be}$ 时，差模放大倍数为

$$A_{ud} = \frac{\Delta U_o}{\Delta U_i} \approx -\beta \frac{R_c}{R_S + r_{be}} \tag{2-44}$$

差模输入电阻为

$$r_{id} = 2(R_S + r_{be}) \tag{2-45}$$

输出电阻为

$$r_o \approx 2R_c \tag{2-46}$$

（2）单端输入-双端输出　图 2-54 所示为单端输入-双端输出的典型差动放大器电路，共模放大倍数趋向 0，具有很高的共模抑制比。它将单端输入转化为双端输出，常用作多级直流耦合放大器的输入级。差模放大倍数、差模输入电阻和输出电阻的计算与双端输入-双端输出差动放大电路完全相同。

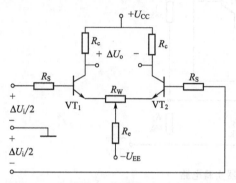

图 2-53　双端输入-双端输出差动放大电路

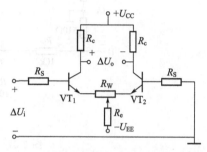

图 2-54　单端输入-双端输出差动放大电路

（3）双端输入-单端输出　图 2-55 所示为双端输入-单端输出的差动放大器电路，共模放大倍数很小，具有高的共模抑制比，用于双端输入转化为单端输出、多级直流耦合放大器的输入级和中间级。

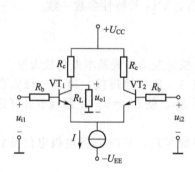

图 2-55　双端输入-单端输出差动放大电路

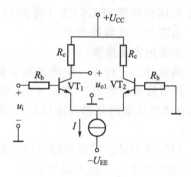

图 2-56　单端输入-单端输出差动放大电路

差模放大倍数为

$$A_{ud} = -\beta \frac{R_c /\!/ R_L}{2(R_S + r_{be})} \tag{2-47}$$

差模输入电阻为

$$r_{id} = 2(R_S + r_{be}) \tag{2-48}$$

输出电阻为

$$r_{od} \approx R_c \tag{2-49}$$

（4）单端输入-单端输出　图 2-56 所示为单端输入-单端输出的差动放大器电路，共模放大倍数很小，具有高的共模抑制比，用于输入输出端均需接地的地方。其差模放大倍数、差模输入电阻和输出电阻的计算与双端输入-单端输出差动放大电路完全相同。

技能训练九　基本的差动放大电路

1. 实训目的及要求

① 加深对基本差动放大器性能及特点的理解。

② 学习差动放大器主要性能指标的测试方法。

2. 电路原理图

电路原理图见图 2-57 所示。

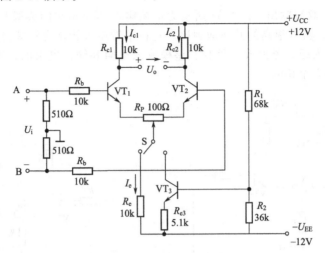

图 2-57 差动放大器实验电路

3. 实训所需设备与器件

① +12V 直流电源。　② 函数信号发生器。

③ 双踪示波器。　　　④ 交流毫伏表。

⑤ 直流电压表。

⑥ 晶体三极管 3DG6×3（或 9011×3），要求 VT_1，VT_2 管特性参数一致。

⑦ 电阻器、电容器若干。

4. 实训内容及步骤

① 测量静态工作点。按图连接实验电路，开关 S 拨向左边构成基本差动放大器。

a. 调节放大器零点。使 $u_i = 0$，将放大器输入端 A、B 与地短接，接通 ±12V 直流电源，用直流电压表测量输出电压 U_o，调节调零电位器 R_P，使 $U_o = 0$。注意调节要仔细，力求准确。

b. 测量并记录。零点调好以后，用直流电压表测量 VT_1、VT_2 管各电极电位及射极电阻 R_e 两端电压 U_{R_e}，记入表 2-21 中。

表 2-21　静态工作点测试数据表

测量值	U_{C1}/V	U_{B1}/V	U_{E1}/V	U_{C2}/V	U_{B2}/V	U_{E2}/V	U_{R_e}/V
计算值	I_C/mA		I_B/mA			U_{CE}/V	

② 测量差模电压放大倍数。断开直流电源，将函数信号发生器的输出端接放大器输入 A 端，地端接放大器输入 B 端构成单端输入方式，调节输入信号为频率 $f = 1kHz$ 的正弦信号，并使输出旋钮旋至零，用示波器监测输出端（集电极 c_1 或 c_2 与地之间）。

接通 ±12V 直流电源，逐渐增大输入电压 U_i（约 100mV），在输出波形无失真的情况下，用交流毫伏表测 U_{C1}、U_{C2}，记入表 2-22 中，并观察 U_i、U_{C1}、U_{C2} 之间的相位关系及 U_{R_e} 随 U_i 改变而变化的情况。

③ 测量共模电压放大倍数

将放大器 A、B 短接，信号源接 A 端与地之间，构成共模输入方式，调节输入信号 $f=$ 1kHz，$U_i=1$V，在输出电压无失真的情况下，测量 U_{C1}、U_{C2} 的值记入下表，并观察 U_i、U_{C1}、U_{C2} 之间的相位关系及 U_{R_e} 随 U_i 改变而变化的情况，相关数据记入表 2-22。

表 2-22　测试放大倍数数据表

测 量 参 数	基本差动放大电路		测 量 参 数	基本差动放大电路	
	单端输入	共模输入		单端输入	共模输入
U_i	100mV	1V	$A_d=U_o/U_i$		/
U_{c1}/V			$A_{c1}=U_{c1}/U_i$	/	
U_{c2}/V			$A_u=U_o/U_i$	/	
$A_{d1}=U_{c1}/U_i$		/	$K_{CMR}=\|A_{d1}/A_{c1}\|$		

5. 实训报告要求

① 整理实验数据，列表比较实验结果和理论估算值，分析误差原因。

② 基本差动放大电路单端输入时的 K_{CMR} 实测值与理论值比较。

③ 分析电阻 R_e 在电路中的作用。

技能训练十　具有恒流源的差动放大电路

1. 实训目的及要求

① 加深对具有恒流源的差动放大器性能及特点的理解。

② 学习差动放大器主要性能指标的测试方法。

2. 电路原理图

电路原理图如图 2-57 所示。

3. 实训所需设备与器件

① 12V 直流电源。　② 函数信号发生器。

③ 双踪示波器。　　④ 交流毫伏表。

⑤ 万用表。　　　　⑥ 晶体三极管 3DG6×3（或 9011×3），要求 VT_1、VT_2 管特性参数一致。

⑦ 电阻器、电容器若干。

4. 实训内容及步骤

① 测量静态工作点。按图 2-57 连接实验电路，开关 S 拨向右边，构成具有恒流源的差动放大电路。

a. 调节放大器零点。使 $U_i=0$，将放大器输入端 A、B 与地短接，接通 ±12V 直流电源，用万用表测量输出电压 U_o，并使 $U_o=0$。注意调节要仔细，力求准确。

b. 测量并记录。零点调好以后，用万用表测量 VT_1、VT_2 管各电极电位及射极电阻 R_e 两端电压 U_{R_e}，记入下表 2-23 中。

表 2-23　静态工作点测试数据表

测量值	U_{C1}/V	U_{B1}/V	U_{E1}/V	U_{C2}/V	U_{B2}/V	U_{E2}/V	U_{RE}/V
计算值	I_C/mA		I_B/mA			U_{CE}/V	

② 测量差模电压放大倍数。断开直流电源，调节信号发生器使输入信号为频率 $f=$

1kHz 的正弦信号，并使输出旋钮旋至零，用示波器监测输出端（集电极 c_1 或 c_2 与地之间）的波形。

接通 ±12V 直流电源，逐渐增大输入电压 U_i（约 100mV），在输出波形无失真的情况下，用交流毫伏表测 U_{c1}、U_{c2}，记入表 2-24 中，并观察 U_i、U_{c1}、U_{c2} 之间的相位关系及 U_{R_e} 随 U_i 改变而变化的情况。

③ 测量共模电压放大倍数。将放大器 A、B 短接，信号源接 A 端与地之间，构成共模输入方式，调节输入信号 $f=1kHz$、$U_i=1V$，在输出电压无失真的情况下，测量 U_{c1}、U_{c2} 之值记入表 2-24，并观察 U_i、U_{c1}、U_{c2} 之间的相位关系及 U_{R_e} 随 U_i 改变而变化的情况。

表 2-24　测试放大倍数数据表

测量参数	具有恒流源差动放大电路		测量参数	具有恒流源差动放大电路	
	单端输入	共模输入		单端输入	共模输入
U_i	100mV	1V	$A_d=U_o/U_i$		/
U_{c1}/V			$A_{c1}=U_{c1}/U_i$	/	
U_{c2}/V			$A_u=U_o/U_i$	/	
$A_{d1}=U_{c1}/U_i$		/	$K_{CMR}=\lvert A_{d1}/A_{c1}\rvert$		

5. 实训报告要求

① 掌握差动放大电路静态工作点和性能指标的调试和测量方法，深入体会差动放大电路的性能和特点。

② 基本差动放大电路单端输出时 K_{CMR} 实测值与具有恒流源的差动放大器实测值比较。

③ 根据实验结果，分析恒流源的作用。

想一想，做一做

1. 单端输入差动放大电路中，信号从一端输入，而另一输入端接地，输入端接地的三极管对输入信号是否仍有放大作用？为什么？

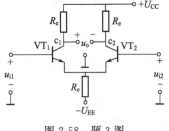

图 2-58　题 3 图

2. 差动放大器有几种接法？它们的性能指标有哪些共同点和不同点？

3. 在图 2-58 所示差动放大电路中，设 $u_{i2}=0$（接地），试选择正确的答案填空。

（1）若希望负载电阻 R_L 的一端接地，输出电压 u_o 与输入电压 u_{i1} 极性相同，则 R_L 的另一端应接＿＿＿＿＿（c_1、c_2）。

（2）若希望 R_L 的一端接地，而 u_o 与 u_{i1} 极性相反，则 R_L 的另一端应接＿＿＿＿＿（C_1、C_2）。

（3）当输入电压有一变化量时，R_e 两端＿＿＿＿＿（a. 也存在，b. 不存在）变化电压，对差模信号而言，发射极＿＿＿＿＿（a 仍然是，b. 不再是）交流接地点。

4. 差动放大器有什么特点？为什么能起抑制零点漂移的作用？

第七节　功率放大电路

功率放大电路在多级放大电路中处于最后一级，又称输出级，其主要作用是输出足够大的功率去驱动负载，如扬声器、伺服电机、指示表头、记录器等。功率放大电路要求输出电压和输出电流的幅度都比较大、效率高。因此，三极管工作在大电压、大电流状态，管子的损耗功率大，发热严重，必须选用大功率三极管，且要加装符合规定要求的散热装置。由于三极管处于大信号运用状态，所以不能采用微变等效电路分析法，一般采用图解分析法。

一、功率放大器的特点和分类

1. 电路特点

功率放大器作为放大电路的输出级，具有以下三个特点。

① 由于功率放大器的主要任务是向负载提供一定的功率，因而输出电压和电流的幅度要足够大。

② 由于输出信号幅度较大，使三极管工作在饱和区与截止区的边沿，因此输出信号存在一定程度的失真。

③ 功率放大器在输出功率的同时，三极管消耗的能量也较大，因此，不可忽视管耗问题。

2. 电路要求

根据功率放大器在电路中的作用及特点，首先要求它输出功率大、非线性失真小、效率高。其次，由于三极管工作在大信号状态，要求它的极限参数 I_{CM}、P_{CM}、$U_{(BR)CEO}$ 等应满足电路正常工作，并留有一定余量，同时还要考虑三极管有良好的散热功能，以降低结温，确保三极管安全工作。

3. 功率放大器的分类

根据放大器中三极管静态工作点设置的不同，可将功率放大器分成甲类、乙类和甲乙类三种，如图 2-59 所示。

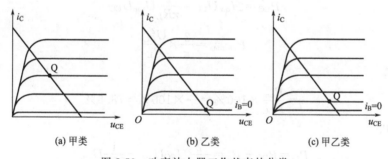

图 2-59　功率放大器工作状态的分类

甲类放大器的工作点设置在放大区的中间。这种电路的优点是在输入信号的整个周期内三极管都处于导通状态，输出信号失真较小（前面讨论的电压放大器都工作在这种状态），缺点是三极管有较大的静态电流 I_{CQ}，这时管耗 P_C 大，电路能量转换效率低。

乙类放大器的工作点设置在截止区，这时，由于三极管的静态电流 $I_{CQ}=0$，所以能量转换效率高，它的缺点是只能对半个周期的输入信号进行放大，非线性失真大。

甲乙类放大电路的工作点设在放大区，但接近截止区，即三极管处于微导通状态，这样可以有效克服乙类放大电路的失真问题，且能量转换效率也较高，目前使用较广泛。

二、乙类互补对称功率放大电路（OCL 电路）

1. 电路组成及工作原理

图 2-60 示出的是双电源乙类互补对称功率放大器，这类电路又称无输出电容的功率放大电路，简称 OCL 电路。VT$_1$

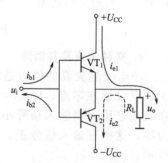

图 2-60　双电源乙类互补功率放大电路

为 NPN 型管，VT_2 为 PNP 型管，两管参数对称，电路工作原理如下所述。

(1) 静态分析 当输入信号 $u_i = 0$ 时，两三极管都工作在截止区，此时 I_{BQ}、I_{CQ}、I_{EQ} 均为零，负载上无电流通过，输出电压 $u_o = 0$。

(2) 动态分析

① 当输入信号为正半周时，$u_i > 0$，三极管 VT_1 导通，VT_2 截止，VT_1 管的射极电流 i_{e1} 经 $+U_{CC}$ 自上而下流过负载，在 R_L 上形成正半周输出电压，$u_o > 0$。

② 当输入信号为负半周时，$u_i < 0$，三极管 VT_2 导通，VT_1 截止，VT_2 管的射极电流 i_{e2} 经 $-U_{CC}$ 自下而上流过负载，在 R_L 上形成负半周输出电压，$u_o < 0$。

2. 功率和效率的估算

(1) 输出功率 P_o

$$P_o = I_o U_o = \frac{1}{2} I_{om} U_{om} = \frac{1}{2} \frac{U_{om}^2}{R_L}$$

$$U_{omax} = U_{CC} - U_{CES}$$

若忽略 U_{CES}，则

$$U_{omax} \approx U_{CC}$$

$$P_{om} = \frac{1}{2R_L}(U_{CC} - U_{CES})^2 \approx \frac{1}{2}\frac{U_{CC}^2}{R_L} \tag{2-50}$$

(2) 直流电源提供的功率 P_{DC}

$$I_{DC} = \frac{1}{2\pi} \int_0^\pi I_{om} \sin\omega t \, d\omega t = \frac{I_{om}}{\pi} = \frac{U_{om}}{\pi R_L}$$

$$P_{DC} = 2 I_{om} U_{CC} = \frac{2}{\pi R_L} U_{om} U_{CC}$$

$$P_{DCmax} = \frac{2}{\pi} \times \frac{U_{CC}^2}{R_L} \tag{2-51}$$

(3) 效率

$$\eta = \frac{P_{om}}{P_{DC}} \times 100\% = \frac{\pi}{4} \times 100\% \approx 78.5\%$$

3. 管耗 P_C

$$P_C = P_{DC} - P_o = \frac{2}{\pi R_L} U_{CC} U_{om} - \frac{1}{2R_L} U_{om}^2 \tag{2-52}$$

可求得当 $U_{om} \approx 0.64 U_{CC}$ 时，三极管消耗的功率最大，其值为

$$P_{Cmax} = \frac{2U_{CC}^2}{\pi^2 R_L} = \frac{4}{\pi^2} P_{omax} \approx 0.4 P_{omax}$$

每个管子的最大功耗为

$$P_{C1max} = P_{C2max} = \frac{1}{2} P_{Cmax} \approx 0.2 P_{omax} \tag{2-53}$$

4. 交越失真及其消除

产生交越失真的原因是在乙类互补对称功率放大电路中，没有施加偏置电压，静态工作点设置在零点，$U_{BEQ} = 0$、$I_{BQ} = 0$、$I_{CQ} = 0$，三极管工作在截止区。由于三极管存在死区电压，当输入信号小于死区电压时，三极管 VT_1、VT_2 仍不导通，输出电压 u_o 为零，这样在输入信号正、负半周的交界处无输出信号，使输出波形失真，如图 2-61 所示。

为了避免交越失真，可给三极管加适当的基极偏置电压，使之工作在甲乙类工作状态，如图 2-62 所示。

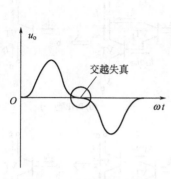

图 2-61　交越失真波形

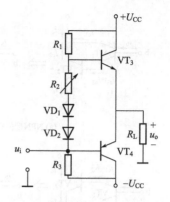

图 2-62　甲乙类互补对称功率放大电路

三、单电源互补对称功率放大电路（OTL 电路）

双电源乙类互补对称功率放大电路由于静态时输出端电位为零，负载可以直接连接，不需要耦合电容，因而它具有低频响应好、输出功率大、便于集成等优点，但需要双电源供电，使用起来有时会感到不便，如果采用单电源供电，只需在两管发射极与负载之间接入一个大容量电容即可，这种电路通常称为无输出变压器的电路，简称 OTL 电路，如图 2-63 所示。

图 2-63 中 R_{b1}、R_1 为偏置电阻。适当选择电路参数，可使两管静态时发射极电压为 $\dfrac{U_{CC}}{2}$，电容 C 两端电

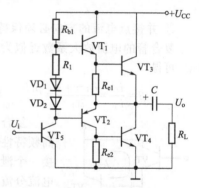

图 2-63　单电源互补对称
功率放大电路

压也稳定在 $\dfrac{U_{CC}}{2}$，这样两管的集射极之间如同分别加上

了 $\dfrac{U_{CC}}{2}$ 和 $\dfrac{-U_{CC}}{2}$ 的电源电压。

在输入信号正半周，VT_3 导通，VT_4 截止，VT_3 以射极输出器形式将正向信号传送给负载，同时对电容 C 充电；在输入信号负半周时，VT_3 截止，VT_4 导通，电容 C 放电，充当 VT_4 管直流工作电源，使 VT_4 也以射极输出器形式将负向信号传送给负载。这样，负载 R_L 上得到一个完整的信号波形。

电容 C 的容量应选得足够大，使电容 C 的充放电时间常数远大于信号周期，由于该电路中的每个三极管的工作电源已变为 $\dfrac{U_{CC}}{2}$，已不是 OCL 电路的 U_{CC} 了，读者可自行推出该电路的最大输出功率的表达式。

与 OCL 电路相比，OTL 电路少用了一个电源，但由于输出端的耦合电容容量大，则电容器内铝箔卷绕圈数多，呈现的电感效应大，它对不同频率的信号会产生不同的相移，输出信号有附加失真，这是 OTL 电路的缺点。

四、复合互补对称功率放大电路

复合管是由两个或两个以上三极管按一定的方式连接而成的，又称为达林顿管。图 2-64 是四种常见的复合管，其中，图 2-64(a)、图 2-64(b) 是由两只同类型三极管构成的复合管，图 2-64(c)、图 2-64(d) 是由不同类型三极管构成的复合管。

组成复合管时要注意两点。

① 串接点的电流必须连续。

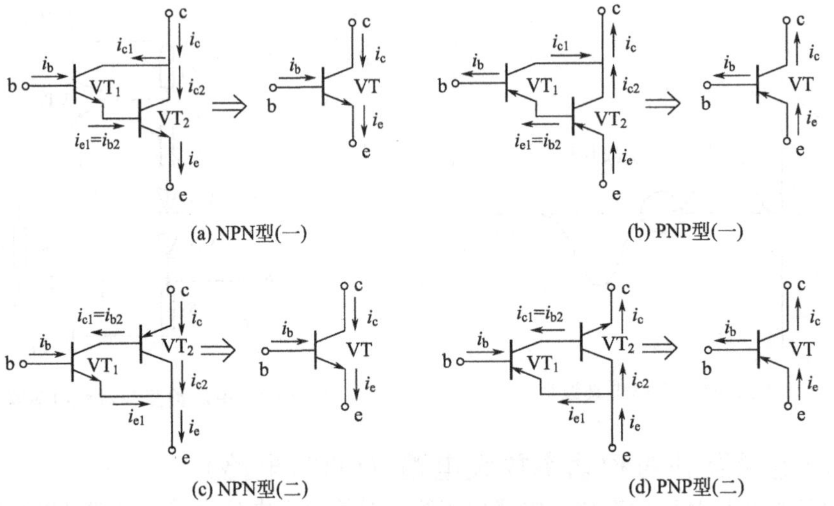

(a) NPN型(一)　　　　　　　　　　　　(b) PNP型(一)

(c) NPN型(二)　　　　　　　　　　　　(d) PNP型(二)

图 2-64　复合管

② 并接点电流的方向必须保持一致。

复合管的电流放大系数近似为组成该复合管各三极管的 β 的乘积，其值很大。由图 2-64 (a) 可得

$$\beta=\frac{i_c}{i_b}=\frac{i_{c1}+i_{c2}}{i_{b1}}=\frac{\beta_1 i_{b1}+\beta_2 i_{b2}}{i_{b1}}=\frac{\beta_1 i_{b1}+\beta_2(1+\beta_1)i_{b1}}{i_{b1}}=\beta_1+\beta_2+\beta_1\beta_2\approx\beta_1\beta_2$$

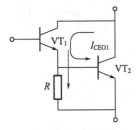

复合管虽有电流放大倍数高的优点，但它的穿透电流较大，且高频特性变差。为了减小穿透电流的影响，常在两只晶体管之间并接一个泄放电阻 R，如图 2-65 所示。R 的接入可将 VT_1 管的穿透电流分流，R 越小，分流作用越大，总的穿透电流越小。当然，R 的接入同样会使复合管的电流放大倍数下降。

图 2-65　接有泄放电阻的复合管

五、电路举例

1. OTL 功率放大电路

图 2-66 为一典型 OTL 功率放大电路。该电路工作原理简述如下：静态时，由 R_4、R_5、VD_1、VD_2、VD_3 提供的偏置电压使 $VT_4\sim VT_7$ 微导通，且 $i_{e6}=i_{e7}$，中点电位为 $\dfrac{U_{CC}}{2}$，$u_o=0V$。当输入信号 u_i 为负半周时，经集成运放对输入信号进行放大，使互补对称管基极电位升高，推动 VT_4、VT_6 管导通，VT_5、VT_7 管趋于截止，i_{e6} 自上而下流经负载，输出电压 u_o 为正半周。

当输入信号 u_i 为正半周时，由运放对输入信号进行放大，使互补对称管基极电位降低，VT_4、VT_6 管趋于截止，VT_5、VT_7 管依靠 C_2 上的存储电压 $\left(\dfrac{U_{CC}}{2}\right)$ 进一步导通，i_{e7} 自下而上流经负载，输出电压 u_o 为负半周。这样，就在负载上得到了一个完整的正弦电压波形。

2. OCL 功率放大器

图 2-67 示出的是一种集成运放驱动的实际 OCL 功率放大电路。集成运放主要起前置电压放大作用。$VT_4\sim VT_7$ 组成 OCL 功率放大电路，其中，VT_4 和 VT_6 组成 NPN 型复合管，VT_5 和 VT_7 组成 PNP 型复合管。VD_1、VD_2 和 VD_3 为两复合管基极提供偏置电压。R_3、R_1 和 C_2 构成电压负反馈电路，用来稳定电路的电压放大倍数，提高电路输出的带负载能力。

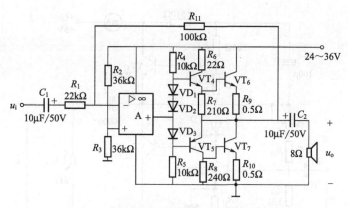

图 2-66　集成运放驱动的 OTL 功率放大器

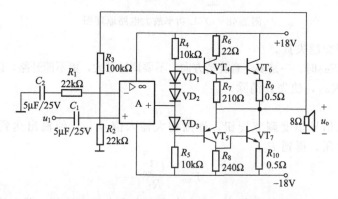

图 2-67　集成运放驱动的 OCL 功率放大器

技能训练十一　OTL 功率放大电路

1. 训练目的

① 了解 OTL 功率放大电路的结构特点，进一步理解 OTL 功率放大器的工作原理。

② OTL 功率放大电路消除交越失真的方法。

③ 学会 OTL 功率放大电路的调试及主要性能指标的测试方法。

2. 训练所需器材

①实验用电路板。②交流毫伏表。③双踪示波器。④+5V 直流电源。⑤函数信号发生器。

3. 电路原理图

OTL 功率放大电路原理图如图 2-68 所示。

4. 内容及步骤

① 将 +5V 电源接入线路板，按原理图连接实验电路，使输入信号为零，测试静态工作点。

用直流数字电压表测 A 点的电位，调节 R_{W1}，使 $U_A = 2.5V$，同时测量 VT_1、VT_2 管各管脚对地电位，填入表 2-25 中。

表 2-25　静态工作点测试数据表

电位名称	U_{B1}	U_{E1}	U_{C1}	U_{B2}	U_{E2}	U_{C2}
数据/V						

② 动态分析。将 R_{W2} 顺时针调到使阻值最小。

用信号发生器产生 $U_i = 10mV$、$f = 1kHz$ 的正弦波信号加到输入端，用示波器观察 u_o。

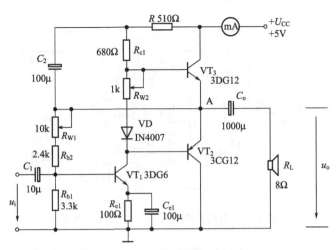

图 2-68 OTL 功率放大电路原理图

波形，此时会出现交越失真。

注意：在调整 R_{W2} 时，一是要注意旋转方向，不要调得过大，更不能开路，以免损坏输出管。

③ 逐渐增大 R_{W2}，使失真消除。

④ 测量 η。

通过调节输入信号幅度调节旋钮，逐渐增大输入信号 u_i，使输出达到最大不失真，用毫伏表测量输出电压，得到 P_{om}

$$P_{om} = \frac{U_{om}^2}{R_L}$$

当输出电压为最大不失真输出时，读出直流毫安表中的电流值，此电流即为直流电源供给的平均电流 I_{DC}（有一定误差），由此可近似求得 $P_E = U_{CC} I_{DC}$，再根据上面测得的 P_{om} 即可求出 $\eta = \dfrac{P_{om}}{P_E}$，与计算值（78%）进行比较。

5. 实训报告及要求

自制表格记录 u_o 的波形及测量效率时的相关数据。

技能训练十二 OCL 功率放大电路

1. 实训目的

① 了解 OCL 功率放大电路的结构特点，进一步理解 OCL 功率放大器的工作原理。

② OCL 功率放大电路消除交越失真的方法。

③ 学会 OCL 功率放大电路的调试及主要性能指标的测试方法。

2. 实训所需器材

① 实验用电路板。② 交流毫伏表。③ 双踪示波器。④ 直流稳压电源。⑤ 函数信号发生器。

3. 电路原理图

图 2-69 所示为电路原理图。

4. 内容及步骤

① 将 ±12V 电源接入线路板，按图 2-69 连接电路，使输入信号为零，测试静态工作点。

用直流数字电压表测 A 点的电位，同时测量 VT_1、

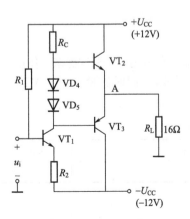

图 2-69 OCL 电路

VT_2 管各管脚对地电位，填入表2-26 中。

表 2-26　静态工作点测试数据表

电位名称	U_A	U_{B1}	U_{E1}	U_{C1}	U_{B2}	U_{E2}	U_{C2}
测量数据/V							

② 动态分析。用信号发生器产生 $u_i = 10\,\text{mV}$、$f = 1\,\text{kHz}$ 的正弦波信号加到输入端，用示波器观察 u_o 波形并记录下来。

③ 测量 η。调节信号发生器，逐渐增大输入信号 u_i 使输出达到最大不失真，用毫伏表测量输出电压，得到 P_{om} 并记录与理论计算值比较。

$$P_{om} = \frac{U_{om}^2}{2R_L}$$

当输出电压为最大不失真输出时，通过在电源侧串联直流毫安表，读出电流值，此电流即为直流电源供给的平均电流 I_{DC}（有一定误差），由 $P_E = 2U_{CC}I_{DC}$，再根据上面测得的 P_{om} 即可求出 $\eta = \dfrac{P_{om}}{P_E}$，与电路的理想效率值（78.5%）进行比较。

5. 实训报告及要求

自拟表格记录 u_o 的波形及测量效率时的相关数据。

 想一想，做一做

1. 什么叫 OCL 功率放大电路？OCL 功率放大电路是如何工作的？

2. 乙类功率放大电路为什么会产生交越失真？如何消除交越失真？

3. 图 2-70 所示电路中，测量时发现输出波形交越失真，应如何调节？如果 K 点电位大于 $\dfrac{U_{CC}}{2}$，应如何调节？

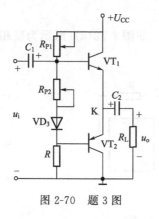

图 2-70　题 3 图

第八节　集成运放的线性应用

一、概述

1. 理想集成运放的性能指标

理想集成运放的主要性能指标如下。

① 开环电压放大倍数 $A_{ud} \rightarrow \infty$。

② 输入电阻 $r_{id} \rightarrow \infty$。

③ 输出电阻 $r_{od} \rightarrow 0$。

此外，理想集成运放还有没有失调、没有失调温漂、共模抑制比趋于无穷大等特点。尽管理想运放并不存在，但由于集成运放的技术指标都比较接近理想值，在具体分析时，将其理想化是允许的，这种分析所带来的误差一般比较小，可以忽略不计。

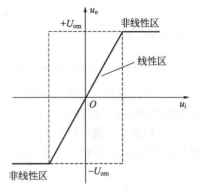

图 2-71 集成运放的传输特性

2. 集成运放的传输特性

实际电路中，集成运放的传输特性如图 2-71 所示。

3. 集成运放的线性应用

集成运放工作在线性区的必要条件是引入深度负反馈。当集成运放工作在线性区时，输出电压在有限值之间变化，而集成运放的 $A_{ud} \to \infty$，则 $u_{id} = \dfrac{u_{od}}{A_{ud}} \approx 0$，由 $u_{id} = u_+ - u_-$，得出

$$u_+ \approx u_- \tag{2-54}$$

式(2-54)说明，同相端和反相端电压几乎相等，所以称为虚假短路，简称虚短。由集成运放的输入电阻 $r_{id} \to \infty$ 得出

$$i_+ = i_- \approx 0 \tag{2-55}$$

式(2-55)说明，流入集成运放同相端和反相端的电流几乎为零，所以称为虚假断路，简称虚断。

在分析具体的集成运放应用电路时，首先判断集成运放工作在线性区还是非线性区，再运用线性区和非线性区的特点分析电路的工作原理。

二、基本运算电路

常见的基本运算电路有比例运算电路、加法运算电路、减法运算电路、微积分运算电路和乘法运算电路等。

1. 比例运算电路

（1）反相输入比例运算电路 如图 2-72(a)所示为反相输入比例运算电路，其等效电路如图 2-72(b)所示。

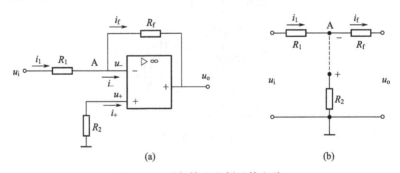

(a)   (b)

图 2-72 反相输入比例运算电路

因为

$$i_1 = i_f$$

所以

$$i_1 = \frac{u_i}{R_1}, \quad i_f = \frac{0 - u_o}{R_f} = -\frac{u_o}{R_f}$$

即

$$\frac{u_i}{R_1} = -\frac{u_o}{R_f}$$

或

$$A_{uf} = -\frac{R_f}{R_1} \qquad (2\text{-}56)$$

$$u_o = -\frac{R_f}{R_1} u_i$$

输出电压与输入电压成比例关系，且相位相反。此外，由于反相端和同相端的对地电压都接近于零，所以集成运放输入端的共模输入电压极小，这就是反相输入电路的特点。

当 $R_1 = R_f = R$ 时，输入电压与输出电压大小相等，相位相反，称为反相器。

$$u_o = -\frac{R_f}{R_1} u_i = -u_i$$

由于反相输入比例运算电路引入的是深度电压并联负反馈，所以输入电阻为

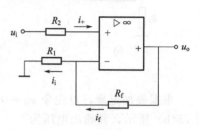

$$r_{if} = R_1 + \frac{r_{id}}{1+AF} \approx R_1$$

输出电阻为

$$r_{of} = \frac{r_{od}}{1+AF} \approx 0$$

图 2-73　同相输入比例运算电路

（2）同相输入比例运算电路　在图 2-73 中，输入信号 u_i 经过外接电阻 R_2 接到集成运放的同相端，反馈电阻接到其反相端，构成电压串联负反馈。

由图 2-73（a）可得：$u_+ = u_i$，$u_i \approx u_- = u_o \dfrac{R_1}{R_1 + R_f}$

所以

$$A_{uf} = \frac{u_o}{u_i} = 1 + \frac{R_f}{R_1} \qquad (2\text{-}57)$$

$$u_o = \left(1 + \frac{R_f}{R_1}\right) u_i$$

当 $R_f = 0$ 或 $R_1 \to \infty$ 时，$u_o = \left(1 + \dfrac{R_f}{R_1}\right) u_i = u_i$，即输出电压与输入电压大小相等，相位相同，该电路称为电压跟随器。

由于同相输入比例运算电路引入的是深度电压串联负反馈，所以输入电阻为 $r_{id} = (1 + AF)r_{id} \to \infty$，输出电阻为

$$r_{of} = \frac{r_{od}}{1+AF} \approx 0$$

2. 加法运算电路

如图 2-74 所示，根据虚断的概念可得

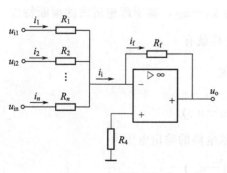

$$i_f = i_i$$

其中

$$i_i = i_1 + i_2 + \cdots + i_n$$

再根据虚地的概念可得

$$i_1 = \frac{u_{i1}}{R_1}, \ i_2 = \frac{u_{i2}}{R_2}, \ \cdots, \ i_n = \frac{u_{in}}{R_n}$$

则

$$u_o = -R_f i_f = -R_f \left(\frac{u_{i1}}{R_1} + \frac{u_{i2}}{R_2} + \cdots + \frac{u_{in}}{R_n}\right) \qquad (2\text{-}58)$$

图 2-74　加法运算电路

实现了各信号按比例进行加法运算，如取 $R_1 = R_2 = \cdots = R_n = R_f$，则 $u_o = -(u_{i1} + u_{i2} + \cdots + u_{in})$，则实现了各

输入信号的反相相加。

3. 减法运算电路

能实现减法运算的电路如图 2-75(a) 所示。

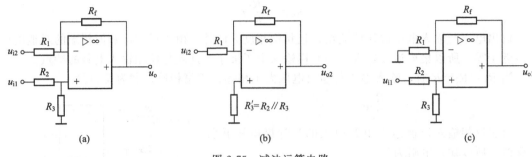

图 2-75 减法运算电路

根据叠加定理，首先令 $u_{i1}=0$，当 u_{i2} 单独作用时，电路成为反相比例运算电路，如图 2-75(b) 所示，其输出电压为

$$u_{o2} = -\frac{R_f}{R_1}u_{i2}$$

再令 $u_{i2}=0$，u_{i1} 单独作用时，电路成为同相比例运算电路，如图 2-75(c) 所示，同相端电压为

$$u_+ = \frac{R_3}{R_2+R_3}u_{i1}$$

其输出电压为

$$u_{o1} = \left(1+\frac{R_f}{R_1}\right)\left(\frac{R_3}{R_2+R_3}\right)u_{i1}$$

$$u_o = u_{o1}+u_{o2} = -\frac{R_f}{R_1}u_{i2}+\left(1+\frac{R_f}{R_1}\right)u_+ = \left(1+\frac{R_f}{R_1}\right)\left(\frac{R_3}{R_2+R_3}\right)u_{i1} - \frac{R_f}{R_1}u_{i2} \tag{2-59}$$

这样，当 $R_1=R_2=R_3=R_f=R$ 时，$u_o=u_{i1}-u_{i2}$。在理想情况下，它的输出电压等于两个输入信号电压之差，具有很好的抑制共模信号的能力。但是，该电路作为差动放大器有输入电阻低和增益调节困难两大缺点。因此，为了满足输入阻抗和增益可调的要求，在工程上常采用多级运放组成的差动放大器来完成对差模信号的放大。

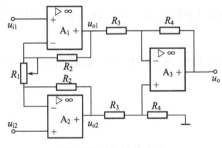

图 2-76 仪用放大器

图 2-76 示出的是一个由三级集成运放组成的仪用放大器，现在分析该电路的输出电压与输入电压的关系。

由于电路采用同相输入结构，故具有很高的输入电阻。利用虚短特性可得可调电阻 R_1 上的电压降为 $u_{i1}-u_{i2}$，鉴于理想运放的虚断特性，流过 R_1 上的电流 $\dfrac{u_{i1}-u_{i2}}{R_1}$ 就是流过电阻 R_2 的电流，这样就有

$$\frac{u_{o1}-u_{o2}}{R_1+2R_2} = \frac{u_{i1}-u_{i2}}{R_1}$$

故得

$$u_{o1}-u_{o2} = \left(1+\frac{2R_2}{R_1}\right)(u_{i1}-u_{i2})$$

A_3 组成的差动放大器与图 2-75(a) 所示完全相同，所以电路的输出电压为

$$u_o = -\frac{R_4}{R_3}\left(1+\frac{2R_2}{R_1}\right)(u_{i1}-u_{i2})$$

4. 微积分运算电路

（1）积分运算电路　积分运算电路如图 2-77 所示，经过电路分析可得

$$u_o = \frac{1}{C}\int i_C \mathrm{d}t = -\frac{1}{C}\int \frac{u_i}{R}\mathrm{d}t = -\frac{1}{RC}\int u_i \mathrm{d}t \tag{2-60}$$

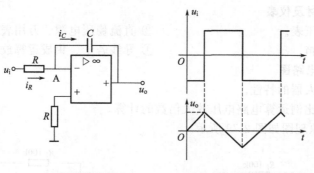

(a) 积分运算电路　　　　(b) 积分运算电路的波形变换作用

图 2-77　积分运算电路

式（2-60）表明，输出电压为输入电压对时间的积分，且相位相反。积分电路的波形变换作用如图 2-77（b）所示，可将矩形波变成三角波输出。积分运算电路在自动控制系统中用以延缓过渡过程的冲击，使被控制的电动机外加电压缓慢上升，避免其机械转矩猛增，造成传动机械的损坏。积分运算电路还常用来作显示器的扫描电路，以及模/数转换器、数学模拟运算等。

（2）微分运算电路　将积分电路中的 R 和 C 互换，就可得到微分运算电路，如图 2-78（a）所示。在这个电路中，A 点同样为虚地，即 $u_A \approx 0$，再根据虚断的概念，$i_- \approx 0$，则 $i_R \approx i_C$。假设电容 C 的初始电压为零，那么

$$i_C = C\frac{\mathrm{d}u_i}{\mathrm{d}t}$$

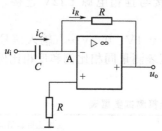

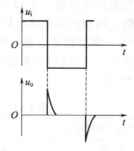

(a) 微分运算电路　　　　(b) 微分运算电路的波形变换作用

图 2-78　微分运算电路

则输出电压

$$u_o = -i_R R = -RC\frac{\mathrm{d}u_i}{\mathrm{d}t} \tag{2-61}$$

式（2-61）表明，输出电压为输入电压对时间的微分，且相位相反。

微分电路的波形变换作用如图 2-78（b）所示，可将矩形波变成尖脉冲输出。微分电路在自动控制系统中可用作加速环节，例如电动机出现短路故障时，起加速保护作用，迅速降低其供电电压。

技能训练十三 同相、反相比例运算电路

1. 实训目的及要求

① 掌握集成运算放大器应用中反相比例、同相比例电路的组成、电路的功能。

② 了解运算放大器在实际应用时应考虑的一些问题。

2. 实训所需器材及仪表

① 直流数字电压表。 ② 直流稳压电源、万用表。

③ 实训专用挂箱。 ④ 导线若干、集成运算放大器 $\mu A741$。

3. 实训原理及电路图

① 理想运算放大器的特性。

② 同相、反相比例运算电路电压放大倍数的计算。

比例运算电路原理图如图 2-79 所示。

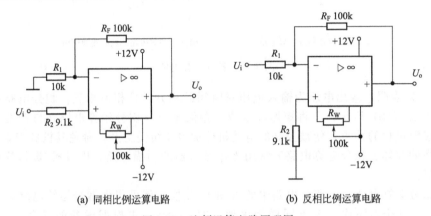

(a) 同相比例运算电路   (b) 反相比例运算电路

图 2-79 比例运算电路原理图

4. 实训内容及步骤

① 连接线路。电路输入信号 U_i 取自直流稳压电源的输出。使用中，先使稳压源输出最小，以确保安全。直流稳压电源（±12V）直接与挂箱电源±12V连接。按照图 2-79 分别将线路接成反相比例、同相比例运算电路。

② 闭合电源开关，调节稳压电源，使 $U_i = 0.1V$、$0.2V\cdots$（输入信号不要超过1V，否则运放工作于非线性区），分别用直流数字电压表测量同相比例和反相比例运算电路的 U_o 的大小，并填入表 2-27 中。

表 2-27 比例运算测试数据表

同相比例运算电路				反相比例运算电路			
U_i/V	U_o/V		A_V 计算值	U_i/V	U_o/V		A_V 计算值
	计算值	实测值			计算值	实测值	

5. 实训报告要求及思考题

① 比例运算电路 U_i 的大小自行设定，填入相应数据，在反相比例运算电路、同相比例运算电路中，如果 $U_i > 1V$，输入与输出电压的关系是否成比例关系，为什么？

② 如何改变比例运算电路的比例关系？

③ 应如何保证运算电路同相输入端与反相输入端的输入电阻平衡？

技能训练十四　反相比例加法与减法运算电路

1. 实训目的及要求

① 熟悉集成运放的端子排列和端子功能。

② 学会集成运放的使用和调试方法。

2. 实训所需器材及仪表

① 直流数字电压表。　　　　　　　② 直流稳压电源、万用表。

③ 实训专用挂箱。　　　　　　　　④ 导线若干、集成运算放大器 $\mu A741$。

3. 实训原理及电路图

了解反相比例加法运算与减法运算电路的结构、电压放大倍数的计算，电路原理图如图 2-80 所示。

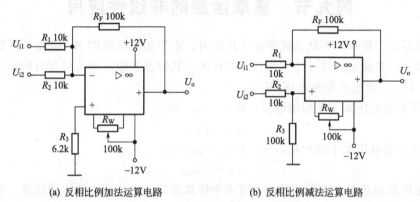

(a) 反相比例加法运算电路　　　　(b) 反相比例减法运算电路

图 2-80　反相比例加减法运算电路

4. 实训内容及步骤

① 按图 2-80 连接反相比例加法运算电路。

② 电路检查无误后，接通正、负电源。

③ 在 R_1 端加入直流信号电压 U_{i1}，在电阻 R_2 端加入直流信号电压 U_{i2}，调整 U_{i1}、U_{i2}，用万用表测量出每次对应的输出电压 U_o，记录在表 2-28 中，并与应用公式计算的结果进行比较。

表 2-28　加减法运算测试数据表

U_{i1}/V					
U_{i2}/V					
U_o/V	计算值				
	实测值				
A_V 计算值					

④ 按图 2-80 将电路连成反相比例减法运算电路，重复上述三步，将数据填入自己设计的表格中。

5. 实训报告要求

分析实验数据误差产生的原因。

 想一想，做一做

1. 同相比例运算电路有没有虚地点？为什么？

2. 运算放大器为什么要调零？调零时为什么要将运放电路的输入端对地短路？

3. 由理想运放构成的电路如图 2-81 所示，试计算输出电压 u_o 的值。

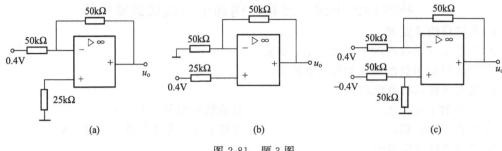

(a)   (b)   (c)

图 2-81 题 3 图

第九节 集成运放的非线性应用

当集成运放工作在开环状态或外接正反馈时，由于集成运放的 A_{ud} 很大，只要有微小的电压信号输入，集成运放就一定工作在非线性区。其特点是输出电压只有两种状态，不是正饱和电压 $+U_{om}$，就是负饱和电压 $-U_{om}$。

① 当同相端电压大于反相端电压，即 $u_+ > u_-$ 时，

$$u_0 = +u_{om}$$

② 当反相端电压大于同相端电压，即 $u_+ < u_-$ 时，

$$u_o = -u_{om}$$

电压比较器的基本功能是比较两个或多个模拟量的大小，并由输出端的高、低电平来表示比较结果。电压比较器是集成运放非线性应用的典型电路，它可分为单门限电压比较器和滞回电压比较器两类。

一、单门限电压比较器

单门限电压比较器的基本电路如图 2-82(a) 所示。

若希望当 $u_i > U_{REF}$ 时，$u_o = +u_{om}$，只需将 u_i 与 U_{REF} 调换即可，如图 2-82(c) 所示，其传输特性如图 2-82(d) 所示。

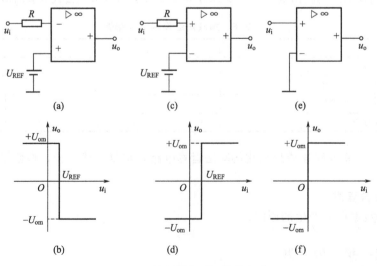

(a)   (c)   (e)

(b)   (d)   (f)

图 2-82 单门限电压比较器电路

由图 2-82(b)、图 2-82(d) 可知，输入电压 u_i 的变化经过 U_{REF} 时，输出电压发生翻转。把比较器的输出电压从一个电平翻转到另一个电平时对应的输入电压值称为阈值电压或门限电压，用 U_{TH} 表示。

如果输入电压过零时，输出电压发生跳变，就称为过零电压比较器，如图 2-82(e) 所示，特性曲线如图 2-82(f) 所示。过零电压比较器可将正弦波转化为方波，如图 2-83 所示。

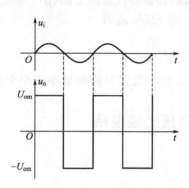

图 2-83　过零电压比较器的波形转换作用

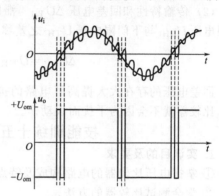

图 2-84　外界干扰的影响

二、滞回电压比较器

以上介绍的比较器其状态翻转的门限电压是某一个固定值。在实际应用时，如果实际测得的信号存在外界干扰，即在正弦波上叠加了高频干扰，过零电压比较器就容易出现多次误翻转，如图 2-84 所示。解决办法是采用滞回电压比较器。滞回电压比较器的组成如图 2-85(a) 所示。

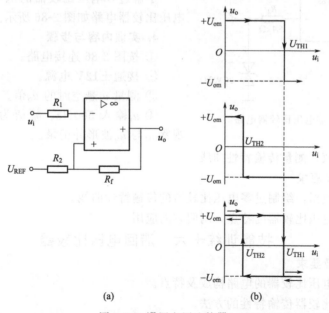

(a)　　　　　　　　(b)

图 2-85　滞回电压比较器

（1）电路特点　当输出为正向饱和电压 $+U_{om}$ 时，将集成运放的同相端电压称为上门限电平，用 U_{TH1} 表示，则有

$$U_{TH1} = u_+ = U_{REF}\frac{R_f}{R_f+R_2} + U_{om}\frac{R_2}{R_2+R_f} \tag{2-62}$$

当输出为负向饱和电压$-U_{om}$时，将集成运放的同相端电压称为下门限电平，用U_{TH2}表示，则有

$$U_{TH2} = u_+ = U_{REF}\frac{R_f}{R_f+R_2} - U_{om}\frac{R_2}{R_2+R_f} \tag{2-63}$$

通过式(2-62)和式(2-63)可以看出，上门限电平U_{TH1}的值比下门限电平U_{TH2}的值大。

（2）传输特性和回差电压ΔU_{TH}　滞回电压比较器的传输特性如图2-85(b)所示。把上门限电压U_{TH1}与下门限电压U_{TH2}之差称为回差电压，用ΔU_{TH}表示。

$$\Delta U_{TH} = U_{TH1} - U_{TH2} = 2U_{om}\frac{R_2}{R_2+R_f} \tag{2-64}$$

回差电压的存在大大提高了电路的抗干扰能力，只要干扰信号的峰值小于半个回差电压，比较器就不会因为干扰而误动作。

技能训练十五　单门限电压比较电路

1. 实训目的及要求

① 掌握电压比较器的电路构成及特点。

② 学会测试比较器的方法。

2. 实训所需器材及材料

① ±12V 直流电源。　　　② 函数信号发生器。

③ 双踪示波器。　　　　　④ 直流电压表。

⑤ 交流毫伏表。　　　　　⑥ 运算放大器 $\mu A741\times2$。

⑦ 稳压管 2CW231×1。　　⑧ 电阻器等。

3. 实训原理及电路图

了解过零电压比较器的电压传输特性，过零电压比较器电路如图2-86所示。

4. 实训内容与步骤

① 按图2-86连接电路。

② 接通±12V电源。

③ 测量 u_i悬空时的 u_o值。

④ u_i输入 500Hz、幅值为 2V 的正弦信号，观察 u_i 与 u_o波形并记录。

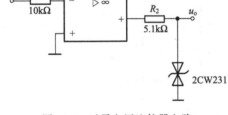

图 2-86　过零电压比较器电路

⑤ 改变 u_i幅值，测量传输特性曲线。

5. 实验报告及要求

① 整理实验数据，绘制过零电压比较器的传输特性曲线。

② 总结过零电压比较器的特点，阐明它的应用。

技能训练十六　滞回电压比较器

1. 实训目的及要求

① 掌握滞回电压比较器的电路构成及特点。

② 学会测试比较器传输特性的方法。

2. 实训所需器材及材料

① ±12V 直流电源。　　　② 函数信号发生器。

③ 双踪示波器。　　　　　④ 直流电压表。

⑤ 交流毫伏表。　　　　　⑥ 运算放大器 $\mu A741\times2$。

⑦ 稳压管 2CW231×1。　　⑧ 电阻器等。

3. 实训原理电路图

反相滞回电压比较器和同相滞回电压比较器如图 2-87、图 2-88 所示。

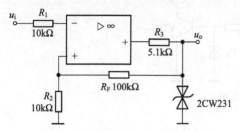

图 2-87 反相滞回电压比较器

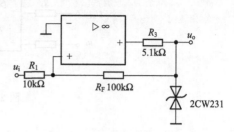

图 2-88 同相滞回电压比较器

4. 实训内容与步骤

① 按图 2-87 接线，u_i 接 +5V 可调直流电源，测出 u_o 由 $+U_{omax}$ 跳变为 $-U_{omax}$ 时 u_i 的临界值。

② 测出 u_o 由 $-U_{omax}$ 跳变为 $+U_{omax}$ 时 u_i 的临界值。

③ u_i 接 500Hz、峰值为 2V 的正弦信号，观察并记录 u_i 与 u_o 波形。

④ 将分压支路 100kΩ 电阻改为 200kΩ，重复上述实验，测定传输特性。

⑤ 参照反相滞回电压比较器，按图 2-86 接线，自拟实验步骤及方法，测定传输特性。将两结果进行比较。

5. 实验报告及要求

① 整理实验数据，绘制滞回电压比较器的传输特性曲线。

② 总结滞回电压比较器的特点，阐明它的应用。

 想一想，做一做

1. 有一参考电压为 U_{REF} 接在反相输入端的单门限电压比较器上，若输入为正弦波信号，其幅度为 U_{im}，请画出输出波形（设 $U_{REF} < U_{im}$）。

2. 电路如图 2-89 所示，$R_f = R_1$，试分别画出各比较器的传输特性曲线。

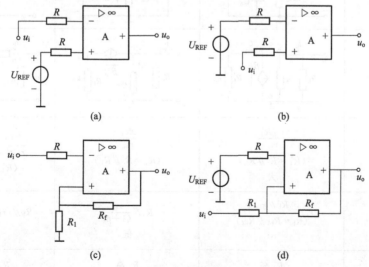

图 2-89 题 2 图

3. 图 2-90 所示电路为监控报警装置，U_{REF} 为参考电压，u_i 为被监控量的传感器送来的监控信号，当 u_i 超过正常值时，只是灯亮报警。请说明其工作原理及图中的稳压二极管和电阻起何作用。

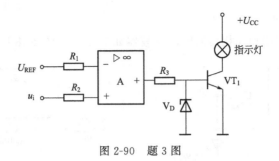

图 2-90 题 3 图

本章小结

① 分析放大电路的目的主要有两个，一是确定静态工作点，二是计算放大电路的动态性能指标，比如电压放大倍数、输入电阻和输出电阻等。主要的分析方法有两种，一是利用放大电路的直流通路、交流通路和微变等效电路进行分析和估算，二是利用图解法进行分析和估算。

温度变化是引起放大电路静态工作点不稳定的主要原因，采用静态工作点稳定的放大电路是解决这一问题的办法之一。

根据输入端、输出端、公共端的不同，三极管放大电路有共发射极、共集电极和共基极三种组态，它们的性能各具特点，现归纳如表 2-29 所示。

表 2-29 三极管三种组态电路比较

项 目	共发射极放大电路	共基极放大电路	共集电极放大电路
电路形式			
交流等效电路			
A_u	$\dfrac{-\beta R'_L}{r_{be}}$ $(R'_L=R_c /\!/ R_L)$ 大	$\dfrac{\beta R'_L}{r_{be}}$ $(R'_L=R_c /\!/ R_L)$ 大	$\dfrac{(1+\beta)R'_L}{r_{be}+(1+\beta)R'_L}\approx 1$ $(R'_L=R_c /\!/ R_L)$
r_i	$R_b /\!/ r_{be}$ $(R_b=R_{b1} /\!/ R_{b2})$ 中	$R_e /\!/ \dfrac{r_{be}}{(1+\beta)}$ 低	$R_b /\!/ [r_{be}+(1+\beta)R'_L]$ 高
r_o	R_c 高	R_c 高	$R_e /\!/ \dfrac{r_{be}}{1+\beta}$ 低
相位	$180°(u_i 与 u_o 反相)$	$0°(u_i 与 u_o 同相)$	$0°(u_i 与 u_o 同相)$
高频特性	差	好	较好

② 多级放大电路常用的耦合方式有阻容耦合、直接耦合、变压器耦合等。动态计算应注意级间的相互关联，前级的输出等于后级的输入，后级的输入电阻等于前级的负载电阻。在没有级间反馈存在时，放大电路的输入电阻就是第一级的输入电阻，输出电阻就是末级的输出电阻。放大电路的电压放大倍数会随信号频率的变化而变化，频率响应和通频带是其重要性能指标。

③ 反馈的实质是输出量参与控制，反馈使净输入量减弱的为负反馈，使净输入量增强的为正反馈。常用瞬时极性法来判断反馈的极性。反馈的类型按输出端的取样方式分为电压反馈和电流反馈，常用负载短路法判别；按输入端的连接方式分为串联反馈和并联反馈，常用观察法判别。

负反馈的重要特性是能稳定输出端的取样对象，从而使放大器的性能得到改善，包括静态和动态性能。改善动态性能是以牺牲放大倍数为代价的。反馈越深越有益，但也不能够无限制地加深反馈，否则易引起电路的不稳定。当电路为深度负反馈时，反馈量近似等于外加的输入信号，利用这个结论可以简便地计算出电压放大倍数。

④ 集成运放是高增益的直接耦合放大器，它由输入级、中间级、输出级、偏置电路四部分组成。为了有效抑制零点漂移和提高共模抑制比，常采用差动放大电路作输入级。差放电路利用其电路的对称性使零输入时达到零输出，对差模信号具有很强的放大能力，而对共模信号具有很强的抑制作用。由于电路输入、输出方式的不同组合，共有四种典型电路。影响电路指标的接线方式主要是单端输出方式和双端输出方式。差动放大电路能有效抑制零点漂移。共模抑制比反映了电路抑制零点漂移的能力，是差动放大电路的重要性能指标。

⑤ 功率放大器要求输出足够大的功率，这样输出电压和电流的幅度都很大，对它的要求为输出功率大，效率高，非线性失真小，并应保证三极管安全可靠工作。互补对称功率放大电路有 OCL 和 OTL 功率放大电路两种，前者为双电源供电，后者为单电源供电。

乙类互补对称功率放大电路效率高，可达 78.5%，但存在着交越失真，在实际中多采用甲乙类互补对称功率放大电路，它可有效消除交越失真，效率也较高。

⑥ 集成运放有两个工作区，即线性工作区和非线性工作区。它在应用上有两种基本放大器，即反相放大器、同相放大器。同相输入时，会带来共模误差，所以在实用中为提高运放精度，多采用具有虚地特点的反相输入方式。然而不论是哪种输入方式，都具有虚短、虚断的重要概念。

在线性应用时，集成运放通常工作于深度负反馈状态，两输入端存在着虚短和虚断；在非线性应用时，集成运放通常工作于开环或正反馈状态，此时集成运放的输出不是正饱和电压，就是负饱和电压。

思考练习题

1. 如图 2-91 所示电路中，已知 $U_{CC}=10V$，晶体管 $\beta=70$，$I_{CQ}=2mA$，$U_{CEQ}=5V$，试选择各元件参数。若输出端接有负载 $R_L=1.2k\Omega$，求：

(1) 静态工作点；

(2) 说明稳定静态工作点的过程；

(3) 求电压放大倍数、输入电阻、输出电阻。

2. 放大电路如图 2-92 所示，已知三极管 $\beta=120$，$U_{BEQ}=0.7V$，$r_{bb'}=200\Omega$，各电容对交流的容抗近似为零，$U_{CC}=20V$，$R_{b1}=33k\Omega$，$R_{b2}=6.8k\Omega$，$R_e=2k\Omega$，$R_{c1}=5k\Omega$，$R_{c2}=$

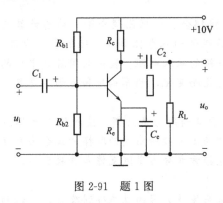

图 2-91　题 1 图

$7.5\mathrm{k}\Omega$，$R_\mathrm{L}=5\mathrm{k}\Omega$，试求：

　　(1) I_BQ、I_CQ、U_CEQ；

　　(2) 画出放大电路的小信号等效电路；

　　(3) A_u、R_i、R_o；

　　(4) 当 R_b1 足够小时，会出现何种非线性失真？定性画出典型失真波形。

　　3．某射极输出器的电路如图 2-93 所示，已知 $U_\mathrm{CC}=12\mathrm{V}$，$R_\mathrm{b}=200\mathrm{k}\Omega$，$R_\mathrm{c}=2\mathrm{k}\Omega$，$R_\mathrm{L}=2\mathrm{k}\Omega$，三极管 $\beta=100$，$r_\mathrm{be}=1.2\mathrm{k}\Omega$。信号源 $U_\mathrm{S}=200\mathrm{mV}$，$r_\mathrm{S}=1\mathrm{k}\Omega$，求：

　　(1) 画出放大器的直流通路，并求静态工作点（I_BQ、I_CQ 和 U_CEQ）；

　　(2) 画出放大电路的微变等效电路；

　　(3) 计算 A_u、r_i 和 r_o。

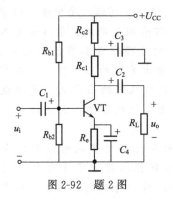

图 2-92　题 2 图

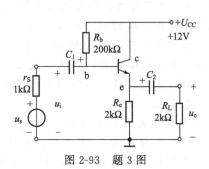

图 2-93　题 3 图

4．试画出图 2-94 中电路的直流通路和交流通路，并将电路进行化简。

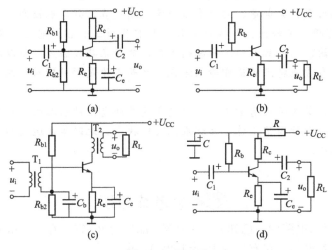

图 2-94　题 4 图

　　5．两级放大电路如图 2-95 所示，$\beta_1=\beta_2=50$，$U_\mathrm{BE1}=U_\mathrm{BE2}=0.6\mathrm{V}$，其他参数如图 2-95 所示，求：

　　(1) 各级电路的静态工作点；

　　(2) 放大电路的微变等效电路；

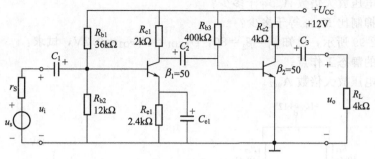

图 2-95 题 5 图

（3）电路总的电压放大倍数 A_u；

（4）电路总的输入电阻 r_i 和总的输出电阻 r_o。

6. 如图 2-96 所示，求总的电压放大倍数 A_u 以及总的输入、输出电阻 r_i、r_o。

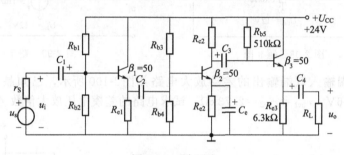

图 2-96 题 6 图

7. 某三种放大电路中，若 $A_{u1}=10$，$A_{u2}=100$，$A_{u3}=100$，试问总的电压放大倍数是多少？折算为分贝数是多少？

8. 分别判断图 2-97 所示各电路的反馈类型。

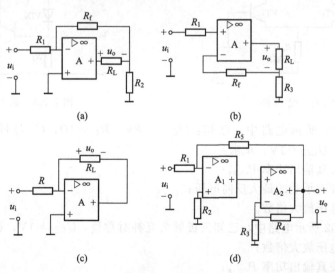

图 2-97 题 8 图

9. 如图 2-98 所示，电路参数完全对称，已知 $\beta_1=\beta_2=60$，$U_{BEQ1}=U_{BEQ2}=0.7V$，设 $r_{be1}=r_{be2}=2.2k\Omega$，试问：

（1）输入信号是差模信号还是共模信号？

(2) 差模电压放大倍数 A_{ud} 等于多少？

(3) 共模抑制比 K_{CMR} 等于多少？

10. 如图 2-99 所示，已知 $\beta_1 = \beta_2 = 80$，$U_{BEQ1} = U_{BEQ2} = 0.7V$，试求：

(1) 电路的静态工作点；

(2) 差模电压放大倍数 A_{ud2}。

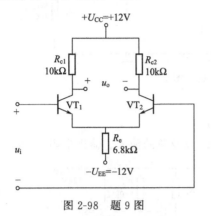

图 2-98　题 9 图

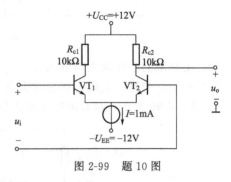

图 2-99　题 10 图

11. 一个单端输入双端输出的差动放大电路如图 2-100 所示，已知晶体管的 $\beta_1 = \beta_2 = 100$，U_{BE} 均为 $0.6V$，$r_{be1} = r_{be2} = 2.73k\Omega$，试求电路的差模电压放大倍数 A_{ud}。

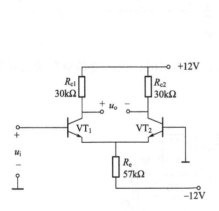

图 2-100　题 11 图

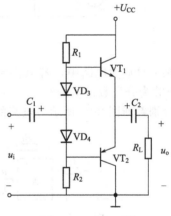

图 2-101　题 12 图

12. 在图 2-101 所示电路中，已知：$U_{CC} = 18V$，$R_L = 4\Omega$，C_2 容量足够大，三极管 VT_1、VT_2 对称，$U_{CES} = 1V$，试求：

(1) 最大不失真输出功率 P_{omax}；

(2) 每个三极管承受的最大反向电压；

(3) 电路的电压放大倍数。

13. 在图 2-102 所示电路中，已知三极管为互补对称管，$U_{CES} = 1V$，试求：

(1) 电路的电压放大倍数；

(2) 最大不失真输出功率 P_{omax}；

(3) 三极管的最大管耗 P_{Cmax}。

14. 电路如图 2-103 所示，已知 $R_1 = 2k\Omega$，$R_f = 10k\Omega$，$R_2 = 2k\Omega$，$R_3 = 18k\Omega$，$u_i = 1V$，求 u_o 的值。

15. 电路如图 2-104 所示，已知 $R_f = 5R_1$，$u_i = 10mV$，求 u_o 的值。

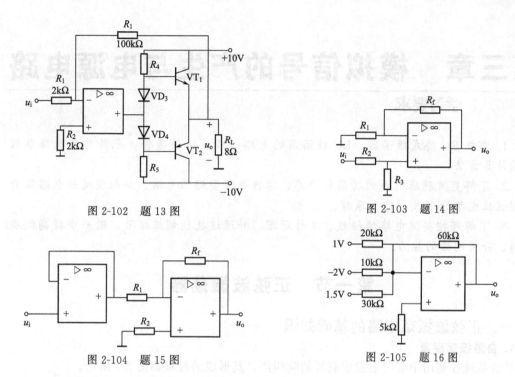

图 2-102　题 13 图

图 2-103　题 14 图

图 2-104　题 15 图

图 2-105　题 16 图

16. 电路如图 2-105 所示，试求输出电压 u_o 的值。

17. 电路如图 2-106 所示，试写出 u_o 与 u_{i1} 和 u_{i2} 的关系，并求出当 $u_{i1}=+1.5\text{V}$，$u_{i2}=-0.5\text{V}$ 时 u_o 的值。

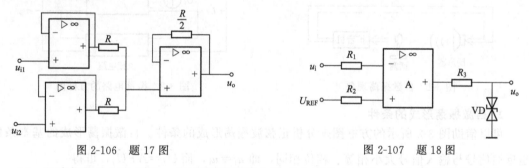

图 2-106　题 17 图

图 2-107　题 18 图

18. 电路如图 2-107 所示，集成运放的最大输出电压是 $\pm12\text{V}$，双向稳压管的电压 $U_Z=\pm6\text{V}$，输入信号 $u_i=12\sin\omega t\text{V}$。试画出在参考电压 U_{REF} 为 3V 和 -3V 两种情况下的传输特性曲线和输出电压的波形。

19. 电路如图 2-108 所示，双向稳压管的 $U_Z=\pm6\text{V}$，输入电压为 $u_i=0.5\sin\omega t\text{V}$。试画出 u_{o1}、u_{o2}、u_o 的波形，并指出集成运放的工作状态。

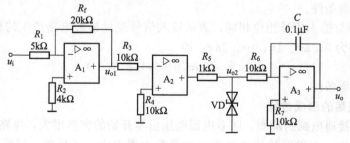

图 2-108　题 19 图

第三章 模拟信号的产生与电源电路

学习要求

1. 掌握 RC 桥式振荡器、LC 振荡器的电路组成、振荡条件、元件作用及振荡频率的计算方法。

2. 了解直流稳压电源的功能和分类，掌握并联型稳压电路、串联型稳压电路及开关型稳压电路的形式、稳压原理。

3. 了解可控整流电路的组成、工作原理，并通过技能训练环节，进一步提高解决问题、分析问题的能力。

第一节 正弦波振荡器

一、正弦波振荡电路的基础知识

1. 自激振荡现象

扩音系统在使用中有时会发出刺耳的啸叫声，其形成的过程如图 3-1 所示。

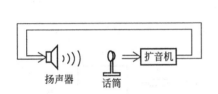

图 3-1 自激振荡现象

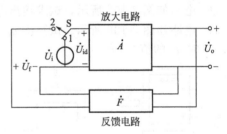

图 3-2 振荡电路的方框图

2. 自激振荡形成的条件

可以借助图 3-2 所示的方框图来分析正弦波振荡形成的条件。自激振荡形成的基本条件是反馈信号与输入信号大小相等、相位相同，即 $u_f = u_i$，而 $\dot{U}_f = \dot{A}\dot{F}\dot{U}_i$，可得

$$\dot{A}\dot{F} = 1 \tag{3-1}$$

这包含着以下两层含义。

① 反馈信号与输入信号大小相等，表示为 $u_f = u_i$，即

$$|\dot{A}\dot{F}| = 1$$

称为振幅平衡条件。

② 反馈信号与输入信号相位相同，表示输入信号经过放大电路产生的相移 ϕ_A 和反馈网络的相移 ϕ_F 之和为 0、2π、4π、$\cdots$、$2n\pi$，即

$$\phi_A + \phi_F = 2n\pi(n = 0, 1, 2, 3, \cdots)$$

称为相位平衡条件。

3. 正弦波振荡的形成过程

放大电路在接通电源的瞬间，随着电源电压由零开始的突然增大，电路受到扰动，在放大器的输入端产生一个微弱的扰动电压 u_i，经放大器放大、正反馈、再放大、再反馈……

如此反复循环，输出信号的幅度很快增加。这个扰动电压包括从低频到甚高频的各种频率的谐波成分。为了能得到所需要频率的正弦波信号，必须增加选频网络，只有在选频网络中心频率上的信号能通过，其他频率的信号被抑制，在输出端就会得到如图 3-3 所示的 ab 段所示的起振波形。

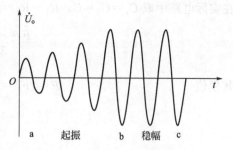

图 3-3　自励振荡的起振波形

那么，振荡电路在起振以后，怎样使振荡幅度不会无休止地增长下去呢？这就需要增加稳幅环节，当振荡电路的输出达到一定幅度后，稳幅环节就会使输出减小，维持一个相对稳定的稳幅振荡，如图 3-3 所示的 bc 段。也就是说，在振荡建立的初期，必须使反馈信号大于原输入信号，反馈信号一次比一次大，才能使振荡幅度逐渐增大，当振荡建立后，还必须使反馈信号等于原输入信号，才能使建立的振荡得以维持下去。

由上述分析可知，起振条件应为　　　　$|\dot{A}\dot{F}| > 1$　　　　　　　　　　　　(3-2)

稳幅后的幅度平衡条件为

$$|\dot{A}\dot{F}| = 1$$

4. 振荡电路的组成

要形成振荡，电路中必须包含以下组成部分。

① 放大器。

② 正反馈网络。

③ 选频网络。

④ 稳幅环节。

根据选频网络组成元件的不同，正弦波振荡电路通常分为 RC 振荡电路、LC 振荡电路和石英晶体振荡电路。

二、RC 正弦波振荡电路

RC 正弦波振荡电路结构简单，性能可靠，用来产生几兆赫兹以下的低频信号，常用的 RC 振荡电路有 RC 桥式振荡电路和 RC 移相式振荡电路。

1. RC 串并联网络的选频特性

RC 串并联网络由 R_2 和 C_2 并联后与 R_1 和 C_1 串联组成，如图 3-4所示。

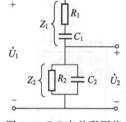

图 3-4　RC 串并联网络

设 R_1、C_1 的串联阻抗用 Z_1 表示，R_2 和 C_2 的并联阻抗用 Z_2 表示，那么

$$Z_1 = R_1 + \frac{1}{j\omega C_1}$$

$$Z_2 = \frac{R_2 \dfrac{1}{j\omega C_2}}{R_2 + \dfrac{1}{j\omega C_2}} = \frac{R_2}{1 + j\omega C_2 R_2}$$

输出电压 $\dot{U}_2$ 与输入电压 $\dot{U}_1$ 之比为 RC 串并联网络传输系数，记为 $\dot{F}$，则

$$\dot{F} = \frac{\dot{U}_2}{\dot{U}_1} = \frac{Z_2}{Z_1 + Z_2} = \frac{\dfrac{R_2}{1 + j\omega C_2 R_2}}{R_1 + \dfrac{1}{j\omega C_1} + \dfrac{R_2}{1 + j\omega C_2 R_2}} = \frac{1}{\left(1 + \dfrac{R_1}{R_2} + \dfrac{C_2}{C_1}\right) + j\left(\omega R_1 C_2 - \dfrac{1}{\omega R_2 C_1}\right)} \quad (3\text{-}3)$$

在实际电路中取 $C_1 = C_2 = C$，$R_1 = R_2 = R$，则式(3-3)可简化为

$$\dot{F} = \frac{1}{3 + j\left(\omega RC - \dfrac{1}{\omega RC}\right)}$$

其模值

$$F = |\dot{F}| = \frac{1}{\sqrt{3^2 + \left(\omega RC - \dfrac{1}{\omega RC}\right)^2}}$$

相角

$$\phi_F = -\arctan \frac{\omega RC - \dfrac{1}{\omega RC}}{3}$$

令

$$\omega_0 = 2\pi f_0 = \frac{1}{RC}$$

即

$$f_0 = \frac{1}{2\pi RC} \tag{3-4}$$

将 f_0 的表达式代入模值和相角的表达式，并将角频率 ω 变换为由频率 f 表示，则

$$F = \frac{1}{\sqrt{3^2 + \left(\dfrac{f}{f_0} - \dfrac{f_0}{f}\right)^2}}$$

$$\phi_F = -\arctan \frac{\dfrac{f}{f_0} - \dfrac{f_0}{f}}{3} \tag{3-5}$$

根据式(3-5)可作出 RC 串并联网络频率特性，如图 3-5 所示。

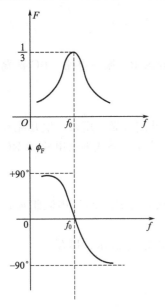

图 3-5 RC 串并联网络的频率特性

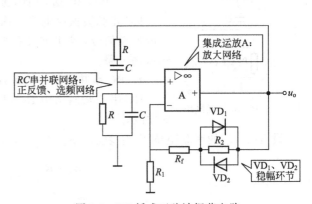

图 3-6 RC 桥式正弦波振荡电路

当 $f = f_0$ 时，电压传输系数最大，其值为 $F = \dfrac{1}{3}$，相角为零，即 $\phi_F = 0$。此时，输出电压与输入电压同相位。当 $f \neq f_0$ 时，$F < \dfrac{1}{3}$，且 $\phi_F \neq 0$，此时输出电压的相位滞后或超前于输入电压。由以上分析可知，RC 串并联网络只在 $f = f_0 = \dfrac{1}{2\pi RC}$ 时，输出幅度最大，而且输出电压与输入电压同相，即相位移为零。所以，RC 串并联网络具有选频特性。

2. RC 桥式振荡电路分析

RC 桥式振荡电路如图 3-6 所示。

在图 3-6 中，集成运放组成一个同相放大器，它的输出电压 u_o 作为 RC 串并联网络的输入电压，而将 RC 串并联网络的输出电压作为放大器的输入电压，当 $f=f_0$ 时，RC 串并联网络的相位移为零，放大器是同相放大器，电路的总相位移是零，满足相位平衡条件，而对于其他频率的信号，RC 串并联网络的相位移不为零，不满足相位平衡条件。由于 RC 串并联网络在 $f=f_0$ 时的传输系数 $F=\dfrac{1}{3}$，因此要求放大器的总电压增益 A_u 应大于 3，这对于集成运放组成的同相放大器来说是很容易满足的。由 R_1、R_f、VD_1、VD_2 及 R_2 构成负反馈支路，它与集成运放形成了同相输入比例运算放大器。

$$A_u=1+\frac{R_f}{R_1}$$

只要适当选择 R_f 与 R_1 的比值，就能实现 $A_u>3$ 的要求。其中，VD_1、VD_2 和 R_2 是实现自动稳幅的限幅电路。输出频率为

$$f_0=\frac{1}{2\pi RC}$$

3. RC 移相式振荡电路

电路如图 3-7 所示，图中反馈网络由三节 RC 移相电路构成。

由于集成运算放大器的相移为 180°，为满足振荡的相位平衡条件，要求反馈网络对某一频率的信号再移相 180°，图 3-7 中，RC 构成超前相移网络。由分析所知，一节 RC 电路的最大相移为 90°，不能满足振荡的相位条件；两节 RC 电路的最大相移可以达到 180°，但当相移等于 180°时，输出电压已接近于零，故不能满足起振的幅度条件。为此，在图 3-7 所示的电路中，采用三节 RC 超前相移网络，三节相移网络对不同频率的信号所产生的相移是不同的，

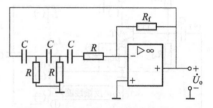

图 3-7　RC 超前型移相式振荡电路

但其中总有某一个频率的信号，通过此相移网络产生的相移刚好为 180°，满足相位平衡条件而产生振荡，该频率即为振荡频率 f_0。

根据振荡条件，可求得该电路的振荡频率为

$$f_0=\frac{1}{2\pi\sqrt{6}RC} \tag{3-6}$$

RC 移相式振荡电路具有结构简单、经济方便等优点。其缺点是选频性能较差，频率调节不方便，由于输出幅度不够稳定，输出波形较差，一般只用于振荡频率固定、稳定性要求不高的场合。

三、LC 正弦波振荡电路

LC 正弦波振荡电路分为变压器反馈式 LC 振荡电路、电感反馈式 LC 振荡电路、电容反馈式 LC 振荡电路，用来产生几兆赫兹以上的高频信号。

1. 变压器反馈式 LC 振荡电路

（1）电路组成　变压器反馈式 LC 振荡电路如图 3-8 所示。

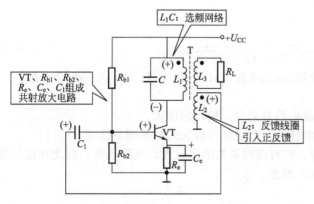

图 3-8　变压器反馈式 LC 振荡电路

（2）振荡条件

① 相位平衡条件。为了满足相位平衡条件，变压器初次级之间的同名端必须正确连接。

电路振荡时，$f = f_0$，LC 回路的谐振阻抗是纯电阻性，由 L_1 及 L_2 同名端可知，反馈信号与输出电压极性相反，即 $\phi_F = 180°$。于是 $\phi_A + \phi_F = 360°$，保证了电路的正反馈，满足振荡的相位平衡条件。

对频率 $f \neq f_0$ 的信号，LC 回路的阻抗不是纯阻抗，而是感性或容性阻抗。此时，LC 回路对信号会产生附加相移，造成 $\phi_F \neq 180°$，那 $\phi_A + \phi_B \neq 360°$，不能满足相位平衡条件，电路也不可能产生振荡。由此可见，LC 正弦波振荡电路只有在 $f \neq f_0$ 这个频率上才有可能振荡。

② 幅度条件。为了满足幅度条件 $AF \geqslant 1$，对晶体管的 β 值有一定要求。一般只要 β 值较大，就能满足振幅平衡条件。反馈线圈匝数越多，耦合越强，电路越容易起振。

（3）振荡频率　振荡频率可由 LC 并联回路的固有谐振频率 f_0 来决定，即

$$f \approx f_0 = \frac{1}{2\pi \sqrt{LC}} \tag{3-7}$$

（4）电路优缺点

① 易起振，输出电压较大。由于采用变压器耦合，易满足阻抗匹配的要求。

② 调频方便。一般在 LC 回路中采用接入可变电容器的方法来实现调频，调频范围较宽，工作频率通常在几兆赫左右。

③ 输出波形不理想。由于反馈电压取自电感两端，它对高次谐波的阻抗大，反馈也强，因此在输出波形中含有较多高次谐波成分。

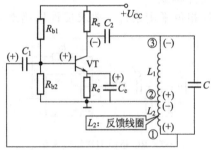

图 3-9　电感反馈式 LC 振荡电路

2. 电感反馈式 LC 振荡电路

图 3-9 所示是电感反馈式 LC 振荡电路，又称哈特莱振荡电路。

（1）振荡条件分析

① 相位条件。设三极管基极瞬时极性为正，由于放大器的倒相作用，集电极电位为负，与基极相位相反，则电感的 3 端为负，2 端为公共端，1 端为正，各瞬时极性如图 3-9 所示。反馈电压由 1 端引至三极管的基极，故为正反馈，满足相位平衡条件。

② 幅度条件。从图 3-9 可以看出：反馈电压是取自电感 L_2 两端，加到晶体管 b、e 间的。所以改变线圈抽头的位置，即改变 L_2 的大小，就可调节反馈电压的大小。当满足 $|\dot{A}\dot{F}| > 1$ 的条件时，电路便可起振。

（2）振荡频率

$$f_0 = \frac{1}{2\pi \sqrt{LC}} = \frac{1}{2\pi \sqrt{(L_1 + L_2 + 2M)C}} \tag{3-8}$$

式（3-6）中，$L_1 + L_2 + 2M$ 为 LC 回路的总电感，M 为 L_1 与 L_2 间的互感耦合系数。

（3）电路优缺点

① 由于 L_1 和 L_2 之间耦合很紧，故电路易起振，输出幅度大。

② 调频方便，电容 C 若采用可变电容器，就能获得较大的频率调节范围。

③ 由于反馈电压取自电感 L_2 两端，它对高次谐波的阻抗大，反馈也强，因此在输出波形中含有较多高次谐波成分，输出波形不理想。

3. 电容反馈式振荡电路

电容反馈式 LC 振荡电路又称为考毕兹振荡电路，如图 3-10 所示。

（1）相位条件 与分析电感反馈式 LC 振荡电路相位条件的方法相同，该电路也满足相位平衡条件。

（2）幅度条件 由图 3-10 的电路可看出，反馈电压取自电容 C_2 两端，所以适当选择 C_1、C_2 的数值，并使放大器有足够的放大量，电路便可起振。

（3）振荡频率

$$f_0 = \frac{1}{2\pi\sqrt{LC}} \qquad (3-9)$$

其中 $C = \dfrac{C_1 C_2}{C_1 + C_2}$，是谐振回路的总电容。

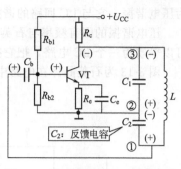

图 3-10 电容反馈式 LC 振荡电路

（4）电路优缺点 容易起振，振荡频率高，可达 100MHz 以上。由于 C_2 对高次谐波的阻抗小，反馈电压中的谐波成分少，故振荡波形（输出波形）较好。但调节频率不方便，因为 C_1、C_2 的大小既与振荡频率有关，也与反馈量有关。改变 C_1（或 C_2）时会影响反馈系数，从而影响反馈电压的大小，造成电路工作性能不稳定。

4. 串联改进型电容反馈式 LC 振荡电路

串联改进型电容反馈式 LC 振荡电路又称克拉泼振荡电路，如图 3-11 所示。电路的振荡频率为

$$f = f_0 = \frac{1}{2\pi\sqrt{LC_\Sigma}} \qquad (3-10)$$

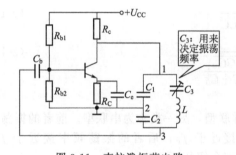

图 3-11 克拉泼振荡电路

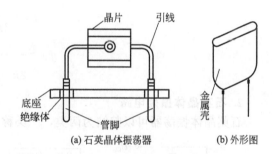

图 3-12 石英晶体谐振器

其中，C_Σ 表示回路总电容

$$\frac{1}{C_\Sigma} = \frac{1}{C_1} + \frac{1}{C_2} + \frac{1}{C_3} \qquad (3-11)$$

当 $C_3 \ll C_1$，$C_3 \ll C_2$ 时，$C_\Sigma \approx C_3$。

四、晶体振荡电路

1. 石英晶体的谐振特性与等效电路

石英晶体谐振器是晶振电路的核心元件，其结构和外形如图 3-12 所示。

石英晶体谐振器是从一块石英晶体上按确定的方位角切下的薄片，这种晶片可以是正方形、矩形或圆形、音叉形的，然后将晶片的两个对应表面上涂敷银层，并装上一对金属板，接出引线，封装于金属壳内。

为什么石英晶体能作为一个谐振回路，而且具有极高的频率稳定度呢？这要从石英晶体的固有特性来进行分析。物理学的研究表明，当石英晶体受到交变电场作用，即在两极板上加以交流电压时，石英晶体便会产生机械振动。反过来，若对石英晶体施加周期性机械力，使其发生振动，则又会在晶体表面出现相应的交变电场和电荷，即在极板上有交变电压。当外加电场的频率等于晶体的固有频率时，便会产生机-电共振，振幅明显加大，这种现象称

为压电谐振。它与 LC 回路的谐振现象十分相似。

压电谐振的固有频率与石英晶体的外形尺寸及切割方式有关。从电路上分析，石英晶体可以等效为一个 LC 电路，把它接到振荡器上便可作为选频环节应用。

图 3-13 为石英晶体在电路中的符号和等效电路。

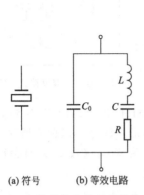

(a) 符号　(b) 等效电路

图 3-13　石英晶体的符号和等效电路

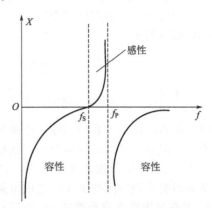

图 3-14　石英晶体谐振器的电抗-频率特性

图 3-14 示出的为石英晶体谐振器的电抗-频率特性。由图 3-14 可知，它具有两个谐振频率，一个是 L、C、R 支路发生串联谐振时的串联谐振频率 f_S，另一个是 L、C、R 支路与 C_0 支路发生并联谐振时的并联谐振频率 f_P，由图 3-13 所示的等效电路得

$$f_S = \frac{1}{2\pi\sqrt{LC}} \tag{3-12}$$

$$f_P = \frac{1}{2\pi\sqrt{L\dfrac{CC_0}{C+C_0}}} \tag{3-13}$$

2. 石英晶体振荡电路

石英晶体振荡器可以归结为两类，一类称为并联型，另一类称为串联型。前者的振荡频率接近于 f_P，后者的振荡频率接近于 f_S，分别介绍如下。

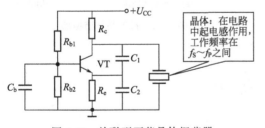

图 3-15　并联型石英晶体振荡器

晶体：在电路中起电感作用，工作频率在 $f_S \sim f_P$ 之间

图 3-15 所示为并联型石英晶体振荡器。当 f_0 在 $f_S \sim f_P$ 的窄小的频率范围内时，晶体在电路中起一个电感作用，它与 C_1、C_2 组成电容反馈式振荡电路。

可见，电路的谐振频率 f_0 应略高于 f_S，C_1、C_2 对 f_0 的影响很小，电路的振荡频率由石英晶体决定，改变 C_1、C_2 的值可以在很小的范围内微调 f_0。

图 3-16 所示为串联型石英晶体振荡电路。

不难看出，当电路中的石英晶体工作于串联谐振频率 f_S 时，晶体呈现的阻抗最小，且为纯电阻性，因此电路的正反馈电压幅度最大，且相移 $\phi_F = 0$。VT_1 采用共基极接法，VT_2 为射极输出器，VT_1、VT_2 组成的放大电路的相移 $\phi_A = 0$，所以整个电路满足振荡的相位平衡条件。而偏离 f_S 的其他信号电压，晶体的等效阻抗最大，且 $\phi_F \neq 0$，所以都不满足振荡的条件。由此可见，这个电路只能在 f_S 这个频率上产生自励振荡。R_P 用来调节反馈量，使输出的振荡波形失真较小且稳幅。

石英晶体振荡器的突出优点是有很高的频率稳定度，所以常用作标准的频率源。但也存

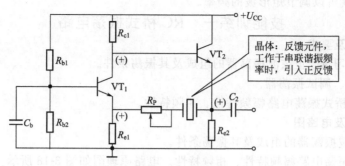

图 3-16　串联型石英晶体振荡电路

在结构脆弱、怕振动、负载能力差等不足。

五、非正弦信号发生器

图 3-17(a) 示出的是一种能产生矩形波的基本电路，也称为方波振荡器。由图 3-17 可见，它是在滞回比较器的基础上增加一条 RC 充、放电负反馈支路构成的。

(1) 工作原理　在图 3-17(a) 中，电容 C 上的电压加在集成运放的反相端，集成运放工作在非线性区，输出只有两个值：$+U_Z$ 和 $-U_Z$。设在刚接通电源时，电容 C 上的电压为零，输出为正饱和电压 $+U_Z$，同相端的电压为 $\dfrac{R_2}{R_1+R_2}U_Z$。

电容 C 在输出电压 $+U_Z$ 的作用下开始充电，充电电流 i_C 经过电阻 R_f，如图 3-17(a) 的实线所示。当充电电压 u_C 升至 $\dfrac{R_2}{R_1+R_2}U_Z$ 时，由于运放输入端 $u_- > u_+$，于是电路翻转，输出电压由 $+U_Z$ 值翻至 $-U_Z$，同相端电压变为 $-\dfrac{R_2}{R_1+R_2}U_Z$，电容 C 开始放电，u_C 开始下降，放电电流 i_C 如图 3-17(a) 中虚线所示。

当电容电压 u_C 降至 $-\dfrac{R_2}{R_1+R_2}U_Z$ 时，由于 $u_- < u_+$，于是输出电压又翻转到 $u_o=+U_Z$。如此周而复始，在集成运放的输出端便得到了如图 3-17(b) 所示的输出电压。

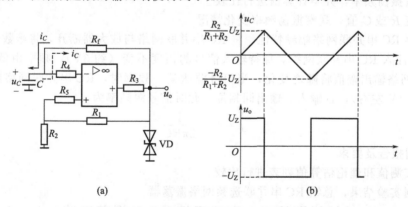

(a)　　　　　　　　　(b)

图 3-17　矩形波发生电路及其波形

(2) 振荡频率及其调节　电路输出的矩形波电压的周期 T 取决于充、放电的 RC 时间常数。可以证明其周期为

$$T=2.2R_fC$$

则振荡频率为

$$f=\frac{1}{2.2R_fC} \qquad (3\text{-}14)$$

改变 RC 值就可以调节矩形波的频率。

技能训练一　RC 桥式振荡电路

1. 实训目的及要求

① 进一步学习 RC 正弦波振荡器的组成及其振荡条件。

② 学会测量、调试振荡器。

③ 验证 RC 桥式振荡电路幅频特性、相频特性。

2. 实训原理及电路图

① RC 正弦波振荡器的组成及其振荡条件。

② RC 桥式振荡电路幅频特性、相频特性。电路原理图如图 3-18 所示。

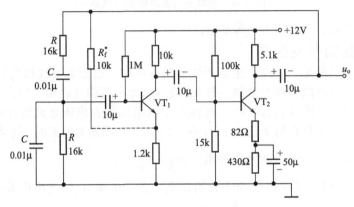

图 3-18　RC 桥式振荡电路

3. 实训内容及步骤

① 按图 3-18 组装线路。

② 断开 RC 串并联网络，测量放大器静态工作点及电压放大倍数。

③ 接通 RC 串并联网络，并使电路起振，用示波器观测输出电压 u_o 波形，调节 R_f，以获得满意的正弦信号，记录波形及其参数。

④ 测量振荡频率，并与计算值进行比较。

⑤ 改变 R 或 C 值，观察振荡频率变化情况。

⑥ 观察 RC 串并联网络幅频特性。将 RC 串并联网络与放大器断开，将函数信号发生器的正弦信号注入 RC 串并联网络，保持输入信号的幅度不变（约 3V），频率由低到高变化，RC 串并联网络输出幅值将随之变化，当信号源达某一频率时，RC 串并联网络的输出将达最大值（约 1V 左右），且输入、输出同相位，此时信号源频率为

$$f = f_0 = \frac{1}{2\pi RC}$$

4. 实训报告及要求

① 将实测值和理论估算值列表进行比较。

② 根据实验结果，总结 RC 串并联选频网络振荡器。

技能训练二　电感反馈式 LC 振荡电路

1. 实训目的及要求

① 了解电感反馈式 LC 振荡器的电路结构和制作的全过程。

② 学会用直流电压测量法判断振荡器是否起振。

③ 了解静态工作点对振荡电路工作的影响。

④ 熟悉振荡电路振荡频率的调整方法。

2. 实训所需器材及材料

① 示波器。　　　　　　　　② 稳压电源。

③ 万用表。　　　　　　　　④ 电烙铁、镊子、剥线钳等常用工具。

⑤ 电感反馈式 LC 振荡器元件 1 套。

3. 实训原理及电路图

① 电感反馈式 LC 振荡器各元件的作用、工作原理。

② 振荡器起振的判定。电路原理图如图 3-19 所示。

4. 训练内容与步骤

① 电感反馈式 LC 振荡器的焊接与调试。

a. 按照原理电路图 3-19 焊接好电路。

b. 检查电路接线无误后，接通 6V 电源。调节 R_P，使放大管 VT 的集电极电流 I_C 为 1mA。

② 判断电路是否起振。将万用表置于 2.5V 直流电压挡，测 VT 的基极与发射极之间的电压 U_{BE}。如果 V_{BE} 出现反偏或浅正偏（即 U_{BE} 为负值或小于 0.6V），则说明电路已经起振。如果 $U_{BE}= 0.6\sim0.7V$（正偏），

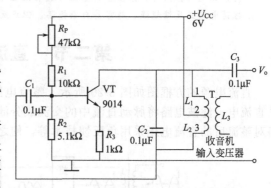

图 3-19　电感反馈式 LC 振荡器原理图

说明电路没有起振。在已起振的状态下，用镊子短路 L_2 的两端，U_{BE} 由反偏或浅正偏恢复到正偏，则进一步验证电路已经起振。

③ 振荡频率的调整与波形的观察

a. 用示波器观察电路输出端 U_o 的波形、幅度和频率，并将观测结果记录在下面的频率调整与波形观察表 3-1 中。

表 3-1　振荡波形测试数据表

	谐振电容 C_2		0.1μF	0.2μF
	振荡波形			
电压幅度		U/div		
		格数		
		电压峰峰值 U_P		
信号频率		T/div		
		格数		
		频率 f		

b. 谐振电容 C_2 改为 0.2μF（再并上一只 0.1μF 电容）。用示波器观察电路输出端 U_o 的波形、幅度和频率，并将观测结果记录在同一表中。

④ 验证相位平衡条件。

a. 将电感线圈 L_1 的 1 与 2 脚对调接入电路。

b. 通电后，用测量 U_{BE} 直流电压的方法及用示波器观测来判断电路是否起振。

c. 如果不起振，请分析原因，并写入实验报告中。

d. 完成该实验后，改变 L_1 的接法，使电路恢复振荡状态。

⑤ 验证振幅平衡条件。在正反馈回路的耦合电容 C_1 支路中串一个 100kΩ 的电位器，将其阻值由零逐渐调大，观察振荡输出波形的变化。电位器调至电路刚停振时，测量该电位器

的阻值，并记录数据。

想一想，做一做

1. 一个实际的正弦波振荡电路由哪几部分组成？如果没有选频网络，输出信号将有什么特点？

2. 通常正弦波振荡电路接成正反馈，为什么电路中又要引入负反馈？负反馈作用太强或太弱有什么问题？

3. 产生正弦波振荡的条件是什么？它与负反馈放大电路的自励振荡条件是否相同？为什么？

4. 为什么电路振荡时，振荡管的基极与发射极之间的电压 U_{BE} 会降低或产生负偏压？

5. 振荡电路正反馈越强，越容易自励振荡。但正反馈过强，对振荡电路是否有不良的影响？

第二节　直流稳压电源

直流电源的方框图如图 3-20 所示。整流电路是将工频交流电转为具有直流电成分的脉动直流电。滤波电路将脉动直流中的交流成分滤除，减少交流成分，增加直流成分。稳压电路对整流后的直流电压采用负反馈技术等，使之进一步稳定。

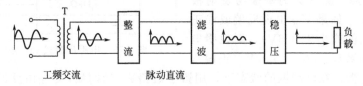

图 3-20　直流电源的方框图

一、整流电路

1. 单相桥式整流电路

（1）工作原理　单相桥式整流电路是最基本的将交流转换为直流的电路，其电路如图 3-21 所示。

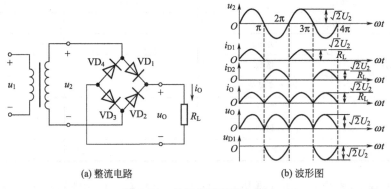

(a) 整流电路　　　　　　　(b) 波形图

图 3-21　单相桥式整流电路

在分析整流电路工作原理时，整流电路中的二极管是作为开关运用的，具有单向导电性。根据图 3-21(a) 的电路图可知：当输入的交流电为正半周时，二极管 VD_1、VD_3 导通，在负载电阻上得到正弦波的正半周；当负半周时，二极管 VD_2、VD_4 导通，在负载电阻上得到正弦波的负半周。在负载电阻上正负半周经合成，得到的是同一个方向的单向脉动电压。单相桥式整流电路的波形图见图 3-21(b)。

（2）参数计算　由图 3-21(b) 可知，输出电压是单相脉动电压。通常用它的平均值与直流电压等效。

输出平均电压为

$$U_O = U_L = \frac{1}{\pi}\int_0^\pi \sqrt{2}V_2 \sin\omega t\, \mathrm{d}\omega t = \frac{2\sqrt{2}}{\pi}U_2 = 0.9U_2 \tag{3-15}$$

流过负载的平均电流为

$$I_L = \frac{2\sqrt{2}U_2}{\pi R_L} = \frac{0.9U_2}{R_L}$$

流过每个二极管的电流为 $\quad I_D = \dfrac{I_L}{2} = \dfrac{\sqrt{2}U_2}{\pi R_L} = \dfrac{0.45U_2}{R_L} \tag{3-16}$

二极管所承受的最大反向电压为

$$U_{R\max} = \sqrt{2}U_2 \tag{3-17}$$

2. 单相半波整流电路

单相整流电路除桥式整流电路外，还有单相半波和全波两种形式。单相半波整流电路如图 3-22(a) 所示，波形图如图 3-22(b) 所示。

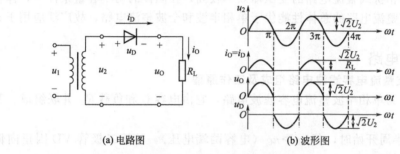

(a) 电路图　　　　　　　　(b) 波形图

图 3-22　单相半波整流电路

根据图 3-22(b) 可知，输出电压在一个工频周期内，只是正半周导电，在负载上得到的是半个正弦波。负载上输出平均电压为

$$U_O = U_L = \frac{1}{2\pi}\int_0^\pi \sqrt{2}U_2 \sin\omega t\, \mathrm{d}\omega t = \frac{\sqrt{2}}{\pi}U_2 = 0.45U_2 \tag{3-18}$$

流过负载和二极管的平均电流为

$$I_D = I_L = \frac{\sqrt{2}U_2}{\pi R_L} = \frac{0.45U_2}{R_L} \tag{3-19}$$

二极管所承受的最大反向电压为

$$U_{R\max} = \sqrt{2}U_2 \tag{3-20}$$

3. 单相全波整流电路

单相全波整流电路如图 3-23(a) 所示，波形图如图 3-23(b) 所示。

根据图 3-23(b) 可知，全波整流电路的输出与桥式整流电路的输出相同，输出平均电压为

$$U_O = U_L = \frac{1}{\pi}\int_0^\pi \sqrt{2}U_2 \sin\omega t\, \mathrm{d}\omega t = \frac{2\sqrt{2}}{\pi}U_2 = 0.9U_2 \tag{3-21}$$

流过负载的平均电流为

$$I_O = I_L = \frac{2\sqrt{2}U_2}{\pi R_L} = \frac{0.9U_2}{R_L} \tag{3-22}$$

二极管所承受的最大反向电压

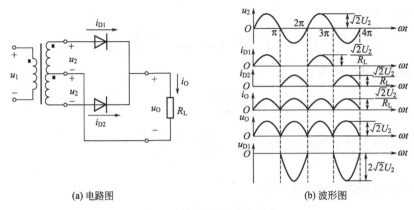

(a) 电路图　　　　　　　　　　(b) 波形图

图 3-23　单相全波整流电路

$$U_{Rmax} = 2\sqrt{2}U_2 \tag{3-23}$$

单相桥式整流电路的变压器中只有交流电流流过，而半波和全波整流电路中均有直流分量流过，所以单相桥式整流电路的变压器效率较高，在同样的功率容量条件下，体积可以小一些。单相桥式整流电路的总体性能优于单相半波和全波整流电路，故广泛应用于直流电源之中。

二、滤波电路

1. 单相半波整流电容滤波电路组成及工作原理

图 3-24(a) 为单相半波整流电容滤波电路，它由电容 C 和负载 R_L 并联组成。其工作原理如下。

当 u_2 的正半周开始时，若 $u_2 > u_C$（电容两端电压），整流二极管 VD 因正向偏置而导通，电容 C 被充电。由于充电回路电阻很小，因而充电很快，u_C 和 u_2 变化同步。当 $\omega t = \dfrac{\pi}{2}$ 时，u_2 达到峰值，C 两端的电压也近似为 $\sqrt{2}U_2$。

当 u_2 由峰值开始下降，$u_2 < u_C$ 时，二极管截止，电容 C 向 R_L 放电，由于放电时间常数很大，故放电速度很慢。当 u_2 进入负半周后，二极管仍处于截止状态，电容 C 继续放电，输出电压也逐渐下降。

当 u_2 的第二个周期的正半周到来时，C 仍在放电，直到 $u_2 > u_C$，二极管又因正偏而导通，电容又再次充电，这样不断重复第一周期的过程，波形如图 3-24(b) 所示。

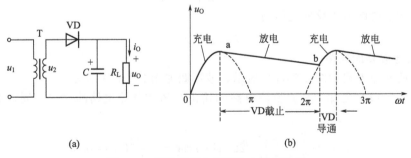

(a)　　　　　　　　　　(b)

图 3-24　半波整流电容滤波电路及波形

2. 桥式整流电容滤波电路

在桥式整流电路中加电容进行滤波与半波整流滤波电路工作原理是一样的，不同点是在 u_2 全周期内，电路中总有二极管导通，所以 u_2 对电容 C 充电两次，电容器向负载放电的时间缩短，输出电压更加平滑，平均电压值也自然升高。这里不再赘述。桥式整流电容滤波电路如图3-25所示。

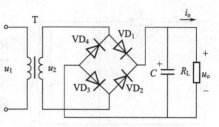

图 3-25　桥式整流电容滤波电路

3. 桥式整流电感滤波电路

利用储能元件电感器 L 的电流不能突变的性质，把电感 L 与整流电路的负载 R_L 相串联，也可以起到滤波的作用。桥式整流电感滤波电路如图 3-26(a) 所示。u_o 的波形如图 3-26(b) 所示。

当 u_2 正半周时，相应的一组两个二极管导电，电感中的电流将滞后 u_2。当负半周时，电感中的电流将经由另一组两个二极管提供。因桥式电路的对称性和电感中电流的连续性，四个二极管的导通角都是 180°

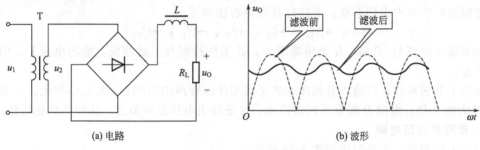

图 3-26　桥式整流电感滤波电路及波形

整流滤波输出的电压可以看成由直流分量和交流分量叠加而成。因电感线圈的直流电阻很小，交流电抗很大，故直流分量顺利通过，交流分量将全部降到电感线圈上，这样在负载 R_L 上得到比较平滑的直流电压。

电感滤波电路的输出电压为

$$U_o = 0.9U_2 \tag{3-24}$$

电感线圈的电感量越大，负载电阻越小，滤波效果越好，因此，电感滤波器适用于负载电流较大的场合。其缺点是电感量大、体积大、成本较高。

4. 复式滤波电路

LC、CLC 滤波电路［见图 3-27(a)、图 3-27(b)］适用于负载电流较大，要求输出电压脉动较小的场合。在负载较轻时，经常采用电阻替代笨重的电感，构成 CRC 滤波电路［见图 3-27(c)］，同样可以获得脉动很小的输出电压。但电阻对交、直流均有压降和功率损耗，故只适用于负载电流较小的场合。

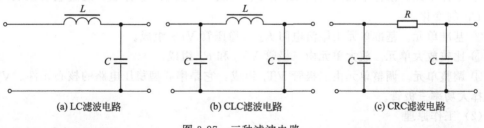

图 3-27　三种滤波电路

三、稳压电路

1. 硅稳压管稳压电路

（1）电路组成　稳压管稳压电路如图 3-28 所示。

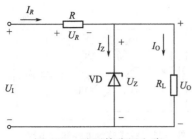

图 3-28 稳压管稳压电路

（2）工作原理

① 当稳压电路的输入电压 U_I 保持不变，负载电阻 R_L 增大时，输出电压 U_O 将升高，稳压管两端的电压 U_Z 上升，电流 I_Z 将迅速增大，流过 R 的电流 I_R 也增大，导致 R 上的压降 U_R 上升，从而使输出电压 U_O 下降。上述过程简单表述如下。

$$R_L \uparrow \rightarrow U_O \uparrow \rightarrow I_Z \uparrow \rightarrow I_R \uparrow$$
$$U_O \downarrow \leftarrow U_R \uparrow \leftarrow$$

如果负载 R_L 减小，其工作过程与上述相反，输出电压 U_O 仍保持基本不变。

② 当负载电阻 R_L 保持不变，电网电压下降，导致 U_I 下降时，输出电压 U_O 也将随之下降，但此时稳压管的电流 I_Z 急剧减小，则在电阻 R 上的压降减小，以此来补偿 U_I 的下降，使输出电压基本保持不变。上述过程简单表述如下。

$$U_I \downarrow \rightarrow U_O \downarrow \rightarrow I_Z \downarrow \rightarrow I_R \downarrow \rightarrow U_R \downarrow \rightarrow U_O \uparrow$$

如果输入电压 U_I 升高，R 上压降增大，其工作过程与上述相反，输出电压 U_O 仍保持基本不变。

由以上分析可知，硅稳压管稳压原理是利用稳压管两端电压 U_Z 的微小变化，引起电流 I_Z 的较大的变化，电阻 R 起电压调整作用，保证输出电压基本恒定，从而达到稳压作用。

2. 串联型稳压电路

（1）电路组成　电路组成如图 3-29 所示。

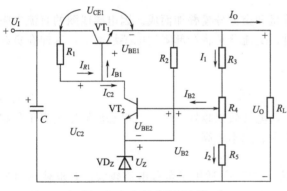

图 3-29　串联型稳压电路

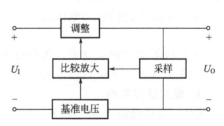

图 3-30　串联型稳压电源方框图

串联型稳压电源方框图如图 3-30 所示。

① 采样单元。采样单元由 R_3、R_4 和 R_5 组成，与负载 R_L 并联，通过它可以反映输出电压 U_O 的变化。

② 基准单元。基准单元由限流电阻 R_2 与稳压管 VD_Z 组成。

③ 比较放大单元。放大单元由三极管 VT_2 和 R_1 组成。

④ 调整单元。调整单元由三极管 VT_1 组成，它是串联型稳压电路的核心元件。VT_1 必须选择大功率三极管。

（2）工作原理

① 当负载 R_L 不变，输入电压 U_I 增加时，输出电压 U_O 有上升趋势，通过取样电阻的分压使比较放大管的基极电位 U_{B2} 上升，而比较放大管的发射极电压不变（$U_{E2} = U_Z$），因此 U_{BE2} 也上升，于是比较放大管导通能力增强，U_{C2} 下降，调整管导通能力减弱，调整管 VT_1 集射之间的电阻 R_{ce1} 增加，管压降 U_{CE1} 增大，使输出电压 U_O 下降，保证了 U_O 基本不

变。上述稳压过程表示如下。

$$U_I \uparrow \rightarrow U_O \uparrow \rightarrow U_{B2} \uparrow \rightarrow I_{B2} \uparrow \rightarrow I_{C2} \uparrow \rightarrow U_{C2} \downarrow \rightarrow U_{BE1} \downarrow \rightarrow I_{B1} \downarrow \rightarrow U_{CE1} \uparrow \rightarrow U_O \downarrow$$

当 U_I 减小时，稳压过程与上述过程相反。

② 当输入电压 U_I 不变，负载 R_L 减少时，引起输出电压 U_O 有减小趋势，则电路将产生下面调整过程。

$$R_L \downarrow \rightarrow U_O \downarrow \rightarrow U_{B2} \downarrow \rightarrow I_{B2} \downarrow \rightarrow I_{C2} \downarrow \rightarrow U_{C2} \uparrow \rightarrow U_{BE1} \uparrow \rightarrow I_{B1} \uparrow \rightarrow U_{CE1} \downarrow \rightarrow U_O \uparrow$$

由上分析可知，这是一个负反馈系统。正因为电路内有深度电压串联负反馈，所以才能使输出电压稳定。

③ 输出电压计算。图 3-29 所示稳压电路中有一个电位器 R_4 串接在 R_3 和 R_5 之间，可以通过调节 R_4 来改变输出电压 U_O。设计这种电路时要满足 $I_2 \gg I_{B2}$，因此，可以忽略 I_{B2}，$I_1 \approx I_2$，则

$$U_{B2} = U_O \frac{R_5 + R_4'}{R_3 + R_4 + R_5}$$

$$U_O = U_{B2} \frac{R_3 + R_4 + R_5}{R_5 + R_4'} = (U_Z + U_{BE2}) \frac{R_3 + R_4 + R_5}{R_5 + R_4'} \tag{3-25}$$

式中，U_Z 为稳压管的稳压值；U_{BE2} 为 VT_2 发射结电压；R_4' 为图 3-29 中电位器滑动触点下半部分的电阻值。

当 R_4 调到最上端时，输出电压为最小值，即

$$U_{Omin} = (U_Z + U_{BE2}) \frac{R_3 + R_4 + R_5}{R_4 + R_5}$$

当 R_4 调到最下端时，输出电压为最大值，即

$$U_{Omax} = (U_Z + U_{BE2}) \frac{R_3 + R_4 + R_5}{R_5} = \left(1 + \frac{R_3 + R_4}{R_5} \right)(U_Z + U_{BE2})$$

四、开关型稳压电源

串联型稳压电源由于调整管工作在输出特性的放大区，因此调整管的功耗大，需要加较大的散热片，增大了电源设备的体积和重量，并导致电源的效率降低。为了克服串联型稳压电源的这些缺点，在现代电子设备中（如彩色电视机、计算机等）广泛采用开关型稳压电源，它将直流电压通过半导体开关器件（调整管）先转换为高频脉冲电压，再经滤波得到纹波很小的直流输出电压。开关型稳压电源的调整管工作在开关状态，具有功耗小、效率高、体积小、重量轻等特点，因此得到迅速的发展和广泛的应用。

1. 开关型稳压电源结构框图

开关型稳压电源的结构框图如图 3-31 所示，由开关调整管、滤波器、比较放大、基准电压和脉宽调制器等环节组成。开关调整管是一个由脉冲控制的电子开关，当控制脉冲 u_{PO} 出现时，电子开关闭合，$u_{SO} = U_1$。无控制脉冲时，电子开关断开，$u_{SO} = 0$。开关的开通时间 t_{on} 与开关周期 T 之比称为脉冲电压 u_{SO} 的占空比（见图 3-32）。输出电压平均值的大小与占空比成正比

$$U_O = \frac{t_{on}}{T} U_1 \tag{3-26}$$

滤波器由电感和电容组成，对脉冲电压 u_{SO} 进行滤波，得到纹波很小的直流输出电压 U_O。输出电压 U_O 的取样电压与基准电压在比较放大环节中比较放大，其误差电压作为脉宽调制器的输入信号，自动调整控制输出脉冲电压的脉宽，达到稳定输出电压的目的。

2. 开关型稳压电源的原理图

图 3-33 所示为串联降压型开关稳压电源的原理图，电路主要元件的作用如下。

① 晶体管 VT_1 为开关调整管。

② R 和 VD_Z 组成基准电压电路，作为调整、比较的标准。

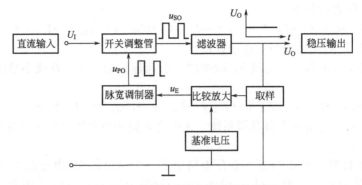

图 3-31　开关型稳压电源的结构框图

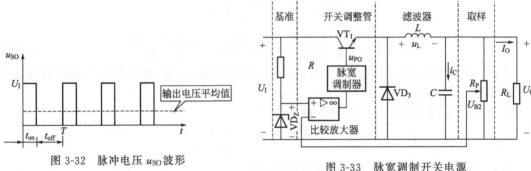

图 3-32　脉冲电压 u_{SO} 波形

图 3-33　脉宽调制开关电源

③ 电位器 R_P 对输出电压 U_O 取样，并送入比较放大器，与基准电压 U_Z 相比较。比较放大器可使用集成运放电路组成。

④ 滤波器由 L、C 和二极管 VD_3 组成，当开关管 VT_1 导通时，VT_1 向负载 R_L 供电，同时也为电感 L 和电容 C 充电，此时电感 L 储存能量。当控制信号使 VT_1 截止时，电感 L 储存的能量通过二极管 VD_3 向负载释放，电容 C 也同时向负载放电，使负载获得连续的工作电流。

3. 开关型稳压电源稳压原理

当输入电压 U_I 或负载 R_L 发生变化时，若引起输出电压 U_O 上升，导致取样电压 U_{B2} 增加，则比较放大电路输出电压下降，控制脉宽调制器的输出信号 u_{PO} 的脉宽变窄，开关调整管的导通时间减小，经滤波器滤波后使输出平均直流电压 U_O 下降。通过上述调整过程，使输出电压 U_O 基本保持不变。稳压过程如图 3-34 所示。

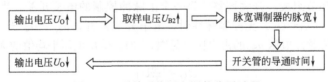

图 3-34　开关型稳压电源的稳压过程

同理，输出电压 U_O 降低时，脉宽调制器的输出信号 u_{PO} 的脉宽变宽，开关调整管的导通时间增加，使输出电压 U_O 基本保持不变。

综上分析，开关型稳压电源是通过调整脉冲的宽度（占空比）来保持输出电压 U_O 的稳定的，一般开关型稳压电源的开关频率在 $10\sim100\text{kHz}$ 之间，产生的脉冲频率较高，所需的滤波电容和电感的值就可相对减小，有利开关型稳压电源降低成本和减小体积。

技能训练三　串联型稳压电路

1. 实训目的及要求

掌握串联型晶体管稳压电源主要技术指标的测试方法。

2. 实训所需器材及材料

① 双踪示波器。　　　　② 交流毫伏表。　　　　③ 万用表。
④ 直流毫安表。　　　　⑤ 晶体三极管，3DG6×2(9011×2)，3DG12×1(9013×1)。
⑥ 晶体二极管 IN4007×4、稳压管 IN4735×1。　　⑦电阻器、电容器若干。

3. 实训原理及电路图

理解串联型稳压电路的稳压原理，电路图如图 3-35 所示。

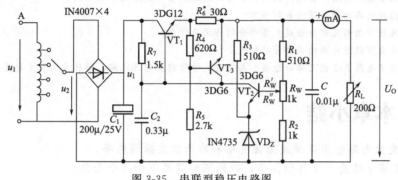

图 3-35　串联型稳压电路图

4. 训练内容与步骤

① 初测。稳压器输出端负载开路，断开保护电路，接入 16V 交流电，测量整流电路输入电压 U_2，滤波电路输出电压 U_I（稳压器输入电压）及输出电压 U_O。调节电位器 R_W，观察 U_O 的大小和变化情况，如果 U_O 能随 R_W 线性变化，说明稳压电路个反馈环路工作基本正常；否则，说明稳压电路有故障，因为稳压器是一个深负反馈的闭环系统，只要环路中任一个环节出现故障（某管截止或饱和），稳压器就会失去自动调节作用。此时可分别检查基准电压 U_Z、输入电压 U_I、输出电压 U_O 以及比较放大器和调整管各电极的电位（主要是 U_{BE} 和 U_{CE}），分析它们是否都工作在线性区，从而找出不能正常工作的原因。排除故障以后就可以进行下一步测试。

② 测量输出电压可调范围。接入负载，使稳压电路输出负载电流，再调节电位器，测量输出电压的可调范围，然后将电位器的滑动端调在中间位置附近，若输出电压的可调范围不满足要求，可适当调整 R_1 和 R_2 的值。

③ 测量各级静态工作点。调节输出电压、输出电流，测量各级静态工作点，记入表3-2中。

表 3-2　静态工作点测试数据表

测试项目	VT$_1$	VT$_2$	VT$_3$
U_B/V			
U_C/V			
U_E/V			

④ 调整过流保护电路。

a. 断开交流电源，接上保护回路，再接通工频电源，调节 R_W 及 R_L，使 $U_O=12V$，$I_O=100mA$，此时保护电路应不起作用。测出 VT$_3$ 管各极电位值。

b. 逐渐减小 R_L，使增加到 120mA，观察 U_O 是否下降，并测出保护起作用时 VT_3 管各极的电位值。

c. 用导线瞬时短接一下输出端，测量 U_O 值，然后去掉导线，检查电路是否自动回复正常工作（做好记录）。

5. 实训报告及要求

(1) 将实测值和理论估算值进行比较。

(2) 总结稳压及保护原理。

想一想，做一做

1. 说明串联型稳压电路中各元件的作用，它实质上依靠什么原理来稳压的？

2. 串联型稳压电路的稳压范围如何确定？

3. 直流电源通常由哪几部分组成？各部分的作用是什么？

4. 为什么开关型稳压电源的调整管功耗较小？

5. 开关型稳压电源主要由几部分组成？与普通晶体管稳压电源比较，稳压方法的主要差异是什么？

本章小结

① 波形发生电路分为正弦波振荡电路和非正弦波振荡电路。

正弦波振荡电路要产生自励振荡，必须同时满足下面两个条件。

a. 相位平衡条件 $\phi = \phi_A + \phi_F = 2n\pi (n = 0, 1, 2, 3, \cdots)$

b. 振幅平衡条件 $|\dot{A}\dot{F}| \geqslant 1$

② 正弦波振荡电路由放大电路、选频网络、正反馈网络、稳幅环节组成。正弦波振荡电路分为 RC 振荡电路、LC 振荡电路和石英晶体振荡电路。RC 振荡电路用 RC 串并联网络作为选频网络，并依靠稳压二极管来稳定振荡幅度和改善振荡波形。RC 振荡电路一般用在低频信号发生器。LC 振荡电路利用 LC 并联谐振回路作为选频网络。LC 振荡电路可分为变压器反馈式、电容反馈式和电感反馈式等。其中电容反馈式电路工作频率较高，振荡波形好，因而应用较广。石英晶体振荡电路利用石英晶体谐振器作为选频网络。石英晶体振荡电路有并联和串联两种，它的频率稳定性很高。

③ 稳压电源的种类很多。它们一般由变压器、整流、滤波和稳压电路等四部分组成，输出电压不受电网、负载及温度变化的影响，为各种精密电子仪表和家用电器正常工作提供能源保证。

硅稳压管稳压电路利用硅稳压管的稳压特性来实现负载两端电压稳定。这种电路只适用于输出电流较小、输出电压固定、稳压要求不高的场合；晶体管串联型稳压电源由于带有负反馈放大环节，故输出电压稳定且可在一定范围内可调，输出电流较大，但效率不高；三端稳压器既有固定式和可调式，又有正电压输出和负电压输出，性能稳定；开关电源的调整管工作在开关状态。它具有体积小、效率高、稳压范围宽的优点。但它高频泄漏较大，对周围电路有影响。

思考练习题

1. 如图 3-36 所示的桥式整流滤波电路 $U_2 = 20V$，$R_L = 40\Omega$，$C = 1000\mu F$，试问：

(1) 正常时，直流输出电压 U_o 为多少？

(2) 如果电路中有一个二极管开路，U_o 是否为正常值的一半？

(3) 测得直流输出电压 U_o 为下列数值时，可能是出了什么故障？

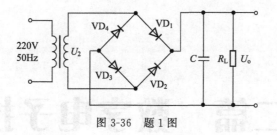

图 3-36　题 1 图

(a) $U_o = 18V$；　(b) $U_o = 28V$；　(c) $U_o = 9V$。

2. 判别图 3-37 所示电路能否产生正弦波振荡，并说明原因。

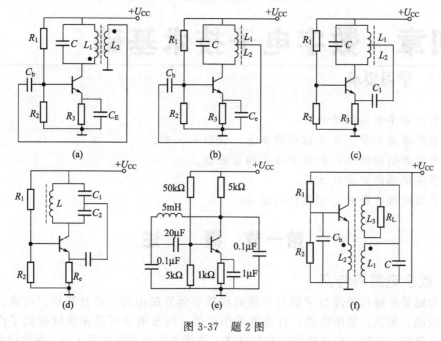

图 3-37　题 2 图

3. 用 CW7900 系列集成稳压器组成一个稳定电压为 -9V 的稳压电源，试画出该电路图。

第二篇 数字电子技术

第四章 数字电子技术基础

学习要求

1. 掌握数字电路的特点。
2. 掌握模拟信号、数字信号的概念、波形的区别。
3. 掌握数制的概念、表示方法及换算方法。
4. 掌握编码的概念及方法。
5. 掌握逻辑代数的定律及化简方法。

第一节 概 述

一、数字电路的特点

数字电路是传输和处理数字信号并能完成数字运算的电路。在计算机、电机、通信设备、自动控制、雷达、家用电器、日常电子小产品、汽车电子等许多领域得到了广泛的应用。数字电路的主要特点应从数字信号和电路工作状态两个方面加深认识。数字信号的显著特点就是在时间和数值上都是离散的。

二、模拟信号与数字信号的区别

电信号分为模拟信号和数字信号两类。模拟信号是由传感器采集得到的连续变化的值，例如温度、压力，以及目前在电话、无线电和电视广播中传输的声音和图像，如图 4-1(a)所示。数字信号则是模拟数据经量化后得到的离散的值，例如在计算机中用二进制代码表示的字符、图形、音频与视频数据，如图 4-1(b) 所示。

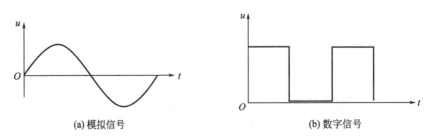

(a) 模拟信号   (b) 数字信号

图 4-1 模拟信号与数字信号

不同的数据必须转换为相应的信号才能进行传输。模拟数据一般采用模拟信号，例如用一系列连续变化的电磁波（如无线电与电视广播中的电磁波）或电压信号（如电话传输中的音频电压信号）来表示。数字数据则采用数字信号，例如用一系列断续变化的电压脉冲（可用恒定的正电压表示二进制数 1，用恒定的负电压表示二进制数 0）或光脉冲来表示。当模拟信号采用连续变化的电磁波来表示时，电磁波本身既是信号载体，同时又作为传输介质。而当模拟信号采用连续变化的信号电压来表示时，它一般通过传统的模拟信号传输线路（例如电话网、有线电视网）来传输。当数字信号采用断续变化的电压或光脉冲来表示时，一般则需要用双绞线、电缆或光纤介质将通信双方连接起来，才能将信号从一个节点传到另一个节点。

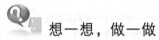 **想一想，做一做**

生活中哪些信号属于模拟信号？哪些属于数字信号？请举例说明。

第二节　数制与编码

一、数制的概念

数制就是计数的制度。按照进位方式计数的数制叫进位计数制。用数码表示数量的多少称为计数，而用何种方法来计数则是计数体制问题。在日常生活及生产中广泛使用的计数体制是十进制，而在数字系统中讨论的是用电路实现逻辑关系的问题，采用的是二进制计数体制。二进制数太长会使计数不方便，故经常采用八进制和十六进制进行辅助计数。

进位计数涉及两个基本问题：基数和各数位的权。某进位制的基数是指该进制中允许选用的基本数码的个数，例如，最常用的十进制数，它的特点是逢十进一，即满 10 时向高位进 1。它的每个数位上允许选用的数字是 0、1、2、3、4、5、6、7、8、9，所以十进制的基数为 10。一个数码处在数的不同位置时，它所代表的数值是不同的，例如，在十进制数中，数字 5 在十位数位置上时表示 50，即 5×10；在百位数位置上时表示 500，即 5×10^2；在小数点后第 1 位则表示 0.5，即 5×10^{-1}。可见，每个数码所表示的数值等于该数码乘以一个与数码所在位置有关的常数，这个常数叫做权。权的大小是以基数为底、数码所在位置的序号为指数的整数次幂，例如，十进制数的个位数位置上的权为 10^0，十位数位置上的权为 10^1，千位数位置上的权为 10^3，小数点后第 2 位的权为 10^{-2}。十进制数据 768.52 可以表示为：

$$(768.52)_{10} = 7 \times 10^2 + 6 \times 10^1 + 8 \times 10^0 + 5 \times 10^{-1} + 2 \times 10^{-2}$$

一般而言，基数为 R 的进制数可以表示成

$$a_n a_{n-1} a_{n-2} \cdots a_0 a_{-1} a_{-2} \cdots a_{-m}（其中，n 为整数位数，m 为小数位数）$$

也可以表示成和式：

$$a_n \times R^n + a_{n-1} \times R^{n-1} + \cdots + a_0 \times R^0 + a_{-1} \times R^{-1} + a_{-m} \times R^{-m}$$

学习数制，必须首先掌握数码、基数和位权这三个概念。

1. 数码

数码是数制中表示基本数值大小的不同数字符号，例如，十进制有 10 个数码：0、1、2、3、4、5、6、7、8、9。

2. 基数

基数是数制所使用数码的个数，例如，二进制的基数为 2，十进制的基数为 10。

3. 位权

位权是数制中某一位上的 1 所表示数值的大小，例如，十进制的 123，1 的位权是 100，2 的位权是 10，3 的位权是 1。

二、不同数制之间的转换

1. 二进制数与十进制数的相互转换

(1) 二进制数转换成十进制数　采用按权展开法。

$$(N)_2 = b_n \times 2^n + b_{n-1} \times 2^{n-1} + \cdots + b_0 \times 2^0 + b_{-1} \times 2^{-1} + \cdots + b_{-m} \times 2^{-m}$$

例如：$(1101.11)_2 = 1 \times 2^3 + 1 \times 2^2 + 0 \times 2^1 + 1 \times 2^0 + 1 \times 2^{-1} + 1 \times 2^{-2} = (13.75)_{10}$

(2) 十进制数转换成二进制数　整数部分和小数部分分别转换。

① 十进制整数转换成二进制整数。可以采取"除以 2 取余法"，例如将十进制数 56、57 转换成二进制数，过程如下。

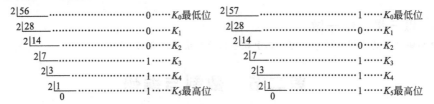

结果分别是 $(111000)_2$ 和 $(111001)_2$。

再看下面两个例子。同样由上述方法可得：$(127)_{10} = (1111111)_2$，1111111 是最大的七位二进制数，相当于十进制的 127；$(255)_{10} = (11111111)_2$，11111111 是最大的八位二进制数，相当于十进制的 255。这有什么用处呢？我们知道，PC 机中由 8 个二进制位构成一个字节（byte），而字节是计算机中存储信息的最小、最基本的单位，从最小的 00000000 到最大的 11111111，即一个字节可以有 256 个值（十进制中的 0、1、2、3…用 PC 机中的字节来表示就是：00000000、00000001、00000010、00000011…）。一个字节也可以表示由 8 个二进制位构成的其他信息。一个字节可存放一个半角英文字符的编码（ASCII 码）。两个字节可放一个汉字编码，一个汉字至少需要两个字节或两个字符来表示。这里所说的字符是指 ASCII 码字符，即半角下的英文字母、数字或其他符号。访问网络上的节点或站点时，需要用到网址，而网址有两种表示方法，一种是域名地址；一种是 IP 地址，即直接的数字地址，地址由 4 段组成，中间用点号隔开。每一段在机内都用一个字节表示，因此其最大数为 255.255.255.255。因为 IP 地址与计算机是一一对应的，采用这种方法，国际互联网就可以容纳 $255 \times 255 \times 255 \times 255 = 4228250625$ 台电脑。

② 十进制小数转换成二进制小数。可以采用"乘以 2 取整法"，把给定的十进制小数乘以 2，把乘积的整数部分作为二进制小数的最高位，然后把乘积的小数部分再乘以 2，再取乘积的整数部分作为二进制小数的第二位，依次类推。有时只能得到近似值。例如把 $(0.875)_{10}$ 和 $(0.73)_{10}$ 分别转换成二进制数，可看以下的计算过程：

$0.875 \times 2 = 1.750$　　　整数部分 $= 1 \cdots\cdots K_{-1}$ 最高位

$0.750 \times 2 = 1.500$　　　整数部分 $= 1 \cdots\cdots K_{-2}$

$0.500 \times 2 = 1.000$　　　整数部分 $= 1 \cdots\cdots K_{-3}$ 最低位

可见，$(0.875)_{10} = (0.111)_2$。

$0.73 \times 2 = 1.46$　　　整数部分 $= 1 \cdots\cdots K_{-1}$ 最高位

$0.46 \times 2 = 0.92$　　　整数部分 $= 0 \cdots\cdots K_{-2}$

$0.92 \times 2 = 1.84$　　　整数部分 $= 1 \cdots\cdots K_{-3}$

$0.84 \times 2 = 1.68$　　　整数部分 $= 1 \cdots\cdots K_{-4}$ 最低位

可见，$(0.73)_{10} = (0.1011)_2$。

2. 八进制与二进制数之间的转换

八进制就是逢八进一的数制，八个基数是：0、1、2、3、4、5、6、7。

（1）八进制数转换成二进制数 八进制数转换成二进制数，只要把每个八进制数写成相对应的三位二进制数即可。其对应关系见表 4-1。

表 4-1 二、八进制数对应关系表

八进制数	0	1	2	3	4	5	6	7
二进制数	000	001	010	011	100	101	110	111

例如：

$$(2405)_8 = (010\ 100\ 000\ 101)_2 = (10100000101)_2$$
$$(32.26)_8 = (011\ 010.010\ 110)_2 = (11\ 010.010\ 11)_2$$

（2）二进制数转换成八进制数 二进制数转换成八进制数，整数部分从低位向高位方向每三位用一个等值的八进制数来替换，不足三位时在高位用零补足；小数部分从高位向低位方向每三位用一个等值的八进制数来替换，不足三位时在低位用零补足，例如：

$$(10001)_2 = (010\ 001)_2 = (21)_8$$
$$(1011.10101)_2 = (001\ 011.101\ 010)_2 = (13.52)_8$$

3. 十六进制与二进制数之间的转换

十六进制就是逢十六进一的数制，十六个基数是：0、1、2、3、4、5、6、7、8、9、A、B、C、D、E、F。

（1）十六进制数转换成二进制数 十六进制数转换成二进制数，只要把每个十六进制数写成相对应的四位二进制数即可。其对应关系如表 4-2 所示，例如：

表 4-2 二、十六进制数对应关系表

十六进制数	0	1	2	3	4	5	6	7	8	9	A	B	C	D	E	F
二进制数	0000	0001	0010	0011	0100	0101	0110	0111	1000	1001	1010	1011	1100	1101	1110	1111

$$(50C)_{16} = (0101\ 0000\ 1100)_2 = (10100001100)_2$$
$$(69.0D)_{16} = (0110\ 1001.0000\ 1101)_2 = (1101001.00001101)_2$$

（2）二进制数转换成十六进制数 二进制数转换成十六进制数，整数部分从低位向高位方向每四位用一个等值的十六进制数来替换，不足四位时在高位上用零补足；小数部分从高位向低位方向每四位用一个等值的十六进制数来替换，不足四位时在低位上用零补足，例如：

$$(1110100)_2 = (0111\ 0100)_2 = (74)_{16}$$
$$(101011.101011)_2 = (0010\ 1011.1010\ 1100)_2 = (2B.AC)_{16}$$

以二进制为媒介，可以在不同进制之间进行任意数的转换。

三、编码

1. 编码定义

编码就是用预先规定的方法将文字、数字或其他对象编成数码，或将信息、数据转换成规定的电脉冲信号。编码在电子计算机、电视、遥控和通信等方面广泛使用。常用编码为 8421BCD 码，又称 BCD（binary coded decimal）码或二、十进制代码，也称二进码十进数，是一种二进制的数字编码形式，用二进制编码十进制代码。这种编码形式利用了四个位元来储存一个十进制的数码，使二进制和十进制之间的转换得以快捷地进行。这种编码技巧最常用于会计系统的设计里，因为会计制度经常需要对很长的数字串进行准确的计算。相对于一般的浮点式记数法，采用 BCD 码，既可保存数值的精确度，又可免除使电脑进行浮点运算时所耗费的时间。此外，对于其他需要高精确度的计算，BCD 编码也很常用。

2. 常用编码方式

最常用的 BCD 编码就是使用 0～9 这十个数值的二进码来表示。这种编码方式称为

"8421 码"。除此以外，对应不同需求，也开发了不同的编码方法，以适应不同的需求。这些编码大致可以分成有权码和无权码两种：有权 BCD 码，如 8421（最常用）、5421 等；无权 BCD 码，如余 3 码、格雷码等。

表 4-3 示出的为四种常见的 BCD 编码的比较。

表 4-3　常见的 BCD 编码表

十进制数	8421 码	5421 码	余 3 码	格雷码
0	0000	0000	0011	0000
1	0001	0001	0100	0001
2	0010	0010	0101	0011
3	0011	0011	0110	0010
4	0100	0100	0111	0110
5	0101	1000	1000	0111
6	0110	1001	1001	0101
7	0111	1010	1010	0100
8	1000	1011	1011	1100
9	1001	1100	1100	1000

(1) 8421BCD 码　8421BCD 码是一种应用十分广泛的代码，就是将十进制的数以 8421 的形式展开成二进制。十进制是 0～9 十个数组成，这十个数每个数都有自己的 8421 码，见表 4-3，举个例子：321 的 8421BCD 码就是

$$3 \qquad 2 \qquad 1$$
$$0011 \quad 0010 \quad 0001$$

8421BCD 码是十位二进制码，也就是将十进制的数字转化为二进制，但是和普通的转化有一点不同，每一个十进制的数字（0～9）都对应着一个四位的二进制码，对应关系如下：十进制 0 对应 二进制 0000；十进制 1 对应二进制 0001；……；9 对应 1001。接下来的 10 就由两个上述的码来表示，10 表示为 00010000，也就是 BCD 码遇见 1001 就产生进位，不像普通的二进制码，到 1111 才产生进位。

(2) 5421 码　和 8421BCD 码一样，5421 码也是恒权码。从高位到低位的权值分别是 5、4、2、1，用四位二进制数表示十进制数，每组代码各位加权系数的和为其表示的十进制数。

(3) 余 3 码　这种代码没有固定的权值，称为无权码。它是由 8421BCD 码加 3（0011）形成的，所以称为余 3BCD 码，它也是由四位二进制数表示四位十进制数。

(4) 格雷码　格雷码是一种无权码。它的特点是相邻两组代码之间只有一位代码不同，其余各位都相同，而 0 和最大数 9 两组代码之间也只有一位代码不同。因此它是循环码。格雷码作为计数器计数时，计数器的每次状态更新也只有一位代码变化，这与其他代码同时改变两位或更多位的情况相比，工作更可靠。

 想一想，做一做

1. 简述十进制数与二进制数、八进制数和十六进制数相互转换的方法。
2. 简述编码的意义。
3. 格雷码的特点是什么？为什么说它是可靠性代码？

第三节　逻 辑 代 数

逻辑代数，也称布尔代数，是用于描述客观事物逻辑关系的数学工具，是英国数学家乔治布尔（george boole）于 1849 年创立的。在当时，这种代数纯粹是一种数学游戏，自然没

有物理意义，也没有现实意义。在其诞生 100 多年后才发现其应用和价值。

逻辑代数是按一定的逻辑关系进行运算的代数，是分析和设计数字电路的数学工具。在逻辑代数中，只有 0 和 1 两种逻辑值，有与、或、非三种基本逻辑运算，还有与或、与非、与或非、异或、同或五种导出逻辑运算。

事物往往存在两种对立的状态，在逻辑代数中可以抽象表示为 0 和 1，称为逻辑 0 状态和逻辑 1 状态。逻辑代数中的变量称为逻辑变量，用大写字母表示。逻辑变量的取值只有两种，即逻辑 0 和逻辑 1。0 和 1 称为逻辑常量，并不表示数量的大小，而是表示两种对立的逻辑状态。

一、逻辑代数的基本运算

逻辑代数的运算规则也不同于普通的运算规则，它有三个基本的运算——与、或、非。

1. 与逻辑

与逻辑又叫做逻辑乘，下面通过开关的工作状态加以说明。

从图 4-2(a) 可以看出，当开关有一个断开时，灯泡处于灭的状态，仅当两个开关同时合上时，灯泡才会亮。于是可以将与逻辑的关系速记为：有 0 出 0，全 1 出 1。

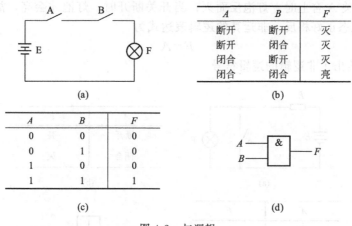

A	B	F
断开	断开	灭
断开	闭合	灭
闭合	断开	灭
闭合	闭合	亮

(a)　　　　　　　　　　(b)

A	B	F
0	0	0
0	1	0
1	0	0
1	1	1

(c)　　　　　　　　　　(d)

图 4-2　与逻辑

图 4-2(b) 列出了两个开关的所有组合，以及此组合下对应灯泡状态的情况，用 0 表示开关处于断开状态，1 表示开关处于合上的状态；同时灯泡的状态用 0 表示灭，用 1 表示亮，见图 4-2(c)。这种包含了所有输入组合情况和对应输出的取值的表格称为真值表。真值表是逻辑代数中描述逻辑关系的重要表达方式。

图 4-2(d) 给出了与逻辑关系的逻辑符号，该符号表示了两个输入的逻辑关系，& 代表英文 AND，如果开关有三个，则符号的左边再加上一道线就行了。

逻辑与的关系还可以用表达式的形式表示为

$$F = A \cdot B \tag{4-1}$$

上式在不造成误解的情况下可简写为：$F = AB$。

2. 或逻辑

或逻辑又叫做逻辑加，下面通过开关的工作状态加以说明。

图 4-3(a) 为一两个开关并联的直流电路，当两只开关都处于断开时，灯泡不会亮；当 A、B 两个开关中有一个或两个一起合上时，灯泡就会亮。如开关合上的状态用 1 表示，开关断开的状态用 0 表示；灯泡的状态亮时用 1 表示，不亮时用 0 表示，则可列出图 4-3(b) 所示的真值表。这种逻辑关系就是通常讲的或逻辑，从表中可看出，只要输入 A、B 两个中有一个为 1，则输出为 1，否则为 0。所以或逻辑可速记为：有 1 出 1，全 0 出 0。

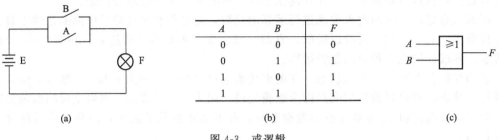

(a)　　　　　　　　　　(b)　　　　　　　　　　(c)

图 4-3　或逻辑

图 4-3(c) 为或逻辑的逻辑符号，后面通常用该符号来表示或逻辑，方块中的 ≥1 表示输入中有一个或一个以上的 1，输出就为 1。

逻辑或的表达式为

$$F=A+B \tag{4-2}$$

3. 非逻辑

非逻辑又常称为反相运算。图 4-4(a) 所示的电路实现的逻辑功能就是非运算的功能，可以看出，当开关 A 合上时，灯泡反而灭；当开关断开时，灯泡才会亮，故其输出 F 的状态与输入 A 的状态正好相反。非运算的逻辑表达式为

$$F=\overline{A} \tag{4-3}$$

图 4-4(d) 给出了非逻辑的逻辑符号。

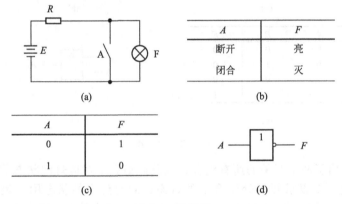

(a)　　　　　　　　　　(b)

(c)　　　　　　　　　　(d)

图 4-4　非逻辑

二、逻辑代数的复合运算

在数字系统中，除了与运算、或运算、非运算之外，还有一些通过这三种运算派生出来的运算，这些运算通常称为复合运算。常见的复合运算有与非、或非、与或非、同或及异或等。

1. 与非逻辑

与非逻辑是由与、非逻辑复合而成的。其逻辑可描述为：输入全部为 1 时，输出为 0；否则始终为 1。图 4-5 为与非运算的真值表和逻辑符号。

与非逻辑表达式可写为

$$F=\overline{AB} \tag{4-4}$$

2. 或非逻辑

或非逻辑是由或、非逻辑复合而成的。其逻辑可描述为：输入全部为 0 时，输出为 1；否则始终为 1。图 4-6 为或非运算的真值表和逻辑符号。

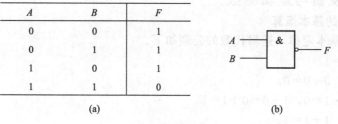

A	B	F
0	0	1
0	1	1
1	0	1
1	1	0

(a)　　　　　　　　　　　(b)

图 4-5　与非逻辑

或非逻辑表达式可写为

$$F=\overline{A+B} \tag{4-5}$$

3. 与或非逻辑

与或非逻辑是由与、或、非逻辑复合而成的。图 4-7 为与或非的逻辑符号，A、B 相与后输出到或运算，成为其输入，同时 C、D 也相与后输出到或逻辑的输入，这两个输出再进行或运算，后进行非运算，最后输出。

图 4-7 所示的与或非的逻辑表达式为

$$F=\overline{AB+CD} \tag{4-6}$$

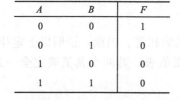

A	B	F
0	0	1
0	1	0
1	0	0
1	1	0

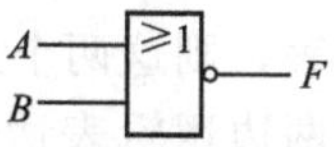

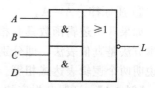

图 4-6　或非逻辑　　　　　　　　　图 4-7　与或非的逻辑符号

4. 异或逻辑

图 4-8 中的符号"=1"表示当两个输入中只有一个为 1 时，输出为 1；否则为 0。异或运算的逻辑表达式为

$$F=\overline{A}B+A\overline{B}=A\oplus B \tag{4-7}$$

符号"$\oplus$"读异或。

A	B	F
0	0	0
0	1	1
1	0	1
1	1	0

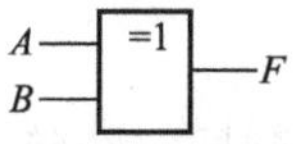

A	B	F
0	0	1
0	1	0
1	0	0
1	1	1

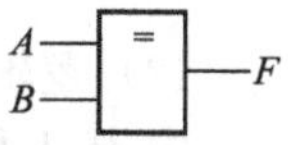

图 4-8　异或逻辑　　　　　　　　　图 4-9　同或逻辑

5. 同或逻辑

图 4-9 所示为同或的逻辑关系，从图中可以看出，同或实际上是异或的非逻辑，下表也说明了其两者非的逻辑关系。

同或运算的逻辑表达式为

$$F=AB+\overline{A}\,\overline{B}=A\odot B \tag{4-8}$$

符号"$\odot$"读同或。

通过上面的真值表可以看出，异或和同或互为非运算。

三、逻辑变量与逻辑函数

1. 逻辑代数的基本运算

（1）公理和基本定律　逻辑代数的公理如下。

① $\overline{1}=0$，$\overline{0}=1$。

② $1 \cdot 1=1$，$0+0=0$。

③ $1 \cdot 0=0 \cdot 1=0$，$1+0=0+1=1$。

④ $0 \cdot 0=0$，$1+1=1$。

⑤ 如果 $A \neq 0$，则 $A=1$；如果 $A \neq 1$，则 $A=0$。

这些公理符合逻辑推理，不证自明。

逻辑代数的基本定理如下。

① 交换律。$AB=BA$，$A+B=B+A$。

② 结合律。$A(BC)=(AB)C$，$A+(B+C)=(A+B)+C$。

③ 分配律。$A(B+C)=AB+AC$，$A+BC=(A+B)(A+C)$。

④ 01律。$1 \cdot A=A$，$0+A=A$，$0 \cdot A=0$，$1+A=1$。

⑤ 互补律。$A\overline{A}=0$，$A+\overline{A}=1$。

⑥ 重叠律。$AA=A$，$A+A=A$。

⑦ 反演律（摩根定律）。$\overline{AB}=\overline{A}+\overline{B}$；$\overline{A+B}=\overline{A}\,\overline{B}$。

⑧ 还原律。$\overline{\overline{A}}=A$。

如果两个逻辑函数具有相同的真值表，则这两个逻辑函数相等。因此，证明以上定律的基本方法是真值表法，即分别列出等式两边逻辑表达式的真值表，若两个真值表完全一致，就说明两个逻辑表达式相等。

【例 4-1】　证明摩根定律：$\overline{A \cap B}=\overline{A}+\overline{B}$。

解： 等式两边的真值表如表 4-4 所示，完全相同，所以等式成立。

表 4-4　**【例 4-1】的真值表**

A	B	$\overline{A \cap B}$	$\overline{A}+\overline{B}$
0	0	1	1
0	1	1	1
1	0	1	1
1	1	0	0

（2）逻辑代数的三个基本规则

① 代入规则。将一个逻辑函数表达式代入到同一个等式两边同一个变量的位置，该等式仍然成立，例如有等式 $\overline{AB}=\overline{A}+\overline{B}$，若用 BC 去取代变量 B，则等式左边 $\overline{ABC}=\overline{A}+\overline{B}+\overline{C}$，等式右边 $\overline{A}+\overline{BC}=\overline{A}+\overline{B}+\overline{C}$，显然等式仍然成立。

② 反演规则。将一个逻辑函数 Y 中的"·"换成"+"，"+"换成"·"，0换成1，1换成0，原变量换成反变量，反变量换成原变量，所得到的逻辑函数表达式就是逻辑函数 Y 的反函数。反演定理又称为摩根定理，例如 $Y=A\overline{B}+\overline{A}B$，则 $\overline{Y}=(\overline{A}+B)(A+\overline{B})$。

应用反演规则时应注意，不在一个变量上的非号应保持不变，例如 $Y=D\,\overline{A}+\overline{D}+C$，则 $\overline{Y}=\overline{D}+\overline{\overline{\overline{A}}DC}$。

③ 对偶规则。对于一个逻辑表达式 F，如果将 F 中的与"·"换成或"+"，或"+"换成与"·"，1换成0，0换成1，那么就得到一个新的逻辑表达式，这个新的表达式称为

F 的对偶式 F'。

变换时要注意变量和原表达式中的优先顺序应保持不变，例如 $F=A(B+C)$，则对偶式 $F'=A+BC$；又如 $F=(A+0)(B \cdot 1)$，则对偶式 $F'=A \cdot 1+(B+0)$。

所谓对偶规则，是指当某个恒等式成立时，则其对偶式也成立。如果两个逻辑表达式相等，那么它们的对偶式也相等，即若 $F=G$，则 $F'=G'$。

（3）常用公式 利用上面的公理、定律、规则可以得到一些常用的公式，掌握这些常用公式，对逻辑函数的化简很有帮助。

① 吸收律。

$$A+AB=A, A(A+B)=A,$$
$$A+\overline{A}B=A+B, A(\overline{A}+B)=AB$$

② 还原律。

$$AB+A\overline{B}=A, (A+B)(A+\overline{B})=A$$

③ 冗余律。

$$AB+\overline{A}C+BC=AB+\overline{A}C$$

证明：

$$AB+\overline{A}C+BC=AB+\overline{A}C+BC(A+\overline{A})=AB+\overline{A}C+ABC+\overline{A}BC$$
$$=(AB+ABC)+(\overline{A}C+\overline{A}BC)=AB+\overline{A}C$$

推论：

$$AB+\overline{A}C+BCDE=AB+\overline{A}C$$

2. 逻辑函数的表示方法

逻辑函数的表示方法主要有逻辑函数表达式（简称逻辑表达式或表达式）、真值表、卡诺图、逻辑图等。

（1）逻辑函数表达式 用与、或、非等逻辑运算表示逻辑变量之间关系的代数式叫逻辑函数表达式，例如：$F=A+B$，$G=AB+C+D$ 等。

（2）真值表 在前面的论述中，已经多次用到真值表。描述逻辑函数各个变量的取值组合和逻辑函数取值之间对应关系的表格叫真值表。每一个输入变量有 0 和 1 两个取值，n 个变量就有 2^n 个不同的取值组合，如果将输入变量的全部取值组合和对应的输出函数值一一对应地列举出来，即可得到真值表。

【例 4-2】 列出函数 $F=A\overline{B}+\overline{A}C$ 的真值表。

解：该函数有三个输入变量，共有 $2^3=8$ 种输入取值组合，分别将它们代入逻辑函数表达式，并进行求解，可得到相应的输出函数值。将输入、输出值一一对应列出，即可得到如表 4-5 所示的真值表。

表 4-5 【例 4-2】的真值表

A	B	C	F
0	0	0	0
0	0	1	1
0	1	0	0
0	1	1	1
1	0	0	1
1	0	1	1
1	1	0	0
1	1	1	0

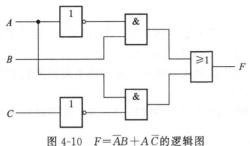

图 4-10　$F=\overline{A}B+A\overline{C}$ 的逻辑图

注意：在列真值表时，输入变量的取值组合应按照二进制递增的顺序排列，这样做既不易遗漏，也不会重复。

（3）卡诺图　卡诺图是图形化的真值表。如果把各种输入变量取值组合下的输出函数值填入一种特殊的方格图中，即可得到逻辑函数的卡诺图。

（4）逻辑图　由逻辑符号表示的逻辑函数的图形叫做逻辑电路图，简称逻辑图，例如，$F=\overline{A}B+A\overline{C}$ 的逻辑图如图 4-10 所示。

3. 逻辑函数的化简

在实际问题中，直接根据逻辑要求而归纳逻辑函数是比较复杂的，它含有较多的逻辑变量和逻辑运算符。逻辑函数的表达式并不是唯一的，它可以写成各种不同的形式，因此，实现同一种逻辑关系的数字电路也可以有很多种。为了提高数字电路的可靠性，尽可能减少所用的元器件数，希望得到逻辑函数最简单的表达式，这就需要通过化简的方法找出逻辑函数的最简形式，例如，下面为同一逻辑函数的两个不同表达式：

$$F_1=\overline{A}B+B+A\overline{B}$$
$$F_2=A+B$$

显然，F_2 比 F_1 简单得多。

在各种逻辑函数表达式中，最常用的是与或表达式，由它很容易推导出其他形式的表达式。与或表达式就是用逻辑函数的原变量和反变量组合成多个逻辑乘积项，再将这些逻辑乘积项逻辑相加而成的表达式，例如，$F=AB+AC+BC$ 就是与或表达式。所谓化简，一般就是指化为最简的与或表达式。判断与或表达式是否最简的条件如下。

① 逻辑乘积项最少。

② 每个乘积项中变量最少。

化简逻辑函数的方法，最常用的有公式法和卡诺图法。

（1）逻辑函数的公式化简法

① 并项法。利用公式 $A+\overline{A}=1$，将两项合并为一项，并消去一个变量，例如

$$ABC+A\overline{B}C=BC(A+\overline{A})=BC$$

② 吸收法。利用公式 $A+AB=A$，吸收掉多余的项，例如

$$\overline{A}+\overline{A}\,\overline{B}C=\overline{A}$$
$$\overline{A}B+\overline{A}\,\overline{B}\,\overline{C}(D+\overline{E})=\overline{A}B$$

③ 消去法。利用公式 $A+\overline{A}B=A+B$，消去多余的因子，例如

$$AB+\overline{A}C+\overline{B}C=AB+(\overline{A}+\overline{B})C=AB+\overline{AB}C=AB+C$$

④ 配项法。利用公式 $A=A(B+\overline{B})$，先添上 $B+\overline{B}$ 作配项用，以便消去更多的项，例如

$$F=A\overline{B}+B\overline{C}+\overline{B}C+\overline{A}B=A\overline{B}+B\overline{C}+\overline{B}C(A+\overline{A})+\overline{A}B(C+\overline{C})$$
$$=A\overline{B}+B\overline{C}+A\overline{B}C+\overline{A}\,\overline{B}C+\overline{A}BC+\overline{A}B\overline{C}$$
$$=(A\overline{B}+A\overline{B}C)+(B\overline{C}+\overline{A}B\overline{C})+(\overline{A}\,\overline{B}C+\overline{A}BC)=A\overline{B}+B\overline{C}+\overline{A}C$$

若配前两项，后两项不动，则

$$F=A\overline{B}(C+\overline{C})+(A+\overline{A})B\overline{C}+\overline{B}C+\overline{A}B=A\overline{B}+B\overline{C}+\overline{A}B$$

由此可见，公式法化简的结果并不是唯一的。如果两个结果形式（项数、每项中变量数）相同，则两者均正确，可以验证两者逻辑相等。

【例 4-3】　化简函数 $Y=\overline{\overline{ABC}+ABD}+BE+\overline{(DE+A\overline{D})\overline{B}}$。

解：$Y = \overline{ABC + ABD + BE + (DE + A\overline{D})\overline{B}} = \overline{B(AC + AD + E)} + \overline{DE + A\overline{D}} + B$

$= \overline{B} + \overline{AC} + \overline{AD} + \overline{E} + \overline{DE} + \overline{A\overline{D}} + B = 1$

【例 4-4】 用公式法化简 $Y = \overline{\overline{A + B}\ ABC\ \overline{A}\ \overline{C}}$。

解：$\overline{Y} = \overline{A + B}\ ABC\ \overline{A}\ \overline{C} = A + B + ABC + \overline{A}\ \overline{C} = A + B + \overline{A}\ \overline{C} = A + B + \overline{C}$

那么，$Y = \overline{A + B + \overline{C}} = \overline{A}\ \overline{B}C$

（2）逻辑函数的卡诺图化简法

① 最小项。卡诺图就是将逻辑函数变量的最小项按一定规则排列出来，构成的正方形或矩形的方格图。卡诺图分成若干个小方格，每个小方格填入一个最小项，按一定的规则把小方格中所有的最小项进行合并处理，就可得到简化的逻辑函数表达式，这就是卡诺图化简法。在介绍该方法之前，先说明一下最小项的基本概念及最小项表达式。

在 n 变量的逻辑函数中，若与或表达式的乘积项包含了 n 个因子，且 n 个因子均以原变量或反变量的形式在乘积中出现一次，则称这样的乘积项为逻辑函数的最小项，例如三变量的逻辑函数 A、B、C 可以组成很多种乘积项，但符合最小项定义的有 $\overline{A}\ \overline{B}\ \overline{C}$、$\overline{A}\ \overline{B}C$、$\overline{A}B\overline{C}$、$\overline{A}BC$、$A\overline{B}\ \overline{C}$、$A\overline{B}C$、$AB\overline{C}$、$ABC$ 八项，这八项称为这个逻辑函数的最小项。这八个乘积项具有以下特点：每个乘积项包括三个变量；每个变量都以原变量（A、B、C）或反变量（$\overline{A}$、$\overline{B}$、$\overline{C}$）的形式在每个乘积项中出现且仅出现一次。这八个乘积项即三变量函数的最小项。

推而广之，对于有 n 个变量的逻辑函数，如果其与或表达式中的每个乘积项都包含 n 个因子，而这 n 个因子分别为 n 个变量的原变量或反变量，并且每个变量在乘积项中出现且仅出现一次，那么这样的乘积项就称为逻辑函数的最小项。n 个变量的逻辑函数，就有 2^n 个最小项。为了方便，常用最小项编号 m_i 的形式表示最小项，其中 m 代表最小项，i 表示最小项的编号。i 是 n 变量取值组合排成的二进制所对应的十进制数，变量以原变量形式出现视为 1，以反变量形式出现视为 0，例如 $\overline{A}\ \overline{B}\ \overline{C}$ 记为 m_0，$\overline{A}\ \overline{B}C$ 记为 m_1，$\overline{A}B\overline{C}$ 记为 m_2 等。表 4-6 给出了三变量的最小项编号表。

表 4-6　三变量的最小项编号表

序　号	A	B	C	最　小　项	编　号
0	0	0	0	$\overline{A}\ \overline{B}\ \overline{C}$	m_0
1	0	0	1	$\overline{A}\ \overline{B}C$	m_1
2	0	1	0	$\overline{A}B\overline{C}$	m_2
3	0	1	1	$\overline{A}BC$	m_3
4	1	0	0	$A\overline{B}\ \overline{C}$	m_4
5	1	0	1	$A\overline{B}C$	m_5
6	1	1	0	$AB\overline{C}$	m_6
7	1	1	1	ABC	m_7

由表 4-6 可以看出，最小项具有下列性质。

a. 对于任意一个最小项，只有变量的一组取值使得它的值为 1，而取其他值时，这个最小项的值都为 0。不同的最小项，使它的值为 1 的那一组变量取值也不同，例如最小项 $\overline{A}B\overline{C}$，只有在变量取值为 010 时，其值为 1，其他 7 组取值下，其值都为 0；而对于最小项 $AB\overline{C}$，只有在变量的取值为 110 时，其的值才为 1。

b. 对于同一个变量取值，任意两个最小项的乘积恒为 0。因为在相同的变量取值下，不可能使两个不相同的最小项同时取 1 值。

c. 任意取值的变量条件下，全体最小项的和为 1。

d. 若两个最小项只有一个因子不同，则称它们为相邻最小项。相邻最小项合并（相加），可消去相异因子，如

$$AB\bar{C}+ABC=AB$$

利用逻辑代数的基本定律，可以将任何一个逻辑函数变化成最基本的与或表达式，其中的与项均为最小项。这个基本的与或表达式称为最小项表达式，如

$$Y=AB+BC=AB\bar{C}+ABC+\bar{A}BC$$

为了简便，可将上式记为

$$Y(A,B,C)=m_6+m_7+m_3=\sum m(3,6,7)$$

【例 4-5】　将逻辑函数 $F=\bar{A}B+AC$ 化为最小项表达式。

$$F(A,B,C)=\bar{A}B+AC=\bar{A}B(\bar{C}+C)+AC(\bar{B}+B)=\bar{A}B\bar{C}+\bar{A}BC+A\bar{B}C+ABC$$
$$=m_2+m_3+m_5+m_7=\sum m(2,3,5,7)$$

② 逻辑函数的卡诺图表示法。

a. 最小项卡诺图。卡诺图是逻辑函数的图形表示法。这种方法是将 n 个变量的全部最小项填入具有 2^n 个小方格的图形中，其填入规则是使相邻最小项在几何位置上也相邻，所得到的图形称为 n 变量最小项的卡诺图，简称卡诺图。图 4-11 为二、三、四变量的卡诺图。

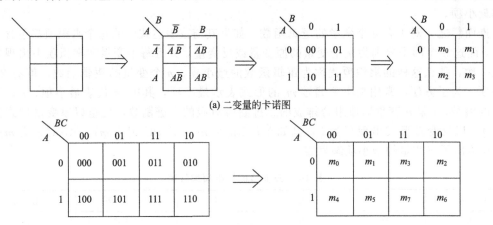

(a) 二变量的卡诺图

(b) 三变量的卡诺图

(c) 四变量的卡诺图

图 4-11　卡诺图

图 4-11 中，用 m_i 注明每个小方格对应的最小项。为了便于记忆，在卡诺图中左上角斜线下面标注行变量（A、AB），斜线上面标注列变量（B、BC、CD），两侧所标的 0 和 1 表

示对应小方块中最小项为1的变量取值。

应当注意，图 4-11 中，两个变量（如 BC）不是按自然二进制码（00、01、10、11）由小到大排列的，而是按循环反射码（00、01、11、10）的顺序排列的，这样是为了能保证卡诺图中最小项的相邻性。除几何相邻的最小项有逻辑相邻的性质外，卡诺图每一行或每一列两端的最小项也具有逻辑相邻性，故卡诺图可看成一个上下、左右闭合的图形。

当输入变量的个数为5个或以上时，不能仅用二维空间的几何相邻来代表其逻辑相邻，故其卡诺图较复杂，一般不常用。

b. 用卡诺图表示逻辑函数。因为任何逻辑函数均可写成最小项表达式，而每个最小项又都可以表示在卡诺图中，所以可用卡诺图来表示逻辑函数。用卡诺图表示逻辑函数即将逻辑函数化为最小项表达式，然后在卡诺图上将式中包含的最小项在所对应的小方格内填上1，其余位置上填上0或空着，得到的即为逻辑函数的卡诺图。

【例 4-6】 用卡诺图表示逻辑函数 $F(A,B,C)=\sum m(2,3,5,7)$。

解：这是一个三变量逻辑函数，$n=3$，先画出三变量卡诺图。由于已知 F 是标准最小项表达式，因此在卡诺图中2、3、5、7号小方格中填1，其余小方格不填，即画出了 F 的卡诺图，如图 4-12 所示。

A＼BC	00	01	11	10
0			1	1
1		1	1	

图 4-12 【例 4-6】的卡诺图

【例 4-7】 用卡诺图表示逻辑函数 $F=(\overline{A}B+A\overline{B})\overline{C}+\overline{B}CD+\overline{B}\overline{C}\,\overline{D}+A\overline{B}\,\overline{C}D$。

解：由于已知 F 不是与或式，因此先将其变成一般与或式，而后有两种方法。

其一，将 F 式配项变成最小项表达式，再填入卡诺图。

其二，不用变成最小项表达式，直接将一般与或式填入卡诺图。

方法 1。$F=(\overline{A}B+A\overline{B})\overline{C}+\overline{B}CD+\overline{B}\overline{C}\,\overline{D}+A\overline{B}\,\overline{C}D=\overline{A}B\overline{C}+A\overline{B}\,\overline{C}+\overline{B}CD+\overline{B}\overline{C}\,\overline{D}+A\overline{B}\,\overline{C}D$

$\quad=\overline{A}B\,\overline{C}\,\overline{D}+\overline{A}B\,\overline{C}D+A\overline{B}\,\overline{C}\,\overline{D}+A\overline{B}\,\overline{C}D+\overline{A}\,\overline{B}CD+A\overline{B}CD+\overline{A}\,\overline{B}\overline{C}\,\overline{D}+A\overline{B}\,\overline{C}\,\overline{D}+A\overline{B}\,\overline{C}D$

$\quad=m_2+m_3+m_4+m_5+m_9+m_{10}+m_{11}+m_{12}+m_{13}$

填入卡诺图，如图 4-13 所示。

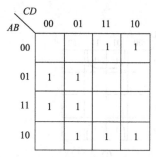

AB＼CD	00	01	11	10
00			1	1
01	1	1		
11	1	1		
10		1	1	1

图 4-13 【例 4-7】的卡诺图

方法 2。

① 先把已知 F 式展开成一般与或式：

$$F=\overline{A}B\,\overline{C}+A\overline{B}\,\overline{C}+\overline{B}CD+\overline{B}\overline{C}\,\overline{D}+A\overline{B}\,\overline{C}D$$

② 画出四变量卡诺图（空白）。

③ 将上式中的每个乘积项直接填入卡诺图中。

因为 $\overline{A}B\,\overline{C}$ 缺少 D 变量，所以不用看 D 变量，只看行变量 $\overline{A}B(AB=01)$ 对应的第二行；列变量 $\overline{C}(C=0)$ 对应的第一列和第二列。这样，第二行和第一列、第二列交叉的小方格为 $\overline{A}B\,\overline{C}$ 对应的最小项，故在这两个小方格中填1。其他与项以此类推，最后一项 $A\overline{B}\,\overline{C}D$ 为最小项，即 m_9，在9号小方格中填1。注意，若有重复最小项的小方格，只填一个1（因为 $1+1=1$）。如此填完全部与项，就画出了该函数 F 对应的卡诺图，如图 4-13 所示。正确填写函数的卡诺图是利用卡诺图进行化简的基本条件。只有正确画出了函数的卡诺图，才能保证化简的正确性。

③ 用卡诺图化简逻辑函数。

a. 化简法依据。在卡诺图中几何相邻的最小项在逻辑上也有相邻性，这些相邻最小项有一个变量是互补的，将它们相加，可以消去互补变量；这就是卡诺图化简的依据。如果有两个相邻最小项合并，则可消去一个互补变量；有四个相邻最小项合并，则可消去两个互补变量；有 2^n 个相邻最小项合并，则可消去 n 个互补变量。图 4-14、图 4-15、图 4-16 分别给出了 2 个、4 个、8 个最小项相邻格合并的情况。

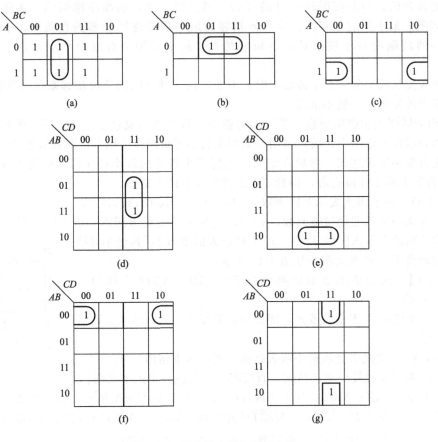

图 4-14 两个最小项相邻格合并

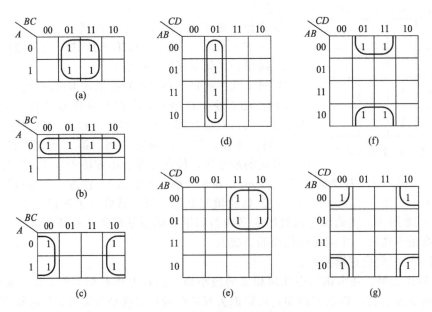

图 4-15 卡诺图最小项合并举例一

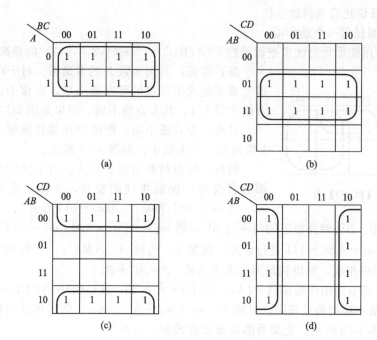

图 4-16　卡诺图最小项合并举例二

卡诺图中，两个相邻 1 格的最小项可以合并成一个与项，并消去一个变量。

图 4-14 示出的是两个 1 格合并时消去一个变量的例子。在图 4-14(a) 中，m_1 和 m_5 为两个相邻 1 格，则有

$$m_1+m_5=\overline{A}\,\overline{B}C+A\,\overline{B}C=(\overline{A}+A)\overline{B}C=\overline{B}C$$

在图 4-14(c) 中，m_4 和 m_6 两个相邻 1 格，则

$$m_4+m_6=A\,\overline{B}\,\overline{C}+AB\overline{C}=(\overline{B}+B)A\overline{C}=A\overline{C}$$

图 4-15 还列出其他的一些例子，请读者自行分析。

在图 4-15(a) 中，m_1、m_3、m_5、m_7 为四个相邻 1 格，把它们圈在一起加以合并，可消去两个变量，即

$$m_1+m_3+m_5+m_7=\overline{A}\,\overline{B}C+\overline{A}BC+A\,\overline{B}C+ABC$$
$$=\overline{A}C(\overline{B}+B)+AC(\overline{B}+B)=\overline{A}C+AC=(\overline{A}+A)C=C$$

卡诺图中八个相邻的 1 格可以合并成一个与项，并消去三个变量。对此，请读者自行按图 4-16 所示分析。

b. 化简方法。用卡诺图化简逻辑函数的步骤如下。

ⓐ 将逻辑函数填入卡诺图中，得到逻辑函数卡诺图。

ⓑ 找出可以合并（即几何上相邻）的最小项，并用包围圈将其圈住。

ⓒ 合并最小项，保留相同变量，消去相异变量。

ⓓ 将合并后的各乘积项相或，即可得到最简与或表达式。

在进行卡诺图化简时，为了保证化简准确无误，一定注意以下五个问题。

a. 每个包围圈所圈住的相邻最小项（即小方块中对应的 1）的个数应为 2、4、8、16 个等，即 2^n 个。

b. 包围圈尽量大，即圈中所包含的最小项越多，其公共因子越少，化简的结果越简单。

c. 包围圈的个数尽量少。因个数越少，乘积项就越少，化简后的结果就越简单。

d. 每个最小项均可以被重复包围，但每个圈中至少有一个最小项是不被其他包围圈所

圈过的，以保证该化简项的独立性。

e. 不能漏圈任何一个最小项。

【例 4-8】 用图形化简法求逻辑函数 $F(A,B,C)=\sum m(1,2,3,6,7)$ 的最简与或表达式。

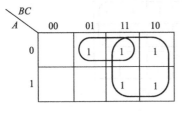

图 4-17 【例 4-8】图

解：首先，画出函数 F 的卡诺图。对于在函数 F 的标准与或表达式中出现的那些最小项，在该卡诺图的对应小方格中填上 1，其余方格不填，结果如图 4-17 所示。

其次，合并最小项。把图中相邻且能够合并在一起的 1 格圈在一个大圈中，如图 4-17 所示。

最后，写出最简与或表达式。对卡诺图中所画每一个圈进行合并，保留相同的变量，去掉互反的变量，例如 $m_1=\overline{A}\,\overline{B}C=001$ 和 $m_3=\overline{A}BC=011$ 合并后，保留 $\overline{A}C$，去掉互反的变量 B、$\overline{B}$ 得到其相应的与项为 $\overline{A}C$；将 $m_2=\overline{A}B\,\overline{C}=010$、$m_3=\overline{A}BC=011$、$m_6=AB\overline{C}=110$ 和 $m_7=ABC=111$ 进行合并，保留 B，去掉 A、$\overline{A}$ 及 C、$\overline{C}$，得到其相应的与项 B，将这两个与项相或，便得到最简与或表达式：$F=\overline{A}C+B$。

【例 4-9】 用卡诺图化简函数 $F(A,B,C,D)=\overline{A}\,\overline{B}CD+A\,\overline{B}\,\overline{C}D+AB\overline{C}D+\overline{A}BCD$。

解：根据最小项的编号规则，可知 $F=m_3+m_9+m_{11}+m_{13}$。依据该式可以画出该函数的卡诺图，如图 4-18 所示。化简后的与或表达式为

$$F=A\overline{C}D+\overline{B}CD$$

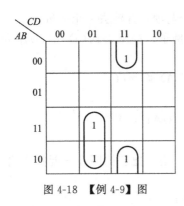

图 4-18 【例 4-9】图

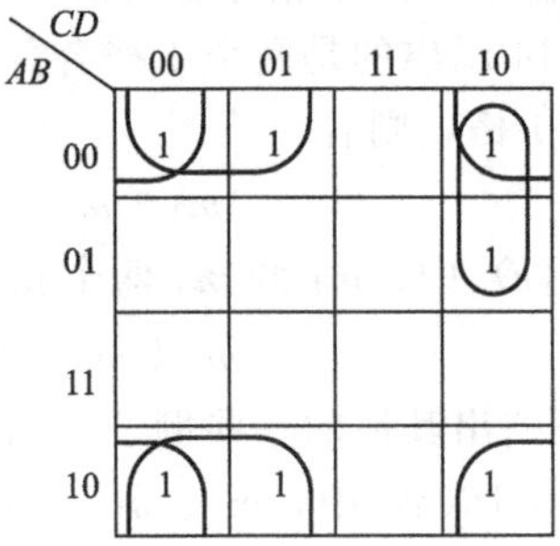

图 4-19 【例 4-10】图

【例 4-10】 用卡诺图化简函数

$$F(A,B,C,D)=\overline{A}\,\overline{B}\,\overline{C}+\overline{A}C\overline{D}+A\,\overline{B}C\overline{D}+A\,\overline{B}\,\overline{C}$$

解：从表达式中可以看出，F 为四变量的逻辑函数，但是有的乘积项中缺少一个变量，不符合最小项的规定。因此，每个乘积项中都要将缺少的变量先补上。因为

$$\overline{A}\,\overline{B}\,\overline{C}=\overline{A}\,\overline{B}\,\overline{C}(D+\overline{D})=\overline{A}\,\overline{B}\,\overline{C}D+\overline{A}\,\overline{B}\,\overline{C}\,\overline{D}$$

$$\overline{A}C\overline{D}=\overline{A}C\overline{D}(B+\overline{B})=\overline{A}BC\overline{D}+\overline{A}\,\overline{B}C\overline{D}$$

$$A\,\overline{B}\,\overline{C}=A\,\overline{B}\,\overline{C}(D+\overline{D})=A\,\overline{B}\,\overline{C}D+A\,\overline{B}\,\overline{C}\,\overline{D}$$

所以

$$F(A,B,C,D)=\overline{A}\,\overline{B}\,\overline{C}D+\overline{A}\,\overline{B}\,\overline{C}\,\overline{D}+\overline{A}BC\overline{D}+\overline{A}\,\overline{B}C\overline{D}+A\,\overline{B}\,\overline{C}D+A\,\overline{B}\,\overline{C}\,\overline{D}$$

$$=m_0+m_1+m_2+m_6+m_8+m_9+m_{10}$$

根据上式画出卡诺图如图 4-19 所示。对其进行化简，得到最简表达式为

$$F=\overline{B}\,\overline{C}+\overline{B}\,\overline{D}+\overline{A}C\overline{D}$$

④ 具有无关项的逻辑函数的化简。

a. 逻辑函数中的无关项。在实际逻辑关系中经常会遇到这样的逻辑问题：其输入变量

的取值不一定含有所有变量取值组合，即 n 变量的逻辑函数不一定与 $2n$ 个最小项均有关，而是与其中的部分最小项有关，与另一部分最小项无关。称那些与逻辑函数无关的最小项为无关项。如对于 8421 BCD 码，$1010\sim1111$ 这六个代码就是无关项，因为它们在 8421 BCD 码中根本就不会出现。由于无关项不会出现，也就是说无关项的值不会为 1，其值恒为 0，因此通常用无关项加起来恒为 0 的等式来表示无关项，也称为约束条件表达式，如

$$A\,\overline{B}C\,\overline{D}+A\,\overline{B}CD+AB\,\overline{C}\,\overline{D}+AB\,\overline{C}D+ABC\,\overline{D}+ABCD=0$$
$$m_{10}+m_{11}+m_{12}+m_{13}+m_{14}+m_{15}=0$$
$$\sum d(10,11,12,13,14,15)=0$$

其中的 d 表示无关项。

b. 具有无关项逻辑函数的化简。由于无关项要么不在逻辑函数中出现，要么会出现但其值取 0 或 1 对电路的逻辑功能无影响，因此对具有无关项的逻辑函数进行化简时，无关项既可取 0，也可取 1。化简时具体步骤如下。

ⓐ 将函数式中最小项在卡诺图对应小方块内填 1，无关项在对应小方块内填×。

ⓑ 画圈时将无关项看成是 1 还是 0，应以得到的圈最大，圈的个数最少为原则。

ⓒ 圈中必须至少有一个有效的最小项，不能全是无关项。

【例 4-11】 用卡诺图化简逻辑函数 $F(A,B,C,D)=\sum m(1,3,7,11,15)+\sum d(0,2,9)$。

解：该逻辑函数的卡诺图如图 4-20(a) 所示。对该图可以采用两种化简方案：

① 如图 4-20(b) 所示，化简结果为 $F=\overline{A}\,\overline{B}+CD$。

② 如图 4-20(c) 所示，化简结果为 $F=\overline{B}D+CD$。

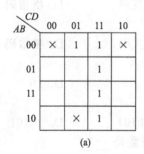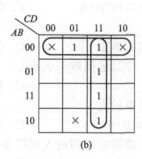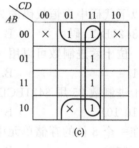

图 4-20 【例 4-11】图

 想一想，做一做

1. 为什么说逻辑表达式都可以用真值表证明？

2. 反演规则和对偶规则在变换逻辑函数时有哪些相同之处？有哪些不同之处？

3. 变换逻辑函数有什么实际意义？

4. 最小项有什么性质？

5. 什么是卡诺图的循环相邻性？

6. 无关项在化简逻辑函数时有何意义？

 # 本章小结

① 数字电路的特点之一是电信号为脉冲信号，另一特点是晶体管工作在开关状态。脉冲的有和无、灯泡的亮和灭、电平的高与低、开关的闭合与断开、事件的是与非等分别用逻辑 1 和逻辑 0 表示，这里的 1 和 0 仅代表两种对立的状态。

② 常用的数制有十进制、二进制和十六进制等。它们之间遵循一定的规律，可以相互

转换。数字系统中多用二进制和十六进制。二进制是数字电路中最常用的计数体制，二进制还可进行许多形式的编码。

③ 基本的逻辑关系有与、或、非三种，与其对应的逻辑运算是逻辑乘、逻辑加和逻辑非。能实现这三种基本逻辑运算的电路分别称为与门、或门和非门。任何复杂的逻辑关系都由基本的逻辑关系组合而成。目前广泛使用集成与非门和或非门等复合逻辑门电路。

④ 逻辑函数有四种常用的表示方法：逻辑函数表达式、真值表、逻辑图和卡诺图。它们之间可以相互转换。

⑤ 逻辑代数是分析和设计逻辑电路的工具，逻辑代数中的基本定律及基本公式是逻辑代数运算的基础，熟练掌握这些定律及公式可提高运算速度。

⑥ 逻辑函数的化简法有卡诺图法及公式法两种。公式化简法无固定的规律可循，因此必须在实际练习中逐渐掌握应用各种公式进行化简的方法及技巧。卡诺图化简法有固定的规律和步骤，而且直观、简单，只要按已给步骤进行，即可较快寻找到化简的规律。卡诺图化简法对五变量以下的逻辑函数化简非常方便。

思考练习题

一、选择题

1. 以下代码中为无权码的为____。

A. 8421BCD 码　　　　B. 5421BCD 码　　　　C. 余三码　　　　D. 格雷码

2. 以下代码中为恒权码的为____。

A. 8421BCD 码　　　　B. 5421BCD 码　　　　C. 余三码　　　　D. 格雷码

3. 一位十六进制数可以用____位二进制数来表示。

A. 1　　　　B. 2　　　　C. 4　　　　D. 16

4. 十进制数 25 用 8421BCD 码表示为____。

A. 10 101　　　　B. 0010 0101　　　　C. 100101　　　　D. 10101

5. 在一个 8 位的存储单元中，能够存储的最大无符号整数是____。

A. $(256)_{10}$　　　　B. $(127)_{10}$　　　　C. $(FF)_{16}$　　　　D. $(255)_{10}$

6. 与十进制数 $(53.5)_{10}$ 等值的数或代码为____。

A. $(0101\ 0011.0101)_{8421BCD}$　　　　B. $(35.8)_{16}$

C. $(110101.1)_2$　　　　D. $(65.4)_8$

7. 与八进制数 $(47.3)_8$ 等值的数为：

A. $(100111.011)_2$　　B. $(27.6)_{16}$　　C. $(27.3)_{16}$　　D. $(100111.11)_2$

8. 常用的 BCD 码有____。

A. 奇偶校验码　　　　B. 格雷码　　　　C. 8421 码　　　　D. 余三码

9. 与模拟电路相比，数字电路主要的优点有____。

A. 容易设计　　　　B. 通用性强　　　　C. 保密性好　　　　D. 抗干扰能力强

二、判断题（正确打√，错误的打×）

1. 8421 码 1001 比 0001 大。（　　　）

2. 数字电路中用 1 和 0 分别表示两种状态，两者无大小之分。（　　　）

3. 格雷码具有任何相邻码只有一位码元不同的特性。（　　　）

4. 八进制数 $(18)_8$ 比十进制数 $(18)_{10}$ 小。（　　　）

5. 在时间和幅度上都断续变化的信号是数字信号，语音信号不是数字信号。（　　　）

6. 十进制数 $(9)_{10}$ 比十六进制数 $(9)_{16}$ 小。（　　）

三、填空题

1. 数字信号的特点是在_____上和_____上都是断续变化的，其高电平和低电平常用_____和_____来表示。

2. 分析数字电路的主要工具是_____，数字电路又称作_____。

3. 在数字电路中，常用的计数制除十进制外，还有_____、_____、_____。

4. 常用的 BCD 码有_____、_____、_____、_____等。常用的可靠性代码有_____、_____等。

5. $(10110010.1011)_2 = ($_____$)_8 = ($_____$)_{16}$

6. $(35.4)_8 = ($_____$)_2 = ($_____$)_{10} = ($_____$)_{16} = ($_____$)_{8421BCD}$

7. $(39.75)_{10} = ($_____$)_2 = ($_____$)_8 = ($_____$)_{16}$

8. $(5E.C)_{16} = ($_____$)_2 = ($_____$)_8 = ($_____$)_{10}$

9. $(0111\ 1000)_{8421BCD} = ($_____$)_2 = ($_____$)_8 = ($_____$)_{10} = ($_____$)_{16}$

四、用公式法化简

(1) $Y = \overline{A}\,\overline{B}\,\overline{C} + A + B + C$

(2) $Y = (A \oplus B)C + ABC + \overline{A}\,\overline{B}C$

(3) $Y = AB(BC + A)$

(4) $Y = A\overline{B} + B + \overline{A}B$

(5) $Y = \overline{AB + \overline{A}\,\overline{B} + \overline{A}B + A\overline{B}}$

(6) $Y = AB + \overline{A}\,\overline{C} + B\overline{C}$

五、用卡诺图化简

(1) $Y(A,B,C) = \overline{AC} + \overline{A}BC + \overline{B}\overline{C} + AB\overline{C}$

(2) $Y(A,B,C) = \overline{A}\,\overline{B}\,\overline{C} + \overline{A}B\overline{C} + \overline{A}C$

(3) $Y(A,B,C,D) = \sum m(3,5,6,7)$

(4) $Y(A,B,C,D) = \sum m(0,2,8,10)$

(5) $Y(A,B,C,D) = \sum m(1,3,5,7,9) + \sum d(10,11,12,13,14,15)$

(6) $Y(A,B,C,D) = \sum m(3,6,7,9) + \sum d(10,11,12,13,14,15)$

第五章 数字信号处理电路

学习要求

1. 了解逻辑门电路的概念、原理，掌握其功能、符号及主要特性。

2. 了解其他类型 TTL 门电路功能，掌握 CMOS 集成逻辑门电路与 TTL 门电路使用方法及注意事项。

3. 掌握组合逻辑电路的分析、设计方法。

4. 理解编码器、译码器、LED 显示器、数据选择器、数据分配器的功能，掌握它们的使用方法。

5. 掌握常用触发器的功能、特点、使用方法。

6. 掌握时序逻辑电路的分析、设计方法。

7. 掌握计数器、寄存器的功能描述方法、应用。

8. 掌握 A/D 和 D/A 转换器的原理及常用 A/D 和 D/A 转换器使用方法。

第一节 逻辑门电路

一、概述

在上一章中介绍了逻辑代数中的基本逻辑关系，它们是整个数字电路的理论基础。在实际的数字电路中，这些逻辑关系当然必须要由硬件电路来实现。把用来实现基本逻辑关系的电子电路通称为门电路。常用的门电路按逻辑功能分有与门、或门、与非门、与或非门、异或门等。

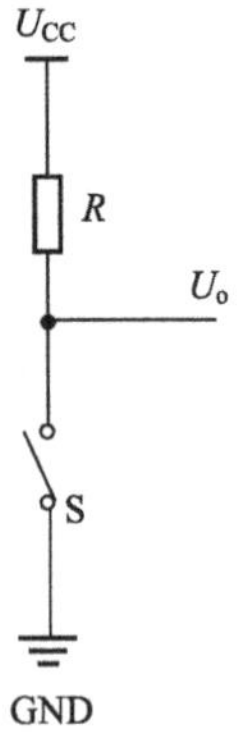

在电子电路中，用高、低电平分别来表示二值逻辑中的 1 和 0。可以用一个简单的电子电路来实现高、低电平的获取，见图 5-1，当开关接通后，输出变为低电平；当开关断开后，输出便为高电平。当然，在实际的电子电路中，开关 S 是用半导体二极管和三极管来实现的。只要设法控制二极管和三极管分别工作在截止和导通状态，便可以起到图 5-1 所示开关的作用了。

用输出电压的高电平来表示逻辑 1，以输出电压的低电平来表示逻辑 0，这种表示方法为正逻辑；反之，用输出电压的高电平来表示逻辑 0，以输出电压的低电平来表示逻辑 1，这种方法就是负逻辑。本书除特别说明外，均采用正逻辑的方法介绍相关知识。

图 5-1 测试电路

有了上面的常识，就应该清楚在实际电路工作中，只要能够确切区分出高、低电平就够了。因而，数字电路中的高、低电平都是有一个确切的范围，而并非是一个固定的值。这就是数字电路中无论是对元器件参数的准确度还是对供电电压的稳定度要求，都比模拟电路要求要低，信号在处理过程中的抗干扰能力也强于模拟电路的原因。

二、TTL 集成门电路

TTL（transistor transistor logic）是晶体管-晶体管逻辑门电路的简称，它主要由双极型三极管组成。由于 TTL 集成门电路的生产工艺水平已很成熟，因此产品参数稳定、工作可靠、开关速度高，应用范围很广泛。下面以 TTL 与非门为例介绍其结构及逻辑功能等特性。

1. TTL 与非门的工作原理

（1）电路结构 TTL 与非门如图 5-2 所示，由输入级、中间级和输出级三部分组成。

① 输入级。输入级由多发射极管 VT_1 和电阻 R_1 组成，其作用是对输入变量 A、B、C 实现逻辑与，从逻辑功能上看，图 5-3(a) 所示的多发射极三极管可以等效为图 5-3(b) 所示的形式。

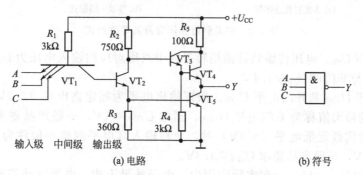

(a) 电路 (b) 符号

图 5-2 TTL 集成与非门电路图及逻辑符号

② 中间级。中间级由 VT_2、R_2 和 R_3 组成。VT_2 的集电极和发射极输出两个相位相反的信号，作为 VT_3 和 VT_5 的驱动信号。

③ 输出级。输出级由 VT_3、VT_4、VT_5 和 R_4、R_5 组成，称为推拉式电路。

（2）工作原理

① 输入全部为高电平。当输入 A、B、C 均为高电平，即 $U_{IH} = 3.6V$ 时，电源通过电阻 R_1、VT_1 的集电结、VT_2 和 VT_5 的发射结形成通路，VT_1 的基极电位足以使 VT_1 的集电结和 VT_2、VT_5 的发射结导通。这样，一旦 VT_2 和 VT_5 导通，由于 VT_1 的集电结正偏，因而 VT_1 的基极电压将被钳位在 $2.1V$，不难看出，此时 $U_{B1} = 2.1V$，$U_{C1} = 1.4V$，处于倒置状态（即发射结反偏，集电结正偏）。由于此时 VT_2 工作在饱和状态，集射间的饱和压降为 $U_{CES2} = 0.3V$，因而 VT_2 的集电极压降为 $U_{C2} = U_{BE5} + U_{CES2} = 1V$，这个电压可以使 VT_3 导通，但它不足以使 VT_4 导通。由于 VT_4 的截止相当于的增加了 VT_5 的集电极电阻，从而进一步保证了 VT_5 工作在饱和状态。VT_5 由 VT_2 提供足够的基极电流而处于饱和状态。因此输出为低电平 $U_O = U_{OL} = U_{CES5} \approx 0.3V$。

② 输入至少有一个为低电平。当输入至少有一个（例如 A 端）为低电平，即 $U_{IL} = 0.3V$ 时，VT_1 与 A 端连接的发射结正向导通，从图 5-2 中可知，VT_1 的基极电压将会通过导通的发射结被钳在 $1V$，这个电压显然不能使 VT_2、VT_5 导通，因而 VT_2、VT_5 均截止，而 VT_2 的集电极电压 U_{C2} 因为截止而升高到足以使 VT_3、VT_4 导通，因此输出为高电平。

$$U_O = U_{OH} \approx U_{CC} - U_{BE3} - U_{BE4} = 5 - 0.7 - 0.7 = 3.6(V)$$

综上所述，当输入全为高电平时，输出为低电平，这时 VT_5 饱和，电路处于开门状态；当输入端至少有一个为低电平时，输出为高电平，这时 VT_5 截止，电路处于关门状态，即输入全为 1 时，输出为 0；输入有 0 时，输出为 1。由此可见，电路的输出与输入之间满足与非逻辑关系，即

$$Y = \overline{ABC}$$

（3）主要参数

① 输出高电平 U_{OH} 和输出低电平 U_{OL}。电压传输特性曲线截止区的输出电压为 U_{OH}，饱和区的输出电压为 U_{OL}。一般产品规定 $U_{OH} \geqslant 2.4V$，$U_{OL} < 0.4V$。

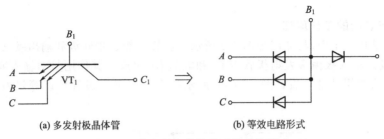

(a) 多发射极晶体管   (b) 等效电路形式

图 5-3 多发射极晶体管及其等效形式

② 阈值电压 U_{th}。电压传输特性曲线转折区中点所对应的输入电压为 U_{th}，也称门槛电压。一般 TTL 与非门的 $U_{th} \approx 1.4V$。

③ 关门电平 U_{OFF} 和开门电平 U_{ON}。保证输出电平为额定高电平（2.7V 左右）时，允许输入低电平的最大值称为关门电平 U_{OFF}。通常 $U_{OFF} \approx 1V$，一般产品要求 $U_{OFF} \geqslant 0.8V$。保证输出电平达到额定低电平（0.3V）时，允许输入高电平的最小值称为开门电平 U_{ON}。通常 $U_{ON} \approx 1.4V$，一般产品要求 $U_{ON} \leqslant 1.8V$。

④ 噪声容限 U_{NL}、U_{NH}。在实际应用中，由于外界干扰、电源波动等原因，可能使输入电平 U_I 偏离规定值。为了保证电路可靠工作，应对干扰的幅度有一定限制，称为噪声容限。它是用来说明门电路抗干扰能力的参数。

低电平噪声容限是指在保证输出为高电平的前提下，允许叠加在输入低电平 U_{IL} 上的最大正向干扰（或噪声）电压，用 U_{NL} 表示，$U_{NL} = U_{OFF} - U_{IL}$。

高电平噪声容限是指在保证输出为低电平的前提下，允许叠加在输入高电平 U_{IH} 上的最大负向干扰（或噪声）电压，用 U_{NH} 表示，$U_{NH} = U_{IH} - U_{ON}$。

⑤ 输入漏电流 I_{IH}。当 $U_I > U_{th}$ 时，流经输入端的电流称为输入漏电流 I_{IH}，即 VT_1 倒置工作时的反向漏电流。其值很小，约为 $10\mu A$。

⑥ 扇出系数 N。扇出系数是以同一型号的与非门作为负载时，一个与非门能够驱动同类与非门的最大数目，通常 $N \geqslant 8$。

⑦ 平均延迟时间 t_{pd}。平均延迟时间指输出信号滞后于输入信号的时间，它是表示开关速度的参数。TTL 与非门 t_{pd} 为 $3 \sim 40ns$。

2. TTL 与非门的型号含义

TTL 与非门的型号是按表 5-1 进行组织的。

表 5-1 TTL 器件型号组成的符号及意义

第 1 部 分		第 2 部 分		第 3 部 分		第 4 部 分		第 5 部 分	
型号前级		工作温度符号范围		器件系列		器件品种		封装形式	
符号	意义	符号	意义	符号	意义	符号	意义	符号	意义
CT	中国制造的 TTL 类	54	$-55 \sim$ $+125℃$	H	标准	阿拉伯数字	器件功能	W	陶瓷扁平
				S	高速肖特基			B	封装扁平
								F	全密封扁平
				LS	低功耗肖特基			D	陶瓷双列直插
				AS	先进肖特基				
								P	塑料双列直插
SN	美国 TEXAS 公司	74		ALS	先进低功耗肖特基			J	黑陶瓷双列直插
			$0 \sim +70℃$	FAS	快捷肖特基				

3. 其他功能的 TTL 门电路

除了刚刚介绍的与非门外，TTL 集成逻辑门电路还有其他一些常用的类型，如集电极开路与非门、或非门、与或非门、三态门、异或门等。

（1）集电极开路与非门

① 工作原理。集电极开路与非门又叫 OC 门，如图 5-4 所示，它将 TTL 与非门输出端的集电极负载取掉。OC 门在工作时需要在输出端 Y 和电源 V_{CC} 之间外接一个上拉的负载电阻 R_L，从电路结构依然可以看出：整个电路的逻辑功能仍是与非功能。

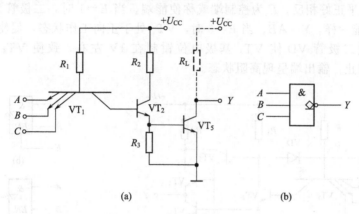

图 5-4　OC 门电路结构与符号

② OC 门的应用。

a. 线与实现　逻辑电路是由门电路组合而成的，有时候如果能将多个门电路的输出端直接并联起来，将是很方便的，但是，上面讲过的门电路是不能这样的，因为在具有推拉式输出级的电路中，无论输出是高电平还是低电平，输出电阻都是很小的。如果并联了，假如某时刻一个门输出是高电平而另一个门输出的是低电平，则会有很大的负载电流同时流过两个门电路的输出级，这个电流远远超过了其工作电流，因而会使门电路损坏。

采用集电极开路结构就可以解决这个问题，图 5-5 所示为用 OC 门实现线与功能的逻辑图，由图 5-5 可以分析出电路的功能：任一个 OC 门所有输入为高电平时，输出为低电平；在一个 OC 门的输入中有低电平时，输出才会是高电平，其逻辑表达式为：

$$L = \overline{AB}\,\overline{CD}$$

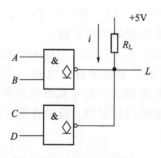

图 5-5　OC 门线与接线图

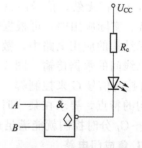

图 5-6　OC 门驱动指示图

由此可知，两个或多个 OC 门的输出信号在输出端直接实现了相与的逻辑功能，称为线与。注意，非 OC 门是不能这样的。

b. 驱动指示。图 5-6 就是用 OC 门驱动发光二极管的指示电路。只有输入全部为高电平时，输出才为低电平，发光二极管导通发光；否则，输出为高电平，发光二极管熄灭。

此外，OC 门的输出还可以连接其他的外部电路，如继电器，用来驱动执行电路；也可以用于电平转换，用来实现 TTL 电平与其他逻辑电平电路之间的连接。

（2）三态输出门（TSL 门）

① 三态输出门的逻辑功能。三态输出门电路是在普通门电路的基础上增加了控制端和控制电路而构成的，如图 5-7（a）所示。图 5-7（b）所示为其逻辑符号，在逻辑符号的控制端有小圆圈，表示当控制端为低电平时与非门有效，输入和输出状态之间满足与非逻辑关系，若控制端为高电平，则输出端处于高阻状态，不受输入端状态的逻辑控制；若控制端无小圆圈，控制电平正好相反。E 为控制端或称使能端。当 $E=1$ 时，二极管 VD 截止，TSL 门与 TTL 门功能一样，$Y=\overline{AB}$。当 $E=0$ 时，VT_1 处于正向工作状态，促使 VT_2、VT_5 截止，同时，通过二极管 VD 使 VT_3 基极电位钳制在 1V 左右，致使 VT_4 也截止。这样 VT_4、VT_5 都截止，输出端呈现高阻状态。

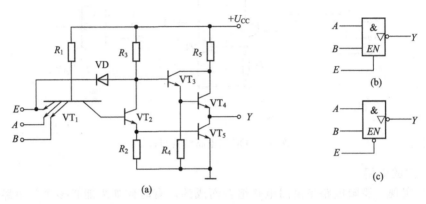

图 5-7　三态门电路、符号

TSL 门中控制端 E 除高电平有效外，还有为低电平有效的，这时的电路符号如图 5-7（c）所示。

② 三态输出门的应用。在常用的集成电路中，有许多集成电路的输入端或输出端采用了三态门结构。在使用时，可根据实际需要用控制端实现电路间的接通与断开。

在图 5-8（a）中，当 $G=1$ 时，G_1 门有效，G_2 门处于高阻状态；当 $G=0$ 时，G_2 门有效，G_1 门处于高阻状态。实际应用中，G_1 门和 G_2 门可以是具有三态门控制的各种芯片。

通过三态门的控制信号 G 可实现数据的双向传输控制。在图 5-8（b）中，当 $G=0$ 时，G_1 门有效，G_2 门无效，信号由 A 传输至 B；当 $G=1$ 时，G_1 门无效，G_2 门有效，信号由 B 传输至 A。实际应用中，可根据需要选择具有双向传输功能的集成电路。

在总线结构的应用电路中，数据的传输必须通过分时操作来完成，即在不同时段实现不同电路与总线间的数据传输。图 5-8（c）示出是带三态门的数据传输接口电路与总线连接示意图。通过控制信号 G 来控制哪一个接口电路可以向公共数据总线发送数据或接收数据。根据总线结构的特点，要求在某一时段只能允许一个接口电路占用总线。通过各接口电路的控制信号 $G_1 \sim G_i$ 分时控制就能满足这一要求。

4. TTL 集成门电路

（1）CT54 系列和 CT74 系列　考虑到国际上通用标准和我国的实际情况，我国的 TTL 集成门电路系列分为 CT54 系列和 CT74 系列。它们具有完全相同的电路结构和电气性能参数，所不同的是：CT54 系列 TTL 集成门电路更适合在温度条件恶劣、供电电源变化大的环境中工作，常用于军品；而 CT74 系列 TTL 集成门电路则适合于在常规条件下工作，常用于民品。

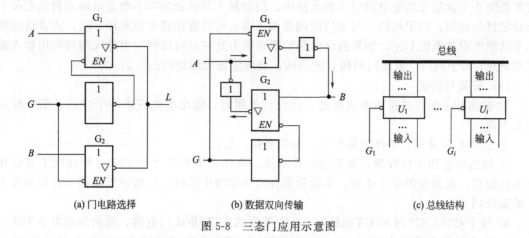

(a) 门电路选择　　　　　　(b) 数据双向传输　　　　　　(c) 总线结构

图 5-8　三态门应用示意图

（2）TTL 集成门电路的子系列　CT54 系列和 CT74 系列的子系列的主要区别在于它们的平均传输延迟时间和平均功耗这两个方面。下面主要介绍一下 CT74 系列的子系列。

① CT74H 高速系列。CT74H 是 TTL 集成门电路早期产品的改进型产品，相比而言做了两点改进：一是输出级采用了达林顿结构；二是大幅度降低了电路中的电阻的阻值。因而提高了工作速度和负载能力。该系列的平均传输延迟时间为 6ns/门，平均功耗约为22.5mW/门。

② CT74L 低功耗系列。CT74L 电路中的电阻阻值很大，因此，电路的平均功耗很小，约为 1mW/门，但平均传输延迟时间较长，约为 33ns/门。

③ CT74LS 低功耗肖特基系列。CT74LS 电路一方面采用了抗饱和三极管和肖特基二极管来提高工作速度；另一方面通过加大电路中的电阻的阻值来降低电路的功耗，这样既提高了速度，又降低了功耗。其平均传输延迟时间为 9.5ns/门，平均功耗约为 2mW/门。

④ CT74ALS 先进低功耗肖特基系列。它是 CT74LS 的后继产品。电路中采用了较高的电阻阻值，并通过改进生产工艺和缩小内部器件的尺寸，从而降低了电路的平均功耗、提高了工作速度，其平均传输延迟时间为 3.5ns/门，平均功耗约为 1.2mW/门。

一个理想的门电路就应该具有工作速度高、平均功耗低和抗干扰能力强的特点，在实际中，要都满足这三个条件是很困难的，通常只能折中的选择。常用功耗-延迟积 M 来对门电路进行评价，功耗-延迟积 M 值越小，其性能也就越优越。就目前的情况来看，LSTTL 子系列（CT74LS）的功耗-延迟积很小（大约为 19）是一种性能优越的 TTL 集成门电路，其生产量大、品种多，而且价格便宜，是目前 TTL 数字集成电路的主要产品。

在不同的子系列 TTL 数字集成器件中，器件型号后面的几位数字相同时，通常它们的逻辑功能、外形尺寸、引线排列都相同，比如说 CT7400、CT74H00、CT74LS00 等，它们都是四 2 输入与非门，端子排列顺序都相同，只是速度和功耗有区别。在实际使用时可以用高速器件代替低速的器件，反之，不行。

5. TTL 集成门的使用注意点

（1）电源干扰的消除　产品标准使用电源电压是 5V，对于 54 系列，可以有 10% 的波动；对于 74 系列，可以有 5% 的误差。电源和地线不能接错（初学者常犯）。为了防止外来的干扰通过电源串入电路，要加强对电源进行滤波，通常在电源的输入端接入 $10\sim100\mu F$ 的电容进行滤波，还可以在印刷电路板上每隔个门加接一个 $0.01\sim0.1\mu F$ 的电容对高频干扰进行滤除。

（2）闲置输入端的处理　TTL 集成门电路在使用的时候，不用的输入端一般不悬空，主要是防止干扰信号从悬空脚引入到电路中。闲置输入端的处理以不改变电路逻辑状态及工作稳定性为原则。对于与门、与非门的闲置输入端，可以直接接电源电压 U_{CC}，或者通过接几千欧的电阻接电源 U_{CC}，如果前级电路的驱动能力允许，可以将闲置输入端和有用输入端并联使用；对于或门、或非门的闲置输入端，就应该做接地处理。

（3）安装与调试

① 输出端不能直接接电源或接地。在设计使用时，输出电流应该小于产品手册上规定的最大值。

② 连线要尽量短，整体接地要好，地线要粗、短。

③ 焊接时使用中性焊剂，如酒精松香溶液，烙铁功率不要大于 25W。焊接时不要将相邻引线短路。电路板焊接完成后，不能浸泡在有机溶液中清洗，只能用酒精擦去污垢和端子上的助焊剂。

④ 对于 CT54/CT74 和 CT54H/CT74H 系列的 TTL 集成门电路，输出的高电平不小于 2.4V，输出的低电平不大于 0.4V。对于 CT54S/CT74S 和 CT54LS/CT74LS 系列的 TTL 集成门电路，输出的高电平不小于 2.7V，输出的低电平不大于 0.5V。上述系列的输入高电平不小于 2.4V，输入低电平不大于 0.8V。

⑤ 当输出为高电平时，输出端不能接地；当输出为低电平时，输出端不能接电源。否则会烧坏集成电路。

三、CMOS 集成门电路

MOS 集成逻辑门是采用 MOS 管作为开关元件的数字集成电路。它具有工艺简单、集成度高、抗干扰能力强、功耗低等优点，MOS 门有 PMOS、NMOS 和 CMOS 三种类型。CMOS 集成门电路又称互补 MOS 电路，它突出的优点是静态功耗低、抗干扰能力强、工作稳定性好，是性能较好且应用较广泛的一种电路。CMOS 集成门电路是互补金属-氧化物-半导体场效应管门电路的简称。它由增强型 PMOS 和增强型 NMOS 组成的互补对称门电路。国产的主要有 4000 系列和高速系列。

（1）与非门　图 5-9 是一个两输入的 CMOS 与非门电路。

当 A、B 两个输入端均为高电平时，VT_1、VT_2 导通，VT_3、VT_4 截止，输出为低电平；当 A、B 两个输入端中只要有一个为低电平时，VT_1、VT_2 中必有一个截止，VT_3、VT_4 中必有一个导通，输出为高电平。电路的逻辑关系为：

$$Y = \overline{AB}$$

（2）或非门　如图 5-10 所示。当 A、B 两个输入端均为低电平时，VT_1、VT_2 截

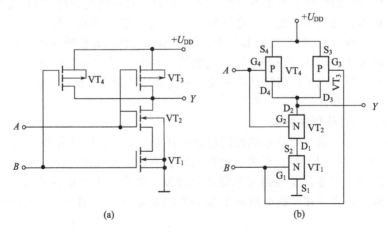

(a)　　　　　　　　　(b)

图 5-9　CMOS 与非门电路

止，VT_3、VT_4 导通，输出 Y 为高电平；当 A、B 两个输入中有一个为高电平时，VT_1、VT_2 中必有一个导通，VT_3、VT_4 中必有一个截止，输出为低电平。电路的逻辑关系为：

$$Y=\overline{A+B}$$

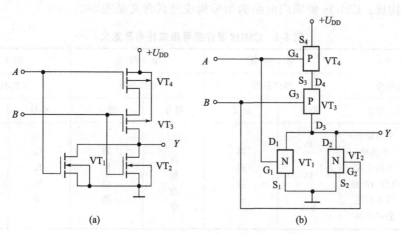

图 5-10　CMOS 或非门电路

（3）CMOS 传输门　传输门是数字电路用来传输信号的一种基本单元电路，其电路和符号如图 5-11 所示。

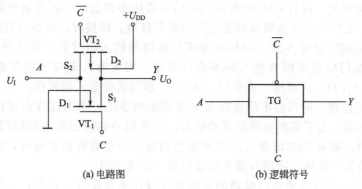

(a) 电路图　　　　　　　　(b) 逻辑符号

图 5-11　CMOS 传输门及其逻辑符号

① 工作原理。当控制信号 $C=1(\overline{C}=0)$ 时，输入信号 U_I 接近于 U_{DD}，则 $U_{GS1}\approx-U_{DD}$，故 VT_1 截止，VT_2 导通；如输入信号 U_I 接近 0，则 VT_1 导通，VT_2 截止；如果 U_I 接近 $U_{DD}/2$，则 VT_1、VT_2 同时导通。所以，传输门相当于接通的开关，通过不同的管子连续向输出端传送信号。

反之，当 $C=0(\overline{C}=1)$ 时，只要 U_I 在 0～U_{DD} 之间，则 VT_1、VT_2 都截止，传输门相当于断开的开关。因为 MOS 管的结构是对称的，源极和漏极可以互换使用，所以 CMOS 传输门具有双向性，又称双向开关，用 TG 表示。

当然，与 TTL 集成门电路系列类似，CMOS 集成门电路也有实现其他逻辑功能的器件，包括漏极开路的 CMOS 集成门电路（可以实现线与及驱动功能）、三态输出 CMOS 门电路还（可以实现总线控制等）。

② CMOS 集成门电路的特点及型号含义。

a. 特点。和 TTL 集成门电路相比，CMOS 集成门电路主要有功耗低、工作电压范围宽、噪声容限大、输入阻抗高、扇出系数大等特点。

CMOS 管存在较大的极间电容，这是它开关速度不高的主要原因。随着制造工艺水平的不断提高，与门电路的速度差距已经缩小很多，其平均传输延迟时间可以做到小于 10ns/门，已经达到 CT54LS/CT74LS 系列门电路的水平。

b. 型号构成。CMOS 集成门电路的型号构成及其含义见表 5-2。

表 5-2　CMOS 器件型号组成符号及意义

第 1 部分		第 2 部分		第 3 部分		第 4 部分	
产品制造单位		器件系列		器件品种		工作温度范围	
符号	意义	符号	意义	符号	意义	符号	意义
CC	中国制造的类型	40	系列符号	阿拉伯数字	器件功能	C	0～70℃
CD	美国无线电公司产品	45				E	−40～85℃
						R	−55～85℃
TC	日本东芝公司产品	145				M	−55～125℃

③ CMOS 集成门电路的使用注意事项。TTL 集成门电路的使用注意事项一般对 CMOS 电路也适用。因 CMOS 集成门电路容易产生栅极击穿现象，所以要特别注意以下四点。

a. 避免静电损失。存放 CMOS 集成门电路不能用塑料袋，要用金属将端子短接起来或用金属盒屏蔽。工作台应以金属材料覆盖并应良好接地。焊接时，电烙铁壳应接地。

b. 闲置输入端的处理方法。CMOS 集成门电路的输入阻抗高，易受外界干扰的影响，所以 CMOS 集成门电路的闲置输入端不允许悬空。闲置输入端应根据逻辑要求或接电源 U_{DD}（与非门、与门），或接地（或非门、或门），或与其他输入端连接。

c. 输出端的连接。输出端不能直接与电源或地相连接，因为这样会使输出级流过过大的电流而损坏电路。为了提高电路的驱动能力，可将同一集成芯片上相同门电路的输入端、输出端并联使用。如果 CMOS 集成门电路输出端接大容量的负载电容时，流过管子的电流很大，有可能使管子损坏。因而在输出端要串接一限流电阻。

d. 电源电压。CMOS 集成门电路的电源电压极性不能接反，否则，可能会造成直接经济损失，使电路永久性失效。电源电压的选择应该参考产品手册进行。

在进行 CMOS 集成门电路实验，或对 CMOS 数字系统进行调试、测量时，应先接入直流电源，后接信号源。使用结束时，应该先关信号源，后关直流电源。

四、集成门电路的应用

(1) TTL 集成门电路驱动 CMOS 集成门电路

① 当 TTL 集成门电路驱动 4000 系列和 HC 系列 CMOS 时，如电源电压 U_{CC} 与 U_{DD} 均为 5V 时，TTL 与 CMOS 集成门电路的连接如图 5-12(a) 所示。U_{CC} 与 U_{DD} 不同时，TTL 与 CMOS 集成门电路的连接方法如图 5-12(b) 所示。还可采用专用的 CMOS 电平转移器（如 CC4502、CC40109 等）完成 TTL 对 CMOS 集成门电路的接口，电路如图 5-12(c) 所示。

② 当 TTL 集成门电路驱动 HCT 系列和 ACT 系列的 CMOS 集成门电路时，因两类电路性能兼容，故可以直接相连，不需要外加元件和器件。

(2) CMOS 集成门电路驱动 TTL 集成门电路　CMOS 和 TTL 集成门电路的连接如图

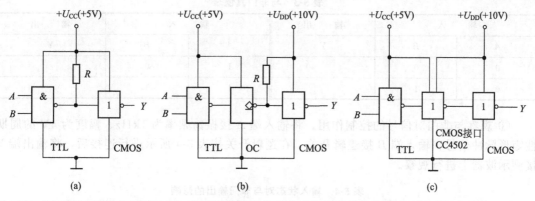

图 5-12 TTL 集成门电路驱动 CMOS 集成门电路

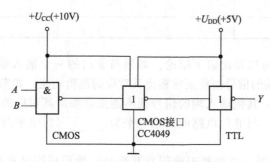

图 5-13 TTL 集成门电路驱动
CMOS 集成门电路

5-13 所示。

技能训练一 74LS00 逻辑功能测试

1. 实训目的
① 掌握 TTL 与非门的端子识别方法。
② 掌握 TTL 与非门的功能测试方法。
③ 熟练掌握与非门对信号的控制作用。

2. 实训设备与器件
① 数字电路实验箱。②74LS00。③导线。④示波器。⑤万用电表。

3. 实训步骤与要求
① 识别 74LS00 集成门电路的外形结构。认真观察所给的 74LS00 集成门电路的外形结构，正确识别其端子，如图 5-14 所示。

② 测试 74LS00 的逻辑功能。将所给出的 14 脚接上电源 5V，7 脚接地。选择四个门电路中的任一个门做测试，如选管脚号为 1、2、3 的门，由图 5-14 可知：1、2 脚为输入脚，因此接实验箱上的两个逻辑开关作为输入，3 脚为输出脚接实验箱上的发光二极管 LED，作输出指示。LED 亮，表示输出为 1；LED 熄灭，表示输出为 0，根据实验结果填写表 5-3 中。

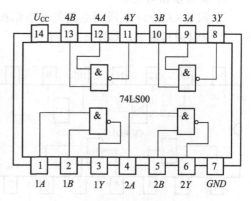

图 5-14 74LS00 系列四-2 输入与非门

表 5-3　与非门真值表

输　　入		输　　出	输　　入		输　　出
A	B	Y	A	B	Y
0	0		1	0	
0	1		1	1	

③ 观察与非门对信号的控制作用。将输入端 A 接振荡频率为 1kHz、幅度为 4V 的周期性矩形脉冲信号，输入端 B 接逻辑开关。在逻辑开关按表 5-4 所示进行连接后，将输出端 Y 接到示波器上进行观察。

表 5-4　输入状态对与非门输出的影响

输入波形	逻辑开关状态	输出波形
周期性脉冲	1	
周期性脉冲	0	

根据以上实验结果可以得出以下结论：如果与非门的一个输入端为_____（低电平/高电平）信号，其他输入端的信号便能正常输出其对应的逻辑功能；如果有一个输入端为_____（低电平/高电平）信号，其他输入端的信号便不能正常输出其对应的逻辑功能。通常称这种情况下门电路被封锁了，与非门电路的封锁电平为_____（低电平/高电平）。

4. 实训总结与分析

① 在使用集成电路时，首先要正确识别其型号，然后根据已有的理论知识正确读懂其管脚图，清楚每脚的功能和用途。

② 测试与非门的逻辑功能，列出表格，进行分析。

③ 正确使用实训装置、测试仪器仪表，使用万用表时要按要求选择其挡位。

技能训练二　CC4001 逻辑功能测试

1. 实训目的

① 掌握 CMOS 或非门的端子识别方法。

② 掌握 CMOS 或非门的功能测试方法。

③ 熟练掌握与非门对信号的控制作用。

2. 实训设备与器件

① 数字电路实验箱。② CC4001。③ 导线。④ 示波器。⑤ 万用电表。

3. 实训步骤与要求

① 识别 CC4001 集成门电路的外形结构。认真观察所给的 CC4001 集成门电路的外形结构，正确识别其端子，如图 5-15 所示。

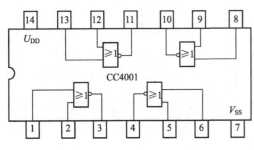

图 5-15　CC4001 四-2 输入或非门

② 测试 CC4001 的逻辑功能。将所给出的 14 脚接上电源 5V，7 脚接地。选择四个门电路中的任一个门做测试，如选端子号为 1、2、3 的门，由图 5-15 可知，1、2 脚为输入脚，因此接实验箱上的两个逻辑开关作为输入，3 脚为输出脚，接实验箱上的发光二极管 LED，作输出指示。LED 亮，表示输出为 1；LED 熄灭，表示输出为 0，根据实验结果填写表 5-5。

③ 观察与非门对信号的控制作用。将输入端 A 接振荡频率为 1kHz、幅度为 4V 的周期性矩形脉冲信号，输入端 B 接逻辑开关。在逻辑开关按表 5-6 所示进行连接后，将输出端 Y 接到示波器上进行观察，根据实验结果填写表 5-6。

表 5-5　或非门真值表

输　入		输　出	输　入		输　出
A	B	Y	A	B	Y
0	0		1	0	
0	1		1	1	

表 5-6　输入状态对或非门输出的影响

输入波形	逻辑开关状态	输出波形
周期性脉冲	1	
周期性脉冲	0	

根据以上实验结果可以得出以下结论：如果或非门的一个输入端为_____（低电平/高电平）信号，其他输入端的信号便能正常输出其对应的逻辑功能，如果有一个输入端为_____（低电平/高电平）信号，其他输入端的信号便不能正常输出其对应的逻辑功能。我们通常称这种情况下门电路被封锁了，或非门电路的封锁电平为_____（低电平/高电平）。

4. 实训总结与分析

① 在使用集成电路时，首先要正确识别其型号，然后根据已经有的理论知识正确读懂其端子图，清楚每脚的功能和用途。

② CC4001 不用的输入端要可靠接地。

③ 测试与非门的逻辑功能，列出表格，进行分析。

④ 正确使用实训装置、测试仪器仪表，使用万用表时要按要求选择其挡位。

⑤ 在使用 CMOS 电路时，要防止其锁定效应。

CMOS 集成门电路的锁定效应是指当其工作在较高的电源电压 U_{DD}，或输入、输出信号由于电路上的原因而大于 U_{DD} 或小于 U_{SS} 时，可能出现的一种使电路永久失效的现象。为了防止出现这种情况，应该采用以下的措施。

① 加强电源的去耦，加粗电源线和地线。

② 在不影响电路正常工作时，降低电源电压 U_{DD}。

③ 在不影响电路工作速度的情况下，使电源提供的电流小于锁定电流（40mA）。

④ 对输入信号进行钳位。

【想一想，做一做】

1. 如何将与非门、或非门和异或门作非门使用？它们的输入端应如何连接？
2. 为什么 TTL 与非门不能实现线与？为什么 OC 门能够实现线与？
3. 为什么 CMOS 集成门电路的闲置输入端不允许悬空？

第二节　组合逻辑电路

一、组合逻辑电路概述

根据逻辑功能的不同特点，常把数字电路分成组合逻辑电路（简称组合电路）和时序逻辑电路（简称时序电路）两大类。

任何时刻输出信号的稳态值，仅决定于该时刻各个输入信号的取值组合的电路，称为组合电路。在组合电路中，输入信号作用以前电路所处的状态，对输出信号没有影响。组合电路的示意图如图 5-16 所示。

图 5-16　组合电路示意图

组合逻辑电路的特点如下。

① 输出、输入之间没有反馈延迟通路。

② 电路中不含记忆元件。

二、组合逻辑电路的分析和设计方法

1. 分析方法

所谓组合逻辑电路的分析方法，就是根据给定的逻辑电路图，确定其逻辑功能的步骤，即求出描述该电路的逻辑功能的函数表达式或者真值表的过程。分析组合逻辑电路的目的是为了确定已知电路的逻辑功能，或者检查电路设计是否合理。

组合逻辑电路的分析步骤如下。

① 根据已知的逻辑图，从输入到输出逐级写出逻辑函数表达式。

② 利用公式法或卡诺图法化简逻辑函数表达式。

③ 列真值表，确定其逻辑功能。

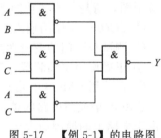

【例 5-1】 分析如图 5-17 所示组合逻辑电路的功能。

解：
$$Y = \overline{\overline{AB}\ \overline{BC}\ \overline{AC}}$$

化简后可得：

$$Y = AB + BC + AC$$

列真值表如表 5-7 所示

图 5-17　【例 5-1】的电路图

表 5-7　【例 5-1】的真值表

A	B	C	Y
0	0	0	0
0	0	1	0
0	1	0	0
0	1	1	1
1	0	0	0
1	0	1	1
1	1	0	1
1	1	1	1

由表 5-7 可知，若输入两个或者两个以上的 1（或 0），输出 Y 为 1（或 0），此电路在实

际应用中可作为多数表决电路使用。

【例 5-2】　试分析如图 5-18 所示组合逻辑电路的功能。

解：① 写出如下逻辑表达式。

$$Y_1 = \overline{AB}$$
$$Y_2 = \overline{AY_1} = \overline{A\,\overline{AB}}$$
$$Y_3 = \overline{Y_1 B} = \overline{\overline{AB}B}$$

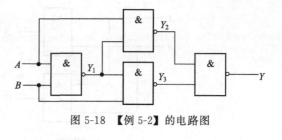

图 5-18　【例 5-2】的电路图

$$Y = \overline{Y_2 Y_3} = \overline{\overline{A\,\overline{AB}}\,\,\overline{\overline{AB}B}}$$

② 化简。

$$Y = \overline{\overline{A\,\overline{AB}}\,\,\overline{\overline{AB}B}} = (\overline{A}+AB)(AB+\overline{B}) = \overline{A}\,\overline{B}+AB = A \oplus B$$

③ 确定逻辑功能。从逻辑表达式可以看出，电路具有异或功能。

2. 设计方法

组合逻辑电路的设计可按以下步骤进行。

① 分析要求。首先根据给定的设计要求（设计要求可以是一段文字说明，或者是一个具体的逻辑问题，也可能是一张功能表等），分析其逻辑关系，确定哪些是输入变量，哪些是输出变量，以及它们之间的相互关系。然后，对输入变量和输出变量的响应状态用 0、1 表示，称为状态赋值。

② 列真值表。根据上述分析和赋值情况，将输入变量的所有取值组合和与之相对应的输出变量值列表，即得真值表。注意，不会出现或不允许出现的输入变量取值组合可以不列出。如果列出，可在相应的输出函数处记上"×"号，化简时可作约束项处理。

③ 化简。用卡诺图法或公式法进行化简，得到最简逻辑函数表达式。

④ 画逻辑图。根据简化后的逻辑表达式画出逻辑电路图。如果对采用的门电路类型有要求，可适当变换表达式形式，如与非、或非、与或非表达式等，然后用对应的门电路构成逻辑图。

这就是所谓的组合电路设计的四步法。它是一种采用最普遍、较有规律性的方法，是初学者必须掌握的方法。

【例 5-3】　设计一个二进制半加器电路，要求有两个加数输入端、一个求和输出端和一个进位输出端。

解：① 分析设计要求，确定逻辑变量。这是一个可完成一位二进制加法运算的电路，设两个加数分别为 A 和 B，输出和为 S，进位输出为 C。

② 列真值表。根据一位二进制加法运算规则及所确定的逻辑变量，可列出真值表，如表 5-8 所示。

③ 写逻辑表达式。

$$S = \overline{A}B + A\overline{B} = A \oplus B$$
$$C = AB$$

表 5-8　【例 5-3】的真值表

A	B	S	C	A	B	S	C
0	0	0	0	1	0	1	0
0	1	1	0	1	1	0	1

④ 画逻辑电路图，如图 5-19 所示。

【例 5-4】　三个工厂由甲、乙两个供电站供电。试设计一个满足如下要求的供电控制

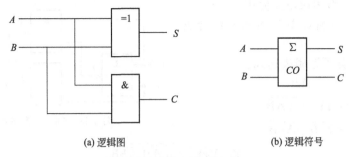

(a) 逻辑图   (b) 逻辑符号

图 5-19 【例 5-3】半加器

电路：

    （1）一个工厂用电，由甲站供电；

    （2）两个工厂用电，由乙站供电；

    （3）三个工厂用电，由两站供电。

    解： ① 确定输入、输出变量的个数。根据电路要求，设输入变量 A、B、C 分别表示三个工厂是否用电，1 表示有用电要求，0 表示无用电要求；输出变量 G、Y 分别表示甲、乙两站是否供电，1 表示供电，0 表示不供电。

    ② 列真值表，如表 5-9 所示。

表 5-9 【例 5-4】的真值表

A	B	C	Y	G
0	0	0	0	0
0	0	1	0	1
0	1	0	0	1
0	1	1	1	0
1	0	0	0	1
1	0	1	1	0
1	1	0	1	0
1	1	1	1	1

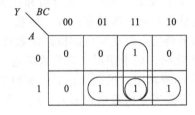

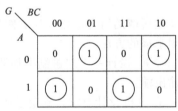

图 5-20 【例 5-4】的卡诺图

    ③ 化简。利用卡诺图化简，如图 5-20 所示，可得：

$$Y = BC + AC + AB$$

$$G = \overline{A}\,\overline{B}C + \overline{A}B\,\overline{C} + A\overline{B}\,\overline{C} + ABC = \overline{A}(B \oplus C) + A(B \odot C) = A \oplus B \oplus C$$

    ④ 画逻辑图。逻辑图如图 5-21(a) 所示。若要求用 TTL 与非门实现，实现该设计电路的设计步骤如下：首先，将化简后的与或逻辑表达式转换为与非形式；然后再画出用与非门实现的组合逻辑电路，如图 5-21(b) 所示。

$$Y = AC + BC + AB = \overline{\overline{AC}\ \overline{BC}\ \overline{AB}}$$

$$G = \overline{A}\,\overline{B}C + \overline{A}B\,\overline{C} + A\overline{B}\,\overline{C} + ABC = \overline{\overline{\overline{A}\,BC}\ \overline{\overline{A}B\,\overline{C}}\ \overline{A\,\overline{B}\,\overline{C}}\ \overline{ABC}}$$

三、编码器

    所谓编码，就是将特定含义的输入信号（文字、数字、符号）转换成二进制代码的过程。实现编码操作的数字电路称为编码器。按照编码方式不同，编码器可分为普通编码器和

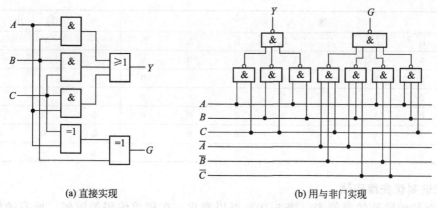

(a) 直接实现　　　　　　　　　　　　(b) 用与非门实现

图 5-21 【例 5-4】的逻辑图

优先编码器；按照输出代码种类的不同，可分为二进制编码器和非二进制编码器。

1. 二进制编码器

一位二进制代码 0 和 1 可表示两种信息，用 n 位二进制代码对 2^n 个信息进行编码的电路称为二进制编码器。图 5-22(a) 所示为由与非门及非门组成的 3 位二进制编码器的逻辑图，图 5-22(b) 是示意图。由图 5-22 看出，它有 8 个输入端 $I_0 \sim I_7$，分别代表需要编码的输入信号，3 个输出端 $Y_0 \sim Y_2$ 组成 3 位二进制代码。根据编码器的输入、输出端的数目，这种编码器又称为 8 线-3 线编码器，其真值表如表 5-10 所示。请读者分析得出输出逻辑表达式。

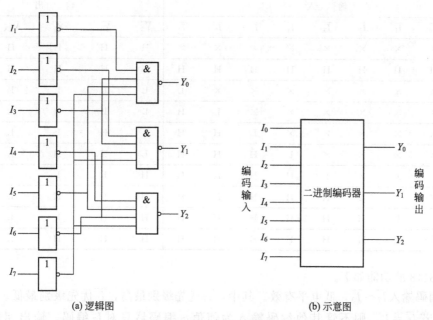

(a) 逻辑图　　　　　　　　　　　　(b) 示意图

图 5-22 二进制编码器

表 5-10　8 线-3 线编码器真值表

输　　入								输　　出		
I_0	I_1	I_2	I_3	I_4	I_5	I_6	I_7	Y_2	Y_1	Y_0
0	0	0	0	0	0	0	1	1	1	1
0	0	0	0	0	0	1	0	1	1	0

续表

输　入								输　出		
I_0	I_1	I_2	I_3	I_4	I_5	I_6	I_7	Y_2	Y_1	Y_0
0	0	0	0	0	1	0	0	1	0	1
0	0	0	0	1	0	0	0	1	0	0
0	0	0	1	0	0	0	0	0	1	1
0	0	1	0	0	0	0	0	0	1	0
0	1	0	0	0	0	0	0	0	0	1
1	0	0	0	0	0	0	0	0	0	0

2. 二进制优先编码器

从上面的编码器的真值表（表 5-10）可以看出，在请求编码的时候，所有的输入信号中只能有一个输入信号的编码请求，否则输出会是乱码。为解决编码器输入信号之间的排斥问题，设计了优先编码器。优先编码器允许多个输入端同时有编码请求。但由于在设计优先编码器时，已经预先对所有编码信号按优先顺序进行了排队，排出了优先级别，因此，即使输入端有多个编码请求，编码器也只对其中优先级别最高的有效输入信号进行编码，而不考虑其他优先级别比较低的输入信号。优先级别可以根据实际需要确定。下面就以常见的优先编码器 74LS148 为例介绍其功能，其功能见表 5-11，逻辑符号和外引线图如图 5-23 所示。

表 5-11　74LS148 功能表

输　入									输　出				
$\overline{ST}$	$\overline{I_0}$	$\overline{I_1}$	$\overline{I_2}$	$\overline{I_3}$	$\overline{I_4}$	$\overline{I_5}$	$\overline{I_6}$	$\overline{I_7}$	$\overline{Y_2}$	$\overline{Y_1}$	$\overline{Y_0}$	$\overline{Y_{EX}}$	$\overline{Y_S}$
H	×	×	×	×	×	×	×	×	H	H	H	H	H
L	H	H	H	H	H	H	H	H	H	H	H	H	L
L	×	×	×	×	×	×	×	L	L	L	L	L	H
L	×	×	×	×	×	×	L	H	L	L	H	L	H
L	×	×	×	×	×	L	H	H	L	H	L	L	H
L	×	×	×	×	L	H	H	H	L	H	H	L	H
L	×	×	×	L	H	H	H	H	H	L	L	L	H
L	×	×	L	H	H	H	H	H	H	L	H	L	H
L	×	L	H	H	H	H	H	H	H	H	L	L	H
L	L	H	H	H	H	H	H	H	H	H	H	L	H

74LS148 的功能如下。

① 编码输入 $\overline{I_7} \sim \overline{I_0}$，低电平有效。其中，$\overline{I_7}$ 优先级别最高，$\overline{I_0}$ 优先级别最低。在编码器工作时，若 $\overline{I_7} = L$，则不管其他编码输入为何值，编码器只对 $\overline{I_7}$ 编码，输出相应的代码 $\overline{Y_2}\,\overline{Y_1}\,\overline{Y_0} = LLL$（反码输出）；若 $\overline{I_7} = H$，$\overline{I_6} = L$，则不管其他编码输入为何值，编码器只对 $\overline{I_6}$ 编码，输出相应的代码 $\overline{Y_2}\,\overline{Y_1}\,\overline{Y_0} = LLH$，依次类推。

② 编码输出 $\overline{Y_2} \sim \overline{Y_0}$，采用反码形式。

③ $\overline{ST}$ 为控制输入端（又称选通输入端），Y_S 是选通输出端，$\overline{Y_{EX}}$ 是扩展输出端。当 $\overline{ST} = H$ 时，禁止编码器工作，不管编码输入为何值，$\overline{Y_2}\overline{Y_1}\overline{Y_0} = HHH$，$Y_S = \overline{Y_{EX}} = H$；当 $\overline{ST} = L$ 时，编码器才工作。无编码输入信号时，$Y_S = L$，$\overline{Y_{EX}} = H$；有编码输入信号时，

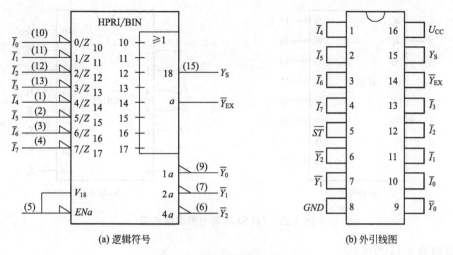

(a) 逻辑符号　　　　　　　　　(b) 外引线图

图 5-23　优先编码器 74LS148

Y_S＝H，$\overline{Y}_{EX}$＝L。在 $\overline{ST}$＝L 时，选通输出端 Y_S 和扩展输出端 $\overline{Y}_{EX}$ 的信号总是相反的。$\overline{ST}$、Y_S、$\overline{Y}_{EX}$ 主要是为扩展使用的端子。

【例 5-5】 试用两片 74LS148 优先编码器扩展成 16 线-4 线优先编码器。

解： 由于每片 74LS148 有 8 个信号输入端，两片正好是 16 个输入端，因此待编码的信号输入端无需扩展；而每片代码输出只有 3 位，所以需要扩展一位代码输出端，逻辑图如图 5-24 所示。图中，74LS148 使用的是常用的普通逻辑符号，它是非国标符号，但作图简明方便，现仍应用广泛。本书中在应用电路的逻辑图中均采用这种普通逻辑符号。

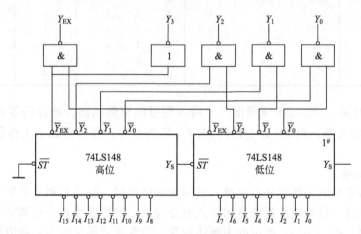

图 5-24　74LS148 扩展电路

四、译码器

译码是编码的逆过程，即将每一组输入二进制代码"翻译"成为一个特定的输出信号。实现译码功能的数字电路称为译码器。译码器分为变量译码器和显示译码器。变量译码器有二进制译码器和非二进制译码器。显示译码器按显示材料分为荧光、发光二极管译码器、液晶显示译码器；按显示内容分为文字、数字、符号译码器。

1. 二进制译码器（变量译码器）

变量译码器种类很多。常用的有 TTL 系列中的 54/74HC138、54/74LS138；CMOS 系列中的 54/74HC138、54/74HCT138 等。图 5-25 所示为 74LS138 的符号图和端子图，其逻

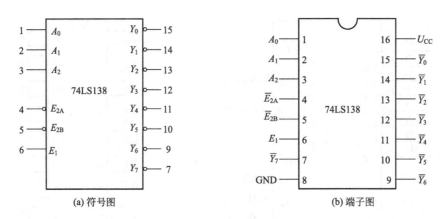

图 5-25 74LS138 符号图和端子图

辑功能表如表 5-12 所示。

表 5-12 74LS138 译码器功能表

输　　　入					输　　　出							
E_1	$\overline{E_{2A}}+\overline{E_{2B}}$	A_2	A_1	A_0	$\overline{Y_7}$	$\overline{Y_6}$	$\overline{Y_5}$	$\overline{Y_4}$	$\overline{Y_3}$	$\overline{Y_2}$	$\overline{Y_1}$	$\overline{Y_0}$
$\times$	1	$\times$	$\times$	$\times$	1	1	1	1	1	1	1	1
0	$\times$	$\times$	$\times$	$\times$	1	1	1	1	1	1	1	1
1	0	0	0	0	1	1	1	1	1	1	1	0
1	0	0	0	1	1	1	1	1	1	1	0	1
1	0	0	1	0	1	1	1	1	1	0	1	1
1	0	0	1	1	1	1	1	1	0	1	1	1
1	0	1	0	0	1	1	1	0	1	1	1	1
1	0	1	0	1	1	1	0	1	1	1	1	1
1	0	1	1	0	1	0	1	1	1	1	1	1
1	0	1	1	1	0	1	1	1	1	1	1	1

由表 5-12 可知，74LS138 能译出三个输入变量的全部状态。该译码器设置了 E_1、$\overline{E_{2A}}$ 和 $\overline{E_{2B}}$ 三个使能输入端，当 E_1 为 1 且 $\overline{E_{2A}}$ 和 $\overline{E_{2B}}$ 均为 0 时，译码器处于工作状态，否则译码器不工作。

2. 显示译码器

显示译码器常见的是数字显示电路，它通常由译码器、驱动器和显示器等部分组成。

（1）显示器件　数码显示器按显示方式有分段式、字形重叠式、点阵式。其中，七段显示器应用最普遍。图 5-26(a) 所示的半导体发光二极管显示器是数字电路中使用最多的显示器，主要由条形发光二极管组成。其基本结构是由磷化镓或碳化硅等材料制成的 PN 结，当被加上正电压时，电子与空穴复合，释放出能量而发出一定波长的可见光。常见的半导体数码管为七段字形结构，图示为带小数点（DP）的七段数码管及显示数字的字形。它有共阳极和共阴极两种接法。共阳极接法 [图 5-27(a)] 是各发光二极管阳极相接，对应极接低电平时亮。图 5-27(b) 所示为发光二极管的共阴极接法，共阴极接法是各发光二极管的阴极相接，对应极接高电平时亮。

半导体数码管字形清晰、工作电压低（1.5～3V）、体积小、可靠性好、寿命长、响应速度快，发光颜色因所用材料不同有红色、绿色、黄色等，可以直接用 TTL 集成门电路驱动。其缺点是工作电流较大，每一段的工作电流为几至几十毫安。

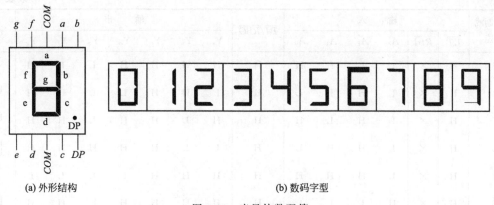

(a) 外形结构　　　　　　　　　　　　　(b) 数码字型

图 5-26　半导体数码管

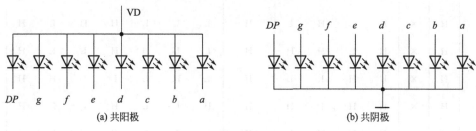

(a) 共阳极　　　　　　　　　　　　　(b) 共阴极

图 5-27　两种工作方式原理图

（2）显示译码器　如图 5-28 为显示译码器 74LS48 的端子排列图，这种显示译码器与七段码显示器配套使用。表 5-13 所示为 74LS48 的逻辑功能表，下面说明其工作原理。

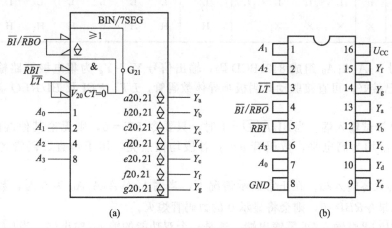

图 5-28　74LS48 的端子排列图

表 5-13　74LS48 显示译码器的功能表

十进制或功能	输　入						$\overline{BI}/\overline{RBO}$	输　　出							字形
	$\overline{LT}$	$\overline{RBI}$	A_3	A_2	A_1	A_0		Y_a	Y_b	Y_c	Y_d	Y_e	Y_f	Y_g	
0	H	H	L	L	L	L	H	H	H	H	H	H	H	L	0
1	H	×	L	L	L	H	H	L	H	H	L	L	L	L	1
2	H	×	L	L	H	L	H	H	H	L	H	H	L	H	2

续表

十进制或功能	输　入						$\overline{BI}/\overline{RBO}$	输　出							字形
	$\overline{LT}$	$\overline{RBI}$	A_3	A_2	A_1	A_0		Y_a	Y_b	Y_c	Y_d	Y_e	Y_f	Y_g	
3	H	×	L	L	H	H	H	H	H	H	H	L	L	H	∃
4	H	×	L	H	L	L	H	L	H	H	L	L	H	H	４
5	H	×	L	H	L	H	H	H	L	H	H	L	H	H	５
6	H	×	L	H	H	L	H	L	L	H	H	H	H	H	６
7	H	×	L	H	H	H	H	H	H	H	L	L	L	L	７
8	H	×	H	L	L	L	H	H	H	H	H	H	H	H	８
9	H	×	H	L	L	H	H	H	H	H	L	L	H	H	９
10	H	×	H	L	H	L	H	L	L	L	H	H	L	H	⊏
11	H	×	H	L	H	H	H	L	L	H	H	L	L	H	⊐
12	H	×	H	H	L	L	H	L	H	L	L	H	H	L	∪
13	H	×	H	H	L	H	H	H	L	L	H	L	L	H	⊏
14	H	×	H	H	H	L	H	L	L	L	H	H	H	H	Ŀ
15	H	×	H	H	H	H	H	L	L	L	L	L	L	L	
消隐	×	×	×	×	×	×	L	L	L	L	L	L	L	L	
动态灭零	H	L	L	L	L	L	L	L	L	L	L	L	L	L	
灯测试	L	×	×	×	×	×	H	H	H	H	H	H	H	H	８

　　输入信号 $A_3A_2A_1A_0$ 组成 8421BCD 码，输出信号 $Y_a \sim Y_g$ 为集电极开路输出结构，上拉电阻 2kΩ 已接好，可直接驱动共阴极半导体数码管。LT、RBI 及 BI/RBO 端为使能控制端，功能如下。

　　① LT 灯测试输入端。当 $\overline{BI}/\overline{RBO}=1$ 时，只要令 $LT=0$，则无论其他端的状态如何，$Y_a \sim Y_g$ 的输出均为高电平，数码管 $a \sim g$ 各段均被点亮，用于检查数码管各段是否工作正常。

　　② $\overline{RBI}$ 为灭零输入端。在正常显示情况下，当输入 $A_3A_2A_1A_0$ 为 0 时，数码管应该显示 0，此时如果令 $\overline{RBI}=0$，则会将显示 0 的数码管熄灭。

　　③ $\overline{BI}/\overline{RBO}$ 灭灯输入/灭零输出端。这是一个双功能的输入/输出端，当 $\overline{BI}/\overline{RBO}$ 作为输入端使用时，称灭灯控制输入端。只要 $\overline{BI}=0$，无论 $\overline{LT}$、$\overline{RBI}$、$A_3A_2A_1A_0$ 的状态如何，$Y_a \sim Y_g$ 的输出均为低，数码管 $a \sim g$ 各段均灭，即数码管熄灭。当 $\overline{BI}/\overline{RBO}$ 作为输出端使用时，称灭零输出端。当数码管工作在灭零状态时，$\overline{RBO}$ 输出低电平，可用于其他位灭零。将 $\overline{RBI}$ 与 $\overline{RBO}$ 端配合使用，可方便实现多位数码显示系统的灭零控制。

　　3. 译码器的应用

　　① 变量译码器的每个输出端都表示一个最小项，利用这个特点，可以实现逻辑函数。

　　【例 5-6】 用一个 3 线-8 线译码器实现函数 $Y=\overline{A}\,\overline{B}\,C+A\,\overline{B}\,\overline{C}+\overline{A}B\,\overline{C}$。

　　解： 如表 5-12 所示，当 E_1 接 +5V，$\overline{E}_{2A}$ 和 $\overline{E}_{2B}$ 接地时，得到对应各个输入端的输出 Y：

$\overline{Y_0}=\overline{\overline{A_2}\,\overline{A_1}\,\overline{A_0}}$，$\overline{Y_1}=\overline{\overline{A_2}\,\overline{A_1}A_0}$，$\overline{Y_2}=\overline{\overline{A_2}A_1\,\overline{A_0}}$，

$\overline{Y_3}=\overline{\overline{A_2}A_1A_0}$，$\overline{Y_4}=\overline{A_2\,\overline{A_1}\,\overline{A_0}}$，$\overline{Y_5}=\overline{A_2\,\overline{A_1}A_0}$，$\overline{Y_6}=$

$\overline{A_2A_1\,\overline{A_0}}$，$\overline{Y_7}=\overline{A_2A_1A_0}$

若用输入变量 A、B、C 分别代替 A_2、A_1、A_0，则可得到函数

$$Y=\overline{A}\,\overline{B}\,\overline{C}+A\,\overline{B}\,\overline{C}+\overline{A}B\,\overline{C}$$
$$=\overline{\overline{\overline{A}\,\overline{B}\,\overline{C}}\cdot\overline{A\,\overline{B}\,\overline{C}}\cdot\overline{\overline{A}B\,\overline{C}}}=\overline{\overline{Y_0}\,\overline{Y_4}\,\overline{Y_2}}$$

可见，用3线-8线译码器再加上一个与非门就可实现函数 Y，其逻辑图如图5-29所示。为简化书写，用 S_1、S_2、S_3 分别代替 E_1、$\overline{E_{2A}}$ 和 $\overline{E_{2B}}$。

② 译码器的扩展。在实际应用中，有时需要的端口数目一块芯片是完成不了的，这就要用到扩展功能。

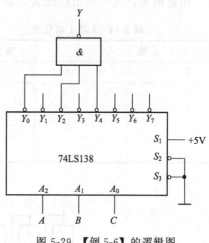

图 5-29 【例 5-6】的逻辑图

【例 5-7】 用两片 74LS138 实现一个 4 线 16 线译码器。

解：

利用译码器的使能端作为高位输入端如图 5-30 所示，当 $A_3=0$ 时，由表 5-12 可知，低位片 74LS138 工作，对输入 A_3、A_2、A_1、A_0 进行译码，还原出 $\overline{Y_0}\sim\overline{Y_7}$，则高位禁止工作；当 $A_3=1$ 时，高位片 74LS138 工作，还原出 $\overline{Y_8}\sim\overline{Y_{15}}$，而低位片禁止工作。

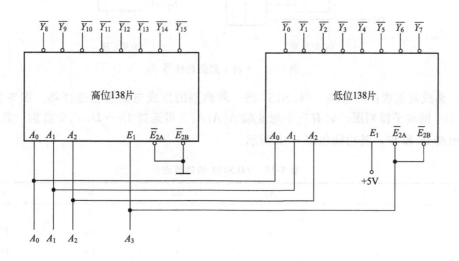

图 5-30 【例 5-7】的逻辑图

五、数据选择器和数据分配器

1. 数据选择器

数据选择器功能是按要求从多路输入选择一路输出，根据输入端的个数分为 4 选 1、8 选 1 等。其功能类似如图 5-31 所示的单刀多掷开关。

图 5-32 所示是 4 选 1 数据选择器的符号图和端子图。其中，A_1、A_0 为控制数据准确传送的地址输入信号，$D_0\sim D_3$ 供选择的电路并行输入信号，$\overline{E}$ 为选通端或使能端，低电平有效。当 $\overline{E}=1$ 时，选择器不工作，禁止数据输入。$\overline{E}=0$ 时，选择器正常工作允许数据选通。由图 5-32 可写出 4 选 1 数据选择器输出逻辑表达式

$$Y=(\overline{A}\,\overline{B}D_0+\overline{A}BD_1+A\,\overline{B}D_2+ABD_3)\overline{E}$$

由逻辑表达式可列出功能表，如表 5-14 所示。

表 5-14　4 选 1 功能表

输　　入			输　　出
$\overline{E}$	A_1	A_2	Y
1	×	×	0
0	0	0	D_0
0	0	1	D_1
0	1	0	D_2
0	1	1	D_3

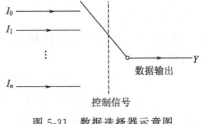

图 5-31　数据选择器示意图

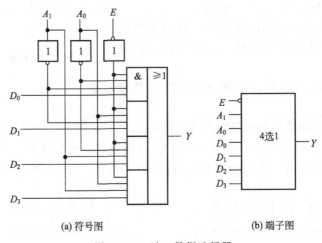

(a) 符号图　　　　　　　(b) 端子图

图 5-32　4 选 1 数据选择器

（1）集成数据选择器电路　74LS151 是一种典型的集成电路数据选择器。图 5-33 所示是 74LS151 的端子排列图。它有三个地址端 $A_2A_1A_0$。可选择 $D_0 \sim D_7$ 八个数据，具有两个互补输出端 W 和 $\overline{W}$，其功能如表 5-15 所示。

表 5-15　74LS151 的功能表

$\overline{E}$	A_2	A_1	A_0	W	$\overline{W}$
1	×	×	×	0	1
0	0	0	0	D_0	$\overline{D_0}$
0	0	0	1	D_1	$\overline{D_1}$
0	0	1	0	D_2	$\overline{D_2}$
0	0	1	1	D_3	$\overline{D_3}$
0	1	0	0	D_4	$\overline{D_4}$
0	1	0	1	D_5	$\overline{D_5}$
0	1	1	0	D_6	$\overline{D_6}$
0	1	1	1	D_7	$\overline{D_7}$

（2）数据选择器的扩展

【例 5-8】　用两片 74LS151 连接成一个 16 选 1 的数据选择器。

解： 16 选 1 的数据选择器的地址输入端有四位，最高位 A_3 的输入可以由两片 8 选 1 数据选择器的使能端接非门来实现，低三位地址输入端由两片 74LS151 的地址输入端相连而

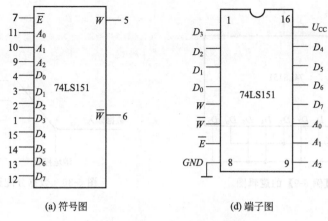

(a) 符号图　　　　　　(d) 端子图

图 5-33 74LS151 数据选择器

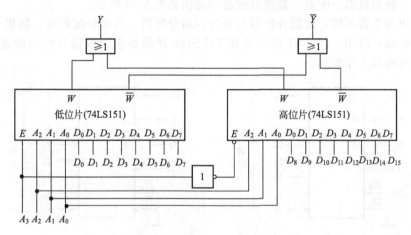

图 5-34 【例 5-8】的连接图

成，连接图如图 5-34 所示。由表 5-15 知，当 $A_3=0$ 时，低位片 74LS151 工作，根据地址控制信号 A_3、A_2、A_1、A_0 选择数据 $D_0 \sim D_7$ 输出；$A_3=1$ 时，高位片工作，选择 $D_8 \sim D_{15}$ 进行输出。

（3）数据选择器的应用　利用数据选择器，当使能端有效时，将地址输入、数据输入代替逻辑函数中的变量，可以实现逻辑函数。具有 N 个地址输入端的数据选择器可以很方便地实现具有 $N+1$ 个逻辑变量的逻辑函数。其中，N 个变量作为地址输入，剩下的那个变量根据需要可以以原变量或反变量的形式接到相应的数据输入端。

【例 5-9】 试用 8 选 1 数据选择器 74LS151 产生逻辑函数。

$$Y=AB\bar{C}+\bar{A}BC+\bar{A}\,\bar{B}$$

解： 把逻辑函数变换成最小项表达式

$$Y=AB\bar{C}+\bar{A}BC+\bar{A}\,\bar{B}=AB\bar{C}+\bar{A}BC+\bar{A}\,\bar{B}C+\bar{A}\,\bar{B}\bar{C}=m_0+m_1+m_3+m_6$$

8 选 1 数据选择器的输出逻辑函数表达式为

$$Y=\bar{A}_2\,\bar{A}_1\,\bar{A}_0 D_0+\bar{A}_2\,\bar{A}_1 A_0 D_1+\bar{A}_2 A_1\,\bar{A}_0 D_2+\bar{A}_2 A_1 A_0 D_3+A_2\,\bar{A}_1\,\bar{A}_0 D_4$$
$$+A_2\,\bar{A}_1 A_0 D_5+A_2 A_1\,\bar{A}_0 D_6+A_2 A_1 A_0 D_7$$
$$=m_0 D_0+m_1 D_1+m_1 D_2+m_3 D_3+m_4 D_4+m_5 D_5+m_6 D_6+m_7 D_7$$

若将式中 A_2、A_1、A_0 用 A、B、C 来代替，$D_0=D_1=D_3=D_6=1$，$D_2=D_4=D_5=D_7=0$，画出该逻辑函数的逻辑图，如图 5-35 所示。

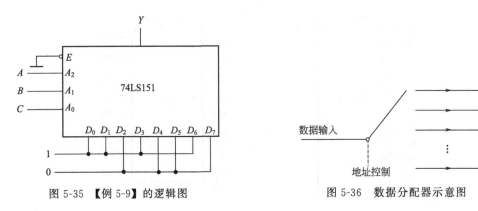

图 5-35　【例 5-9】的逻辑图　　　　　图 5-36　数据分配器示意图

2. 数据分配器

数据分配是数据选择的逆过程。根据地址信号的要求，将一路数据分配到指定输出通道上去的电路，称为数据分配器。数据分配器示意图如图 5-36 所示。

根据输出的个数不同，数据分配器可分为四路分配器、八路分配器等。数据分配器实际上是译码器的特殊应用。图 5-37 所示是用 74LS138 译码器作为数据分配器的逻辑原理图，请读者自己分析其工作原理。

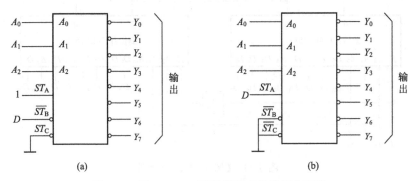

图 5-37　用 74LS138 译码器构成的数据分配器

六、加法器和数值比较器

在数字系统中，除了经常用到算术运算外，还要经常对两个数的大小进行比较。因此，加法器和数值比较器也是最常用的逻辑部件。

1. 全加器

将两个 1 位二进制数及低位进位数相加的电路称为全加器。如设两个多位二进制数相加，第 i 位上的两个加数分别为 A_i、B_i，来自低位的进位为 C_{i-1}，本位和数为 S_i，向高位的进位数为 C_i，则全加器的运算规律如表 5-16 所示。

表 5-16　全加器真值表

A_i	B_i	C_{i-1}	S_i	C_i
0	0	0	0	0
0	0	1	1	0
0	1	0	1	0
0	1	1	0	1
1	0	0	1	0
1	0	1	0	1
1	1	0	0	1
1	1	1	1	1

由真值表可以写出全加器输出逻辑函数表达式（表达式并不唯一）如下。

$$S_i = \overline{A_i}\,\overline{B_i}C_{i-1} + \overline{A_i}B_i\,\overline{C_{i-1}} + A_i\,\overline{B_i}\,\overline{C_{i-1}} + A_iB_iC_{i-1}$$

$$= \overline{A_i}(\overline{B_i}C_{i-1} + B_i\,\overline{C_{i-1}}) + A_i(\overline{B_i}\,\overline{C_{i-1}} + B_iC_{i-1}) = A_i \oplus B_i \oplus C_{i-1}$$

$$C_i = \overline{A_i}B_iC_{i-1} + A_i\overline{B_i}C_{i-1} + A_iB_i = (\overline{A_i}B_i + A_i\overline{B_i})C_{i-1} + A_iB_i = (A_i \oplus B_i)C_{i-1} + A_iB_i$$

全加器的逻辑图及逻辑符号如图 5-38 所示。

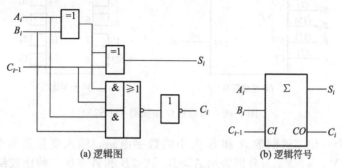

图 5-38　全加器

2. 多位加法器

多个 1 位二进制全加器的级连就可以实现多位加法运算。根据级连方式，可以分成串行进位加法器和超前进位加法器两种。

图 5-39 所示为由 4 个全加器构成的 4 位串行进位的加法器。这种加法器的特点是低位全加器输出的进位信号依次加到相邻高位全加器的进位输入端，最低位的进位输入端接地。同时，每一位的加法运算必须要等到低一位的进位产生以后才能进行，因此，串行进位加法器的运算速度较慢。

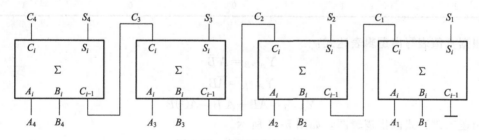

图 5-39　串行进位加法器

为了克服串行进位加法器运算速度比较慢的缺点，设计出了一种速度更快的超前进位加法器。

超前进位加法器的设计思想是设法将低位进位输入信号 C_{i-1} 经逻辑判断直接送到输出端，以缩短中间传输路径，提高工作速度，如可令

$$C_i = A_iB_i + (A_i + B_i)C_{i-1}$$

这样，只要 $A_i = B_i = 1$，或 A_i 和 B_i 有一个为 1，$C_{i-1} = 1$，则直接令 $C_i = 1$。

常用的超前进位加法器芯片有 74LS283，它是四位二进制的加法器，其逻辑符号及外引线图如图 5-40 所示。

3. 数值比较器

（1）一位数值比较器　在数字系统中，特别是在计算机中，经常需要比较两个数 A 和 B 的大小。数值比较器的作用就是对两个位数相同的二进制数 A、B 进行比较，其结果有 $A > B$、$A < B$ 和 $A = B$ 三种可能性。

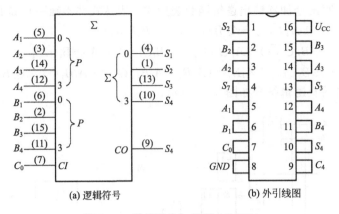

(a) 逻辑符号　　　　　　　(b) 外引线图

图 5-40　超前进位加法器 74LS283

设计比较两个一位二进制数 A 和 B 大小的数字电路，输入变量是两个比较数 A 和 B，输出变量 $Y_{A>B}$、$Y_{A<B}$、$Y_{A=B}$ 分别表示 $A>B$、$A<B$ 和 $A=B$ 三种比较结果，其真值表如表 5-17 所示。

表 5-17　一位数值比较器的真值表

输　　　入		输　　　出		
A	B	$Y_{A>B}$	$Y_{A<B}$	$Y_{A=B}$
0	0	0	0	1
0	1	0	1	0
1	0	1	0	0
1	1	0	0	1

根据真值表写出逻辑表达式：

$$Y_{A>B} = A\,\overline{B}$$

$$Y_{A<B} = \overline{A}B$$

$$Y_{A=B} = AB + \overline{A}\,\overline{B} = \overline{A \oplus B}$$

由逻辑表达式画出逻辑图，如图 5-41 所示。

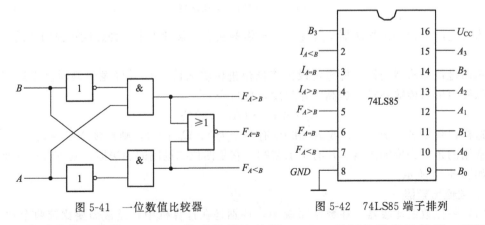

图 5-41　一位数值比较器　　　　　　图 5-42　74LS85 端子排列

（2）集成数值比较器 74LS85　集成数值比较器 74LS85 是四位数字比较器，其端子排列如图 5-42 所示。

A、B 为数据输入端；它有三个级连输入端：$I_{A<B}$、$I_{A>B}$、$I_{A=B}$，表示低四位比较的结果输入；它有三个级连输出端：$F_{A<B}$、$F_{A>B}$、$F_{A=B}$，表示末级比较结果的输出，其功能表如表 5-18 所示。从表中可以看出，若比较两个四位二进制数 $A(A_3A_2A_1A_0)$ 和 B $(B_3B_2B_1B_0)$ 的大小，从最高位开始进行比较，如果 $A_3>B_3$，则 A 一定大于 B；反之，若 $A_3<B_3$，则一定有 $A<B$；若 $A_3=B_3$，则比较次高位 A_2 和 B_2，依次类推，直到比较到最低位，若各位均相等，则 $A=B$。

表 5-18　四位数值比较器功能表

A_3B_3	A_2B_2	A_1B_1	A_0B_0	$I_{A>B}$	$I_{A<B}$	$I_{A=B}$	$F_{A>B}$	$F_{A<B}$	$F_{A=B}$
$A_3>B_3$	$\times$	$\times$	$\times$	$\times$	$\times$	$\times$	1	0	0
$A_3<B_3$	$\times$	$\times$	$\times$	$\times$	$\times$	$\times$	0	1	0
$A_3=B_3$	$A_2>B_2$	$\times$	$\times$	$\times$	$\times$	$\times$	1	0	0
$A_3=B_3$	$A_2<B_2$	$\times$	$\times$	$\times$	$\times$	$\times$	0	1	0
$A_3=B_3$	$A_2=B_2$	$A_1>B_1$	$\times$	$\times$	$\times$	$\times$	1	0	0
$A_3=B_3$	$A_2=B_2$	$A_1<B_1$	$\times$	$\times$	$\times$	$\times$	0	1	0
$A_3=B_3$	$A_2=B_2$	$A_1=B_1$	$A_0>B_0$	$\times$	$\times$	$\times$	1	0	0
$A_3=B_3$	$A_2=B_2$	$A_1=B_1$	$A_0<B_0$	$\times$	$\times$	$\times$	0	1	0
$A_3=B_3$	$A_2=B_2$	$A_1=B_1$	$A_0=B_0$	1	0	0	1	0	0
$A_3=B_3$	$A_2=B_2$	$A_1=B_1$	$A_0=B_0$	0	1	0	0	1	0
$A_3=B_3$	$A_2=B_2$	$A_1=B_1$	$A_0=B_0$	0	0	1	0	0	1

（3）**数值比较器的扩展**　74LS85 数值比较器的串级输入端 $I_{A>B}$、$I_{A<B}$、$I_{A=B}$ 是为了扩大比较器功能设置的，当不需要扩大比较位数时，$I_{A>B}$、$I_{A<B}$ 接低电平，$I_{A=B}$ 接高电平；若需要扩大比较器的位数时，只要将低位的 $F_{A>B}$、$F_{A<B}$ 和 $F_{A=B}$ 分别接高位相应的串接输入端 $I_{A>B}$、$I_{A<B}$、$I_{A=B}$ 即可。用两片 74LS85 组成八位数值比较器的电路如图 5-43 所示。

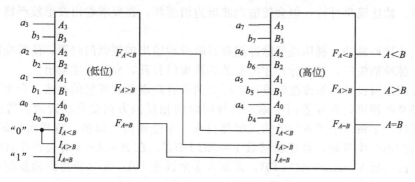

图 5-43　两片 74LS85 扩展连接图

七、组合逻辑电路中的竞争与冒险现象

1. 产生竞争和冒险的原因

组合电路中，若某个变量通过两条以上途径到达输入端，由于每条路径上的延迟时间不同，到达逻辑门的时间就有先有后，这种现象称为竞争。由于竞争，就有可能使真值表描述的逻辑关系受到短暂的破坏，在输出端产生错误结果，这种现象称为冒险。

如图 5-44（a）所示，其逻辑表达式 $Y=A\overline{A}$，由于 G_1 的延迟，$\overline{A}$ 的输入要滞后于 A 的输入，致使 Y 的输出出现一个高电平窄脉冲，如图 5-44（b）所示。

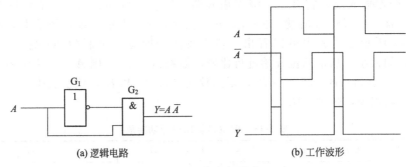

<table>
<tr><td>(a) 逻辑电路</td><td>(b) 工作波形</td></tr>
</table>

图 5-44 竞争与冒险

2. 冒险的分类

如图 5-44 所示，出现高电平窄脉冲，这种冒险也称为 1 型冒险。使输出出现低电平窄脉冲，这种冒险称为 0 型冒险。

3. 判断冒险的方法

(1) 代数法 可以用公式法判断是否有冒险，凡是在逻辑函数中，当出现某些情况时，函数会成为 $C+\overline{C}$ 或 $A\,\overline{A}$ 的形式，则电路就会存在冒险，例如 $Y=AC+B\overline{C}$，其中 C 有原变量和反变量，改变 A、B 的取值判断是否出现冒险。当 $A=1$，$B=1$ 时，$Y=C+\overline{C}$ 有 0 型冒险。因此，$Y=AC+\overline{C}B$ 会出现 0 型冒险。

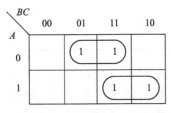

图 5-45 某一函数的卡诺图

(2) 卡诺图法 如图 5-45 所示，卡诺圈相切则有竞争冒险，如圈 1 则为 0 型冒险，而圈 0 则为 1 型冒险，当卡诺圈相交或相离时均无竞争冒险产生。

4. 消除冒险的方法

(1) 接滤波电容 因为干扰脉冲一般都较窄，所以在有可能产生干扰脉冲的逻辑门的输出端与地之间并联一个几百皮法的滤波电容，就可以把干扰脉冲吸收掉。此法简单可行，但会使输出波形边沿变坏，在要求输出波形较严格的情况下不宜采用。

(2) 引入选通脉冲 利用选通脉冲把有冒险脉冲输出的逻辑门封锁，使冒险脉冲不能输出。当冒险脉冲消失后，选通脉冲才将有关的逻辑门打开，允许正常输出。

(3) 修改逻辑设计 修改逻辑设计有时是消除冒险现象较理想的办法。产生冒险现象的重要原因是某些逻辑门存在着两个输入信号同时向相反的方向变化的现象。若修改逻辑设计，使得任何时刻每一个逻辑门的输入端都只有一个变量改变取值，这样所得的逻辑电路，就不可能由此而产生冒险，如逻辑函数 $Y=AC+B\overline{C}$，在 $B=A=1$ 时会产生冒险。若将此逻辑函数式改写成 $Y=AB+AC+\overline{C}B$，即加入多余因子 BA，那么所得到的新逻辑函数就没有冒险现象了，因为当 $B=A=1$ 时，$Y=1$。

技能训练三 三人表决器电路

1. 实训目的

① 学习查阅手册，根据设计要求选用集成芯片。

② 熟悉用集成门电路设计组合逻辑电路的方法和调试方法。

2. 实训设备与器件

数字电路实验箱、数字集成电路手册、导线、万用电表。

3. 实训步骤与要求

① 根据要求设计出逻辑函数。电路设三个输入端，分别代表三人进行表决，只有两个

或两个以上的人同意结果才有效，但同时其中一人具有否决权。

根据前面讲过的组合电路的设计方法，结合本项目实际，找出能满足本要求的逻辑函数。

② 查阅手册。根据已经得出的逻辑函数的表达形式，查阅手册，找出合适的集成门电路来实现功能。

③ 搭接电路。根据前面的工作结果，在实验箱上搭接出硬件电路。要注意所用门电路的型号、逻辑功能、端子名称等主要信息。在经教师检查无误后方可通电进行调试。做好测试结果的整理、分析工作。

4. 实训总结与分析

① 根据以上工作情况判断本次训练是否成功。

② 在使用集成门电路的时候，应该先测试其中所用的门电路功能是否正常，再决定将其接入到电路中进行训练。

③ 要在训练中逐步掌握集成门电路的故障检测及排除方法。

技能训练四　　用数据选择器实现逻辑函数

1. 实训目的

① 学习查阅手册，根据设计要求选用集成芯片。

② 掌握用数据选择器设计组合逻辑电路的方法和调试方法。

2. 实训设备与器件

①数字电路实验箱。②数字集成电路手册。③导线。④万用电表。

3. 实训步骤与要求

① 根据要求设计出逻辑函数。电路设四个输入端，分别代表四人进行表决，只有三个或三个以上的人同意结果才有效。根据前面讲过的组合电路的设计方法，结合本项目实际，找出能满足本要求的逻辑函数。

② 查阅手册。根据已经得出的逻辑函数的表达形式，查阅手册，找出合适的集成电路来实现功能。

③ 搭接电路。根据前面的工作结果，在实验箱上搭接出硬件电路。要注意所用数据选择器的型号、逻辑功能、端子名称等主要信息。在经教师检查无误后方可通电进行调试。做好测试结果的整理、分析工作。

4. 实训总结与分析

① 根据以上工作情况判断本次训练是否成功。

② 在选用数据选择器电路的时候，应该先测试其电路功能是否正常，再决定将其接入到电路中进行测试。

③ 要在训练中逐步掌握数字集成电路的故障检测及排除方法。

 【想一想，做一做】

1. 二进制译码器有什么特点？为什么说它特别适合用于实现多输出组合逻辑函数？

2. 当逻辑变量的个数多于地址码的个数时，如何用数据选择器实现逻辑函数？

3. 对二进制数值进行比较时，为什么要从高位到低位逐位进行比较？

第三节　触　发　器

一、概述

触发器（flip flop，FF）是具有记忆功能的单元电路，由门电路构成，是数字逻辑电路的基本单元电路，它有两个稳态输出（双稳态触发器），可用于存储二进制数据、记忆信息等。

从结构上来看，触发器由逻辑门电路组成，有 1 个或几个输入端，两个互补输出端，通常标记为 Q 和 $\bar{Q}$。触发器的输出有两种状态，即 0 态（$Q=0$、$\bar{Q}=1$）和 1 态（$Q=1$、$\bar{Q}=0$）。触发器的这两种状态都为相对稳定状态，只有在一定的外加信号触发作用下，才可从一种稳态转变到另一种稳态。触发器的种类很多，根据是否有时钟脉冲输入端，可将触发器分为基本触发器和钟控触发器等；根据逻辑功能的不同，可将触发器分为 RS 触发器、D 触发器、JK 触发器、T 触发器和 T′触发器等；根据电路结构的不同，可将触发器分为基本触发器、同步触发器、主从触发器和边沿触发器等；根据触发方式的不同，可将触发器分为电平触发器和边沿触发器等。

触发器的逻辑功能可用功能表（特性表）、特性方程、状态图（状态转换图）和时序图（时序波形图）来描述。

二、基本 RS 触发器

1. 结构及符号

基本 RS 触发器是一种最简单的触发器，是构成各种触发器的基础。它由两个与非门（或者或非门）的输入和输出交叉连接而成。如图 5-46 所示，基本 RS 触发器有两个输入端 R 和 S（又称触发信号端）；R 为复位端，当 R 有效时，Q 变为 0，故也称 R 为置 0 端，S 为置位端。当 S 有效时，Q 变为 1，称 S 为置 1 端。还有两个互补输出端 Q 和 $\bar{Q}$，当 $Q=1$ 时 $\bar{Q}=0$，反之亦然。

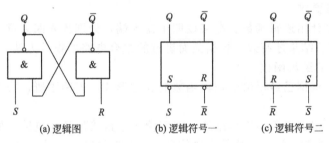

(a) 逻辑图　　　　(b) 逻辑符号一　　　　(c) 逻辑符号二

图 5-46　基本 RS 触发器

2. 功能分析

触发器有两个稳定状态。Q^n 为触发器的原状态（现态），即触发信号输入前的状态；Q^{n+1} 为触发器的新状态（次态），即触发信号输入后的状态。其功能可采用状态表、特征方程、逻辑符号图以及状态转换图、波形图（时序图）来描述。

（1）状态表　如图 5-46（a）所示可知：$Q^{n+1}=\overline{S\,\bar{Q}^n}$，$\overline{Q^{n+1}}=\overline{RQ^n}$，从表 5-19 中可知：该触发器有置 0、置 1 功能。R 与 S 均为低电平有效，可使触发器的输出状态转换为相应的 0 或 1。基 RS 触发器逻辑符号如图 5-46（b）、图 5-46（c）所示，方框下面的两个小圆圈表示输入低电平有效。当 R、S 均为低电平时，输出状态不定，有两种情况：当 $R=S=0$，$Q=\bar{Q}=1$，违反了互补关系；当 RS 由 00 同时变为 11 时，则 $Q(\bar{Q})=1(0)$，或 $Q(\bar{Q})=0(1)$，状态不能确定，因而在使用中，这种情况要避免出现。

（2）特征方程式　根据表 5-19 画出卡诺图，如图 5-47 所示，化简得：

$$Q^{n+1}=\bar{S}+RQ^n$$
$$R+S=1(约束条件)$$

（3）状态转换图（简称状态图）　如图 5-48 所示，圆圈表示状态的个数，箭头表示状态转换的方向，箭头线上标注的触发信号取值表示状态转换的条件。

表 5-19　基本 RS 触发器状态表

输　入		Q^n	Q^{n+1}	逻辑功能
R	S			
0	0	0	×	不定
		1	×	
0	1	0	0	置0
		1	0	
1	0	0	1	置1
		1	1	
1	1	0	0	保持不变
		1	1	

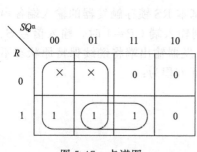

图 5-47　卡诺图

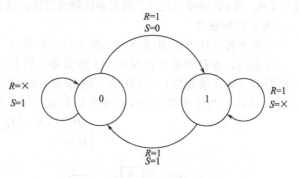

图 5-48　状态图

　　（4）波形图　如图 5-47 所示，也可以用波形图（时序图）来描述其功能。画图时应根据功能表来确定各个时间段 Q 与 $\overline{Q}$ 的状态。

　　综上所述，基本 RS 触发器具有如下特点。

　　① 具有两个稳定状态，分别为 1 和 0，称双稳态触发器。如果没有外加触发信号作用，它将保持原有状态不变，触发器具有记忆作用。在外加触发信号作用下，触发器输出状态才可能发生变化，输出状态直接受输入信号的控制，也称其为直接复位-置位触发器。

　　② 当 R、S 端输入均为低电平时，输出状态不定，即 $R=S=0$，$Q=\overline{Q}=1$，违反了互补关系。当 RS 从 00 变为 11 时，则 $Q(\overline{Q})=1(0)$，$Q(\overline{Q})=0(1)$，状态不能确定，如图 5-49所示。

　　③ 与非门构成的基本 RS 触发器的功能可简化为如表 5-20 所示。

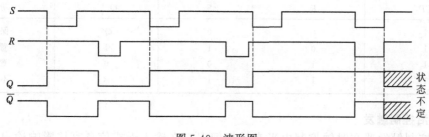

图 5-49　波形图

表 5-20　RS 触发器功能表

R	S	Q^{n+1}	功能	R	S	Q^{n+1}	功能
0	0	×	不定	1	0	1	值 1
0	1	0	值 0	1	1	Q^n	不变

三、触发器各种触发方式的实现

触发方式是指如何通过输入端的信号去控制触发器的输出。触发方式是使用触发器必须掌握的重要内容。

基本 RS 触发器的输入端一直影响触发器输出端的状态。这类触发器的基本特点是：电路结构简单，可存储一位二进制代码，是构成各种时序逻辑电路的基础。其缺点是输出状态一直受输入信号控制，当输入信号出现扰动时输出状态将发生变化；不能实现时序控制，即不能在要求的时间或时刻由输入信号控制输出信号；与输入端连接的数据线不能再用来传送其他信号，否则在传送其他信号时将改变存储器的输出数据。为了弥补触发器的这种不足，给触发器增加了时钟控制信号 CP。对 CP 的要求决定了触发器的触发方式，这类触发器又称为时钟触发器。

1. 电平控制触发

实现电平控制的方法很简单，如图 5-50(a) 所示，在基本 RS 锁存触发器的输入端各串接一个与非门，便得到电平控制的 RS 触发器。只有当控制输入端 $CP=1$ 时，输入信号 S、R 才起作用（置位或复位），否则输入信号 R、S 无效，触发器输出端将继续保持原状态不变。图 5-50(b) 为电平控制 RS 触发器的表示符号，其特征方程为：

$$\begin{cases} Q^{n+1} = S + \overline{R}Q^n \\ RS = 0 \end{cases}$$

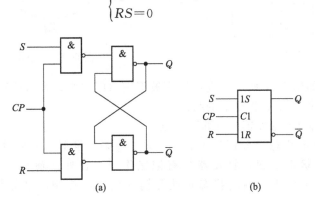

图 5-50　时钟控制 RS 触发器及符号

其真值表如表 5-21 所示。电平控制触发器克服了非时钟控制触发器对输出状态直接控制的缺点，采用选通控制，即只有当时钟控制端 CP 有效时触发器才接收输入数据，否则输入数据将被禁止。电平控制有高电平触发与低电平触发两种类型。

表 5-21　电平控制 RS 触发器功能表

CP	R	S	Q^{n+1}	功能
1	0	0	Q^n	保持
1	0	1	1	置 1
1	1	0	0	置 0
1	1	1	×	不定

2. 边沿控制触发

电平控制触发器在时钟控制电平有效期间仍存在输入干扰信息直接影响输出状态的问

题。时钟边沿控制触发器是在控制脉冲的上升沿或下降沿到来时触发器才接受输入信号的触发，与电平控制触发器相比，可增强抗干扰能力，因为仅当输入端的干扰信号恰好在控制脉冲翻转瞬间出现时才可能导致输出信号的偏差，而在该时刻（时钟沿）的前后，干扰信号对输出信号均无影响。边沿触发又可分为上升沿触发和下降沿触发，如图 5-51（a）、图 5-51（b）所示。

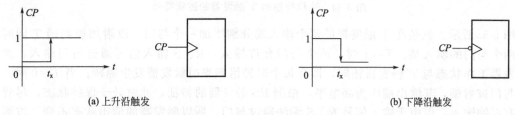

(a) 上升沿触发　　　　　　　　　　　　　　　　　　(b) 下降沿触发

图 5-51　脉冲边沿及表示符号

四、各种逻辑功能的触发器

在实际应用中应用的大都是时钟控制触发器，前面给出了具有电平触发的时钟控制 RS 触发器，当然，也有边沿触发的 RS 触发器。从结构与功能来说，RS 触发器具有两个输入端，由其真值表和特性方程可知，在时钟脉冲作用下，RS 触发器具有置 1、置 0、保持三种功能。但在实际应用中，RS 触发器的功能还不能完全满足实际逻辑电路对使用的灵活性与功能的实用性方面的要求，因此需要制作具有其他功能的触发器。

1. T′触发器

实际应用中有时需要触发器的输出状态在每个时钟控制沿到来时都发生翻转。如用时钟上升沿作为控制沿，设触发器输出端现态 $Q^n = 1$，当时钟上升沿到来时，输出端应翻转到次态 $Q^{n+1} = 0$ 状态；再下一个时钟上升沿到来时，又翻转到 $Q^{n+1} = 1$ 状态，即时钟上升沿每到来一次，触发器的输出状态都翻转一次，这种触发器称为 T′触发器。

如图 5-52 所示是由边沿控制 RS 触发器通过引入连接线得到的 T′触发器。图中，S 端与 $\overline{Q}$ 端相连，R 端与 Q 端相连。从图 5-52 可以看出，T′触发器只有时钟输入端 CP，而没有其他信号输入端。在时钟脉冲的作用下，触发器状态将发生翻转。

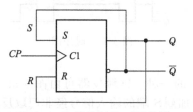

图 5-52　边沿控制的 T′触发器

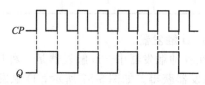

图 5-53　T′触发器的波形图

设触发器初态为 $Q = 0$，$\overline{Q} = 1$，即 $R = 0$、$S = 1$。根据 RS 触发器的特征，此时触发器处于置 1 工作状态。所以，当时钟上升沿到来时，触发器翻转为 $Q = 1$，$\overline{Q} = 0$ 状态，即 $R = 1$，$S = 0$。此时触发器处于复位状态。当下一个时钟上升沿到来时，触发器又翻转为 $Q = 0$，$\overline{Q} = 1$ 状态。如此重复下去。T′触发器的波形如图 5-53 所示。由图可见，每当时钟 CP 上升沿到来时，触发器便发生翻转。

T′触发器的特征方程式为 $Q^{n+1} = \overline{Q}^n$。

图 5-54（a）、图 5-54（b）为两种时钟边沿控制的 T′触发器的逻辑符号。

2. T 触发器

根据应用要求，需要通过一个附加控制端来控制 T′触发器的工作状态，其电路

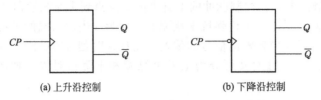

(a) 上升沿控制　　　　　　　(b) 下降沿控制

图 5-54　边沿控制的 T' 触发器的逻辑符号

如图 5-55 所示。就是在 T' 触发器的两个输入端分别增加一个与门，以附加控制端 T 同时控制两个与门的输入端。$T=1$ 时，两个与门允许输入，R、S 输入信号通过与门输入，此时触发器工作状态与 T' 触发器相同，即在每个时钟沿到来时触发器发生翻转；当 $T=0$ 时，两个与门被封锁，其输出端均为高电平，根据 RS 触发器的特征，此时处于保持状态，尽管此时有时钟输入，但由于输入信号 R、S 无法通过与门，所以触发器的输出状态不变。波形如图 5-56 所示。将这种带 T 控制端的 T' 触发器称为 T 触发器，其真值表如表 5-22 所示。

T 触发器的特征方程为

$$Q^{n+1}=T\overline{Q}^n+\overline{T}Q^n$$

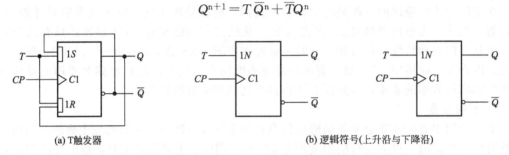

(a) T触发器　　　　　　　　　　　　　(b) 逻辑符号(上升沿与下降沿)

图 5-55　边沿控制 T 触发器及逻辑符号

表 5-22　T 触发器真值表

Q^n	T	Q^{n+1}
0	0	0
0	1	1
1	0	1
1	1	0

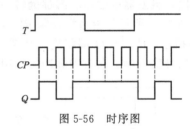

图 5-56　时序图

3. D 触发器

在各种触发器中，D 触发器是一种应用比较广泛的一种。D 触发器可由图 5-55 所示的 RS 触发器获得。如图 5-57 所示，D 触发器的 D 端将加到 S 端的输入信号经非门取反后再加到 R 输入端，即 R 端不再由外部信号控制。当时钟端 $CP=1$ 时，若 $D=1$，使触发器输入端 $S=1$，$R=0$，根据 RS 触发器的特性可知，触发器被置 1，即 $Q=D=1$；若 $D=0$，使 $S=0$，$R=1$，触发器被复位，即 $Q=D=0$，当时钟端 $CP=0$ 时，输出端保持原状态不变。其波形如图 5-58 所示，特征方程为 $Q^{n+1}=D$。

74LS74 为双上升沿 D 触发器，其管脚排列如图 5-59 所示，CP 为时钟输入端；D 为数据输入端；Q、$\overline{Q}$ 为互补输出端；$\overline{R_D}$ 为直接复位端，低电平有效；$\overline{S_D}$ 为直接置位端，低电平有效；$\overline{R_D}$ 和 $\overline{S_D}$ 用来设置初始状态。

4. JK 触发器

（1）边沿控制 JK 触发器　在上述各类触发器的基础上，希望得到应用广的通用触发器，且要求这种通用触发器具有保持功能、置位功能和复位功能，并在 RS 触发器禁用的非法

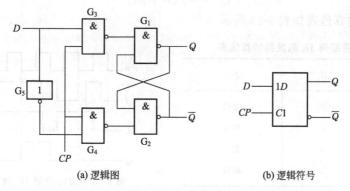

(a) 逻辑图   (b) 逻辑符号

图 5-57 D 触发器

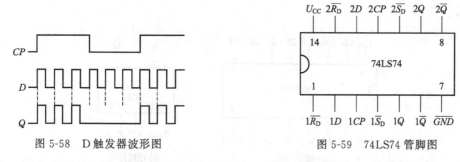

图 5-58 D 触发器波形图   图 5-59 74LS74 管脚图

状态下，能像 T' 触发器那样翻转。借助前面的 T 触发器，就能得到所要寻求的通用 JK 触发器。将图 5-53 中与 T 端相连的 1S 端和 1R 端的连线断开，分别用 J、K 表示新输入端就能达到目的。边沿控制 JK 触发器电路及逻辑符号如图 5-60 所示。设触发器输出初始状态为 $Q=0$，$\overline{Q}=1$，则输入端 $S=1$，$R=0$。若输入信号 $J=0$，$K=0$，和输入端 S、R 状态相与后，使触发输入信号均为低电平，根据 RS 触发器特性，触发器处于保持状态，当时钟沿到来时，触发器输出状态保持不变。若 $J=1$、$K=0$ 和 S、R 端状态相与后，使触发器 1S 端为 1，1R 端为 0，触发器满足置 1 条件，当时钟上升沿到来时，触发器被置 1，即 $Q=1$，$\overline{Q}=0$；若 $J=0$，$K=1$ 和 S、R 端状态相与后，使 1S 端为 0，1R 端为 1，触发器满足置 0 条件，当时钟上升沿到来时，触发器又被置 0，即 $Q=0$，$\overline{Q}=1$；若 $J=K=1$ 和 S、R 端状态相与后，使 1S 端为 1，1R 端为 0，当时钟沿到来时，触发器输出端 Q 由 0 翻转到 1；如果 J、K 状态仍都为 1，和 S、R 端状态相与后，使 1S 端为 0，1R 端为 1，当时钟沿到来时，Q 端又翻转为 0。

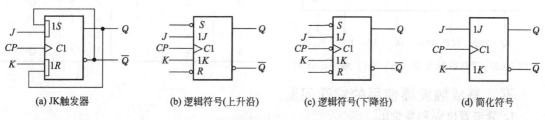

(a) JK 触发器   (b) 逻辑符号(上升沿)   (c) 逻辑符号(下降沿)   (d) 简化符号

图 5-60 边沿控制的 JK 触发器及其逻辑符号

可见，根据 J、K 端输入状态的不同，触发器可以处于保持状态，也可以被置 1 或置 0。在 $J=K=1$ 情况下，每当时钟沿到来时，触发器都发生翻转。其上升沿触发的波形图如图 5-61 所示。边沿控制 JK 触发器的特征方程为：

$$Q^{n+1} = J\,\overline{Q}^n + \overline{K}Q^n$$

JK 触发器的真值表如表 5-23 所示。

表 5-23 边沿控制 JK 触发器的真值表

J	K	Q^{n+1}
0	0	保持
0	1	置0
1	0	置1
1	1	翻转

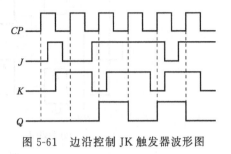

图 5-61 边沿控制 JK 触发器波形图

（2）集成 JK 触发器 74LS112 为双下降沿 JK 触发器，其端子排列图及逻辑符号如图 5-62 所示。

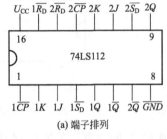

(a) 端子排列

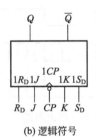

(b) 逻辑符号

图 5-62 74LS112 端子排列图

5. CMOS 触发器

CMOS 触发器与 TTL 触发器一样，种类繁多。常用的集成触发器有 74HC74（D 触发器）和 CC4027（JK 触发器）。CC4027 端子排列如图 5-63 所示，功能表如表 5-24 所示。使用时注意 CMOS 触发器电源电压为 3～18V。

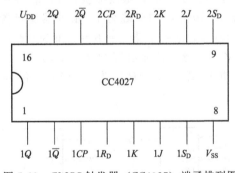

图 5-63 CMOS 触发器（CC4027）端子排列图

表 5-24 CC4027 的功能表

输	入				输 出
R_D	S_D	CP	J	K	Q
1	0	×	×		0
0	1	×	×		1
1	1	×	×		1
0	0	1	0	0	Q^n
0	0	1	0	1	0
0	0	1	1	0	1
0	0	1	1	1	$\overline{Q}^n$

五、集成触发器使用的特殊问题

1. 异步置位 $\overline{S_D}$ 和复位 $\overline{R_D}$

集成触发器一般均可进行直接置位、复位操作，它们是独立于时钟脉冲的异步操作。因为触发器的电路结构与前述基本 RS 触发器相似，所以存在着不定状态，在使用中应尽量避免。

2. 最高时钟频率 f_{max}

手册中所给的 f_{max} 为 CP 时钟脉冲的最高工作频率。在实际使用时，为保证触发器可靠工作，所用 CP 脉冲频率 f 一定要小于 f_{max}。

3. 建立时间 t_{set} 和保持时间 t_h

触发器的状态转换是由 CP 脉冲与触发输入共同作用完成的。为使触发器实现可靠的状态转换，CP 脉冲与触发输入必须有很好的时间配合。以 D 触发器为例，其 CP 脉冲与触发输入的时序关系如图 5-64 所示。

① 建立时间 t_{set}。触发输入 D 的建立必须比 CP 脉冲上升沿提前一段时间，这段时间的最小值为建立时间 t_{set}。

② 保持时间 t_h。触发输入 D 的消失必须比 CP 脉冲上升沿滞后一段时间，这段时间的最小值为保持时间 t_h。

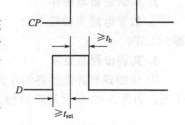

图 5-64　D 与 CP 的时序关系

由上述分析可见，不论哪种类型的时钟触发器，都具有以下特点。

① 能接收、存储并输出信息。

② 触发器当前的输出状态不仅与当前的输入状态有关，还与触发器原来的输出状态有关。

③ 能根据需要设置触发器的初始状态。

④ 具有时钟触发端，时钟触发方式可分为电平触发和边沿触发两种，边沿触发又分为上升沿触发和下降沿触发。

六、触发器的相互转换

JK 触发器和 D 触发器是数字逻辑电路使用最广泛的两种触发器。若需用其他功能的触发器，可以用这两种触发器变换后得到。

1. JK 触发器转换为 D、T 触发器

JK 触发器的特征方程：$Q^{n+1} = J\overline{Q^n} + \overline{K}Q^n$。

D 触发器的特征方程：$Q^{n+1} = D$。

T 触发器的特征方程：$Q^{n+1} = T\overline{Q^n} + \overline{T}Q^n$。

JK 触发器转换为 D 触发器：$J\overline{Q^n} + \overline{K}Q^n = D\overline{Q^n} + DQ^n$ 则 $D = J$，$D = \overline{K}$。

JK 触发器转换为 T 触发器：$J\overline{Q^n} + \overline{K}Q^n = T\overline{Q^n} + TQ^n$，则 $T = J = K$。

JK 触发器转换为 D 触发器、T 触发器的电路如图 5-65 所示。

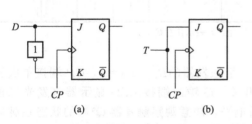

(a)　　　　　(b)

图 5-65　JK 触发器转换为 D 触发器、T 触发器

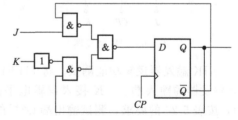

图 5-66　D 触发器转换为 JK 触发器

2. D 触发器转换为 JK 触发器、T 触发器

D 触发器转换为 JK 触发器：$D = J\overline{Q^n} + \overline{K}Q^n = \overline{\overline{J\overline{Q^n}} \cdot \overline{\overline{K}Q^n}}$。

电路如图 5-66 所示，将图中的 J、K 相连即构成 T 触发器，$T = 1$ 时便为 T' 触发器。

技能训练五　集成触发器的端子识别与功能测试

1. 实训目的

① 熟悉常用触发器的逻辑功能。

② 掌握触发器逻辑功能的测试方法。

③ 掌握触发器的一些简单应用及故障检查。

2. 实训设备与器件

① 数字电路实验箱 1 个。② 万用表 1 只。③ 集成 JK 触发器 74LS112。④ 集成双 D 触发器 74LS74。

3. 实训步骤与要求

① 仔细观察并熟悉各端子的功能及使用。图 5-67 所示是集成双 JK 触发器 74LS112 端子图，如图 5-68 所示是双 D 触发器 74LS74 芯片端子图。

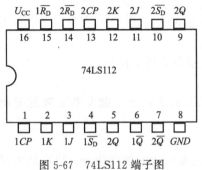

图 5-67　74LS112 端子图

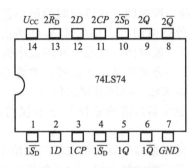

图 5-68　74LS74 端子图

② 异步复位和置位端的功能测试。图 5-69 所示是 JK 触发器的逻辑符号，将芯片的 $\overline{R_D}$ 和 $\overline{S_D}$ 端分别接在逻辑电平的控制开关插孔，CP 端、J 端、K 端均为任意状态，测试 JK 触发器的输出状态，并将结果填入表 5-25 中。

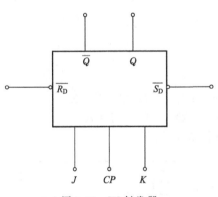

图 5-69　JK 触发器

表 5-25　JK 触发器异步复位和置位功能表

CP	J	K	$\overline{R_D}$	$\overline{S_D}$	Q^{n+1}	$\overline{Q^{n+1}}$
×	×	×	0	0		
×	×	×	0	1		
×	×	×	1	0		
×	×	×	1	1		

注：×表示任意状态。

③ JK 触发器逻辑功能测试。将 74LS112 中一组触发器的 $\overline{R_D} = \overline{S_D} = 1$，$CP$ 端接单次脉冲，触发器的输入端 J、K 接入逻辑电平控制开关，Q 输出端接 LED 显示器（发光二极管），按表 5-26 的要求，测试输出端 Q^{n+1} 的逻辑电平，注意观察触发器 Q^{n+1} 的状态在脉冲的什么沿翻转，将测试结果填入表 5-26 中。

表 5-26　JK 触发器逻辑功能测试表

J	0		0		0		0		1		1		1		1	
K	0		0		1		1		0		0		1		1	
Q^n	0		1		0		1		0		1		0		1	
CP	0→1	1→0	0→1	1→0	0→1	1→0	0→1	1→0	0→1	1→0	0→1	1→0	0→1	1→0	0→1	1→0
Q^{n+1}																

一组测试完成之后，可以再测试另一组 JK 触发器的逻辑功能是否正常。

④ 动态测试。使触发器端的 $\overline{R_D} = \overline{S_D} = 1$，$J = K = 1$，$CP$ 端接 1kHz 连续脉冲，用示波器观察 CP 的波形，注意其波形对应关系，画出波形图，分析输入-输出频率的关系，说明电路具有分频作用。

⑤ D 触发器的逻辑功能测试。将 74LS74 其中一组 D 触发器的异步复位端 $\overline{R_D}$、置位端 $\overline{S_D}$ 和触发器输入端 D 分别接逻辑电平控制开关，CP 端接在手动单次脉冲信号源输出插孔，按表 5-27 的赋值要求，测试输出端 Q^{n+1} 的逻辑状态值，将测试结果填入表 5-27 中。

表 5-27 集成边沿 D 触发器 74LS74 功能测试表

$\overline{R_D}$	$\overline{S_D}$	D	Q^n	CP	Q^{n+1}
0	1	×	×	×	
1	0	×	×	×	
1	1	0	0	0→1	
				1→0	
			1	0→1	
				1→0	
		1	0	0→1	
				1→0	
			1	0→1	
				1→0	

注：×表示任意状态。

4. 实训总结与分析

① 注意触发器功能测试的时序。

② 正确使用实训装置、学会用万用表判断故障，使用万用表时要按要求选择其挡位。

技能训练六 彩灯控制电路

1. 实训目的

① 熟悉常用触发器的逻辑功能。

② 掌握触发器逻辑功能的测试方法。

③ 掌握触发器的一些简单应用及故障检查。

2. 实训设备与器件

数字电路实验箱 1 个、万用表 1 只、集成计数器 HCC4017BF、电阻、电容各一个。

3. 实训原理与步骤

(1) 电路原理 电路原理图如图 5-70 所示。该电路由十进制计数器及发光二极管构成显示电路，计数器是用来累计和寄存输入脉冲个数的时序逻辑部件。在此电路中采用十进制计数器 CD4017，本实训项目采用的是 HCC4017BF，这是一种用途非常广泛的电路。其内部由计数及译码器两部分组成，由译码器输出实现对脉冲信号的分配，整个输出时序就是 O0、O1、O2、O3、O4、O5、O6、O7、O8、O9 依次出现与时钟同步的高电平，宽度等于时钟周期。

HCC4017BF 有三个输入端。其中，15 脚是复位端（高电平有效）、13 脚是下降沿触发的时钟信号输入端、14 脚是上升沿触发的时钟信号输入端。本电路采用的是上升沿触发，将时钟脉冲信号从 14 脚输入即可。11 个输出端中，12 脚为 CO 端（进位输出端）。每输入

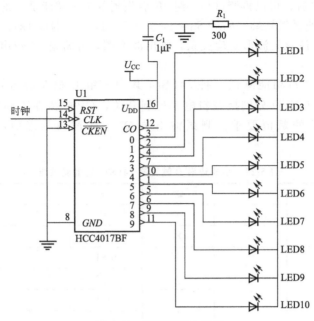

图 5-70　彩灯控制电路图

10 个计数脉冲，就可以得到一个进位的正脉冲信号。图中的电阻 R_1 为取限流电阻，作用是防止流过发光二极管的电流过大而损坏。C_1 为电源滤波电容。

（2）实训步骤

① 如图 5-70 所示，在实验箱上搭接电路。发光二极管采用实验箱上的二极管（内部已有限流电阻）。

② 将实验箱上的时钟源调到 1Hz，送入计数器。

③ 经仔细检查无误后，通电实验。观察实验结果。

④ 将实验箱上的时钟源调到 10Hz 送入计数器，观察实验结果。

4. 实训总结与分析

① 将时钟信号改为下降沿触发，实验现象会有区别吗？

② 正确使用实训装置、学会用万用表判断故障，使用万用表时，要按要求选择其挡位。

③ 该项实验也可以作为 CD4017 的检测电路，你想到了吗？

　【想一想，做一做】

1. 什么叫边沿触发器？它有哪些优点？

2. 如何根据触发器的符号来判断其类型及触发方式？

第四节　时序逻辑电路

一、概述

1. 时序电路定义

前面讨论过组合电路，它的任意时刻的输出信号的稳态值仅取决于该时刻各个输入信号的取值组合。而在时序逻辑电路（简称时序电路）中，任意时刻的输出信号不仅取决于当时的输入信号，而且还取决于电路原来的状态，即电路的输出与以前的输入和输出信号也有关系。

时序电路在结构上有两个特点：第一，时序电路包含组合电路和存储电路两部分，由于它要记忆以前的输入和输出信号，所以存储电路是不可缺少的；第二，组合电路至少有一个输出反馈到存储电路的输入端，存储电路的输出至少有一个作为组合电路的输入，与其余信号共同决定电路的输出，因此，时序电路方框图如图 5-71 所示。图中，$X(x_1，\cdots，x_i)$ 代表现在输入信号；$Z(z_1，\cdots，z_i)$ 代表现在输出信号；$W(w_1，\cdots，w_i)$ 代表存储电路现在输入的信号，也就是存储电路的驱动信号；$Y(y_1，\cdots，y_i)$ 代表存储电路的输出，也是组合电路的部分输入。

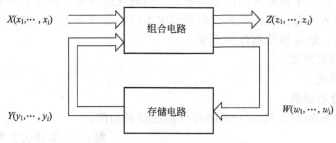

图 5-71　时序逻辑电路方框图

2. 时序电路逻辑功能的表示方法

（1）逻辑方程式　时序电路的逻辑功能可以用代表 X、Y、Z、W 这些信号之间关系的三个向量函数表示。

① 输出方程。$Z(t^n)=F[X(t^n),Y(t^n)]$。

② 驱动方程。$W(t^n)=H[X(t^n),Y(t^n)]$。

③ 状态方程。$Y(t^{n+1})=G[W(t^n),Y(t^n)]$。

其中 $Y(t^{n+1})$ 称为次态，$Y(t^n)$ 称为现态。

（2）状态表　状态表是反映时序电路输出 $Z(t^n)$、次态 $Y(t^{n+1})$ 和输入 $X(t^n)$、现态 $Y(t^n)$ 间对应取的表格。

（3）状态图　状态图是反映时序电路状态转换规律及相应输入、输出取值情况的几何图形。

（4）时序图　时序图也就是工作波形图，它形象表达了输入信号、输出信号、电路状态等的取值在时间上的对应关系。

这四种表示方法从不同侧面突出了时序电路逻辑功能的特点，它们本质上是相通的，可以互相转换。在实际工作中，可根据具体情况选用。应该指出，用卡诺图也可以方便地表示时序电路的逻辑功能。

按触发脉冲输入方式的不同，时序电路可分为同步时序电路和异步时序电路。同步时序电路是指各触发器状态的变化受同一个时钟脉冲控制；而异步时序电路中，各触发器状态的变化不受同一个时钟脉冲控制。

二、时序逻辑电路的分析方法及应用举例

1. 时序电路分析方法

时序电路的分析就是根据已知的时序电路，求出电路所实现的逻辑功能，从而了解它的用途的过程。其具体步骤如下。

① 分析逻辑电路组成，即确定输入和输出，区分组合电路部分和存储电路部分，确定是同步电路还是异步电路。

② 写出存储电路的驱动方程和时序电路的输出方程。对于某些时序电路，还应写出时钟方程。

时序电路相关方程按作用可以分为以下三种。

a. 时钟方程。时序电路中各个触发器 CP 脉冲的逻辑关系。

b. 驱动方程。时序电路中各个触发器的输入信号之间的逻辑关系。

c. 输出方程。时序电路的输出 $Z=f(A，Q)$，若无输出，此方程可省略。

根据以上必须的方程求状态方程，把驱动方程代入相应触发器的特性方程，即可求得状态方程，也就是各个触发器的次态方程。

③ 列状态表。把电路的输入信号和存储电路现态的所有可能的取值组合代入状态方程和输出方程进行计算，求出相应的次态和输出。列表时应注意，时钟信号 CP 只是一个操作信号，不能作为输入变量。在由状态方程确定次态时，必须首先判断触发器的时钟条件是否满足，如果不满足，触发器状态保持不变。

④ 画状态图或时序图。

⑤ 电路功能描述。

2. 时序电路分析举例

【例 5-10】 分析如图 5-72 所示的时序电路的逻辑功能。

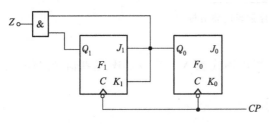

图 5-72 【例 5-10】的逻辑电路图

解： ① 写相关方程式。

a. 时钟方程

$$CP_0=CP_1=CP\downarrow$$

b. 驱动方程

$$J_0=1 \quad K_0=1 \quad K_1=J_1=Q_0^n$$

c. 输出方程 $\quad Z=Q_1Q_0$

② 求各个触发器的状态方程。JK触发器特性方程为：

$$Q^{n+1}=J\overline{Q^n}+\overline{K}Q^n \quad (CP\downarrow)$$

将对应驱动方程分别代入特性方程，进行化简变换，可得状态方程：

$$Q_0^{n+1}=1 \cdot \overline{Q_0^n}+\overline{1} \cdot Q_0^n=\overline{Q_0^n}(CP\downarrow)$$

$$Q_1^{n+1}=J_1\overline{Q_1^n}+\overline{K_1}Q_1^n=Q_0^n\overline{Q_1^n}+\overline{Q_0^n}Q_1^n(CP\downarrow)$$

③ 求出对应状态值。

a. 列状态表。列出电路输入信号和触发器原态的所有取值组合，代入相应的状态方程，求得相应的触发器次态及输出，得到状态表如表 5-28 所示。

表 5-28 【例 5-10】的状态表

CP	Q_1^n	Q_0^n	Q_1^{n+1}	Q_0^{n+1}	Z
↓	0	0	0	1	0
↓	0	1	1	0	0
↓	1	0	1	1	1
↓	1	1	0	0	0

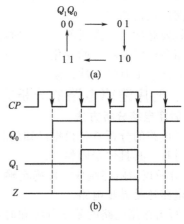

图 5-73 【例 5-10】状态图及时序图

b. 画状态图如图 5-73(a) 所示，画时序图如图 5-73(b) 所示。

④ 归纳上述分析结果，确定该时序电路的逻辑功能。从时钟方程可知，该电路是同步时序电路。从图 5-73(a) 所示状态图可知：随着 CP 脉冲的递增，不论从电路输出的哪一个状态开始，触发器输出 $Q_1 Q_0$ 的变化都会进入同一个循环过程，此循环过程中包括四个状态，并且状态之间是递增变化的。

当 $Q_1 Q_0 = 11$ 时，输出 $Z = 1$；当 $Q_1 Q_0$ 取其他值时，输出 $Z = 0$；在 $Q_1 Q_0$ 变化一个循环过程中，$Z = 1$ 只出现一次，故 Z 为进位输出信号。

综上所述，此电路是带进位输出的同步四进制加法计数器电路。

【例 5-11】 时序逻辑电路如图 5-74 所示，试分析它的逻辑功能。

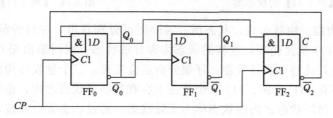

图 5-74 【例 5-11】的逻辑电路

解： ① 确定电路时钟脉冲触发方式。此电路由 3 个 D 触发器组成，其中 FF_0 和 FF_2 的时钟端与总时钟脉冲相连，而 FF_1 的时钟端是独立的，所以此电路是异步时序电路。得 $CP_0 = CP_2 = CP$，$CP_1 = \overline{Q_0}$

② 写驱动方程。

$$D_0 = \overline{Q_2^n} \, \overline{Q_0^n}$$
$$D_1 = \overline{Q_1^n}$$
$$D_2 = Q_1^n Q_0^n$$

③ 列状态方程。

$$Q_0^{n+1} = \overline{Q_2^n} \, \overline{Q_0^n}$$
$$Q_1^{n+1} = \overline{Q_1^n}$$
$$Q_2^{n+1} = Q_1^n Q_0^n$$

④ 写出输出方程：$C = Q_2^n$。

⑤ 列状态表，如表 5-29 所示。

表 5-29 【例 5-11】状态表

现 态			次 态			输 出	时 钟		
Q_2^n	Q_1^n	Q_0^n	Q_2^{n+1}	Q_1^{n+1}	Q_0^{n+1}	C	CP_2	CP_1	CP_0
0	0	0	0	0	1	0	↑	↓	↑
0	0	1	0	1	0	0	↑	↑	↑
0	1	0	0	1	1	0	↑	↓	↑
0	1	1	1	0	0	0	↑	↑	↑
1	0	0	0	0	0	1	↑	×	↑
1	0	1	0	1	0	1	↑	↑	↑
1	1	0	0	1	0	1	↑	×	↑
1	1	1	1	0	0	1	↑	↑	↑

⑥ 画出状态图，如图 5-75 所示，时序图如图 5-76 所示。

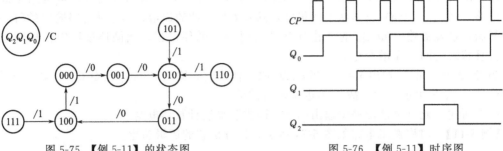

图 5-75 【例 5-11】的状态图　　　　　　图 5-76 【例 5-11】时序图

⑦ 分析逻辑功能。由状态表、状态图、时序图可分别看出，在时钟脉冲 CP 的作用下，电路状态从 000～100 反复循环，这样的状态称为有效状态，同时输出端 C 配合输出进位信号，所以此电路为五进制异步计数器。仔细分析后会发现：三个触发器构成的状态一共应有八种状态，所以还有 101、110、111 三个状态不在有效循环状态之内，正常工作时是不出现的，这些不在有效循环状态之内的状态称为无效状态。通过状态表会发现，如果由于某种原因使电路进入到无效状态中，则此电路只要在一个时钟脉冲的作用下可自动进入到有效工作状态中（见状态表后 3 行），凡是电路在无效状态下能够经过有限个时钟脉冲之后进入到有效状态，称电路能够自启动，所以该电路可以自启动。

三、计数器

1. 计数器的基本原理、分类及功能

通过前面对触发器的学习知道，T' 触发器是翻转型触发器，也就是说，输入一个 CP 脉冲，该触发器的状态就翻转一次。如果 T' 触发器初始状态为 0，在逐个输入 CP 脉冲时，其输出状态就会由 0→1→0→1 不断变化。此时，称触发器工作在计数状态，即由触发器输出状态的变化，可以确定 CP 脉冲的个数。一个触发器能表示一位二进制数的两种状态，两个触发器能表示两位二进制数的四种状态，n 个触发器能表示 n 位二进制数的 2^n 种状态，即能计 2^n 个数，以此类推。

计数器种类很多，分类方法也不相同。根据计数脉冲的输入方式不同，可把计数器分为同步计数器和异步计数器。计数器是由若干个基本逻辑单元——触发器和相应的逻辑门组成的。如果计数器的全部触发器共用同一个时钟脉冲，而且这个脉冲就是计数输入脉冲时，那么这种计数器就是同步计数器；如果计数器中只有部分触发器的时钟脉冲是计数输入脉冲，另一部分触发器的时钟脉冲是由其他触发器的输出信号提供时，那么这种计数器就是异步计数器。

根据计数进制的不同又可分为二进制、十进制和任意进制计数器。各计数器按其各自计数进位规律进行计数。

根据计数过程中计数的增减不同又分为加法计数器、减法计数器和可逆计数器。对输入脉冲进行递增计数的计数器叫做加法计数器，进行递减计数的计数器叫做减法计数器。如果在控制信号作用下，既可以进行加法计数又可以进行减法计数，则叫可逆计数器。

根据计数集成度分为小规模集成计数器和中规模集成计数器。由若干个集成触发器和门电路经外部连接而成的计数器为小规模集成计数器；而将整个计数器集成在一块硅片上，具有完善的计数功能，并能扩展使用的计数器为中规模集成计数器。

计数器的基本功能就是对输入脉冲的个数进行计数。计数器是数字系统中应用最广泛的时序逻辑部件之一，除了计数以外，还可以用作定时、分频、信号产生和执行数字运算等，

是数字设备和数字系统中不可缺少的组成部分。

2. 集成同步计数器

下面通过对集成同步计数器的结构原理和工作原理的分析，进一步讲解时序电路的分析方法。

（1）同步二进制计数器　同步二进制计数器电路如图 5-77 所示，分析过程如下。

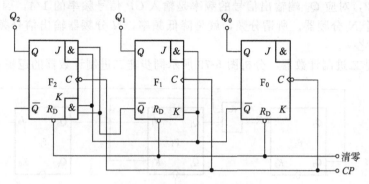

图 5-77　同步二进制计数器

① 写相关方程式。

时钟方程：$CP_0 = CP_1 = CP_2 = CP \downarrow$

驱动方程：$J_0 = 1$，$K_0 = 1$

$$J_1 = \overline{Q_0^n}，K_1 = \overline{Q_0^n}$$

$$J_2 = \overline{Q_0^n Q_1^n}，K_2 = \overline{Q_0^n Q_1^n}$$

② 求各个触发器的状态方程。JK 触发器特性方程为

$$Q^{n+1} = Q^{n+1} = J\overline{Q^n} + \overline{K}Q^n (CP \downarrow)$$

将对应驱动方程式分别代入 JK 触发器特性方程式，进行化简变换可得状态方程：

$$Q_0^{n+1} = J_0 \overline{Q_0^n} + \overline{K_0} Q_0^n = \overline{Q_0^n} (CP \downarrow)$$

$$Q_1^{n+1} = J_1 \overline{Q_1^n} + \overline{K_1} Q_1^n = \overline{Q_0^n} \overline{Q_1^n} + \overline{\overline{Q_0^n}} Q_1^n = \overline{Q_1^n} \overline{Q_0^n} + Q_1^n Q_0^n (CP \downarrow)$$

$$Q_2^{n+1} = J_2 \overline{Q_2^n} + \overline{K_2} Q_2^n = \overline{Q_2^n} Q_1^n \overline{Q_0^n} + Q_2^n \overline{\overline{Q_0^n}} \ \overline{\overline{Q_1^n}} (CP \downarrow)$$

③ 求出对应状态值。列状态表，如表 5-30 所示。画状态图，如图 5-78(a) 所示，画时序图，如图 5-78(b) 所示。

表 5-30　同步计数器的状态表

Q_2^n	Q_1^n	Q_0^n	Q_2^{n+1}	Q_1^{n+1}	Q_0^{n+1}
0	0	0	1	1	1
1	1	1	1	1	0
1	1	0	1	0	1
1	0	1	1	0	0
1	0	0	0	1	1
0	1	1	0	1	0
0	1	0	0	0	1
0	0	1	0	0	0

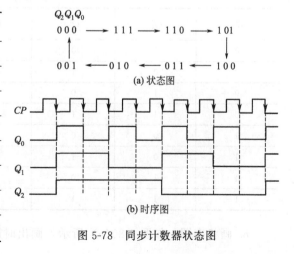

图 5-78　同步计数器状态图

④ 归纳分析结果，确定该时序电路的逻辑功能。从时钟方程可知，该电路是同步时序电路。从状态图可知：随着 CP 脉冲的递增，触发器输出 $Q_2Q_1Q_0$ 值是递减的，且经过 8 个 CP 脉冲完成一个循环过程。

综上所述，此电路是同步三位二进制减法计数器。从图 5-78(b) 所示时序图可知：Q_0 端输出矩形信号的周期是输入 CP 信号的周期的 2 倍，所以 Q_0 端输出信号的频率是输入 CP 信号频率的 $1/2$，对应 Q_1 端输出信号的频率是输入 CP 信号频率的 $1/4$，因此 N 进制计数器同时也是一个 N 分频器。所谓分频，就是降低频率，N 分频器输出信号频率是其输入信号频率的 N 分之一。

（2）同步非二进制计数器　分析图 5-79 所示同步非二进制计数器的逻辑功能。

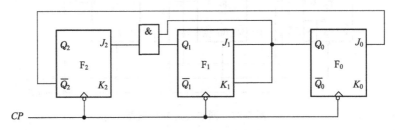

图 5-79　同步非二进制计数器

① 写相关方程式。

时钟方程：$CP_0 = CP_1 = CP_2 = CP \downarrow$

驱动方程：

$J_0 = \overline{Q_2^n} \qquad K_0 = 1$

$J_1 = Q_0^n \qquad K_1 = Q_0^n$

$J_2 = Q_0^n Q_1^n \qquad K_2 = 1$

② 求各个触发器的状态方程。

$$Q_0^{n+1} = J_0 \overline{Q_0^n} + \overline{K_0} Q_0^n = \overline{Q_2^n Q_0^n}\,(CP \downarrow)$$

$$Q_1^{n+1} = J_1 \overline{Q_1^n} + \overline{K_1} Q_1^n = Q_0^n \overline{Q_1^n} + \overline{Q_0^n} Q_1^n\,(CP \downarrow)$$

$$Q_2^{n+1} = J_2 \overline{Q_2^n} + \overline{K_2} Q_2^n = Q_0^n Q_1^n \overline{Q_2^n} = \overline{Q_2^n} Q_1^n Q_0^n\,(CP \downarrow)$$

③ 求出对应状态值。

a. 列状态表。列出电路输入信号和触发器原态的所有取值组合，代入相应的状态方程，求得相应的触发器次态及输出，列出状态表，如表 5-31 所示。

表 5-31　状态表

Q_2^n	Q_1^n	Q_0^n	Q_2^{n+1}	Q_1^{n+1}	Q_0^{n+1}
0	0	0	0	0	1
0	0	1	0	1	0
0	1	0	0	1	1
0	1	1	1	0	0
1	0	0	0	0	0
1	0	1	0	1	0
1	1	0	0	1	0
1	1	1	0	0	0

b. 画状态图，如图 5-80(a) 所示，画出时序图，如图 5-80(b) 所示。

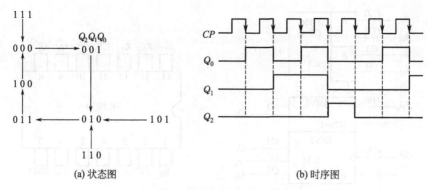

(a) 状态图　　　　　　　　　(b) 时序图

图 5-80　同步非二进制计数器

④ 归纳分析结果，确定该时序电路的逻辑功能。从时钟方程可知该电路是同步时序电路。

从表 5-31 可知：计数器输出 $Q_2Q_1Q_0$ 共有 8 种状态（000~111）。

从图 5-80（a）可知：随着 CP 脉冲的递增，触发器输出 $Q_2Q_1Q_0$ 会进入一个有效循环过程，此循环过程包括了五个有效输出状态，其余三个输出状态为无效状态，所以要检查该电路能否自启动。检查的方法是：不论电路从哪一个状态开始工作，在 CP 脉冲作用下，触发器输出的状态都会进入有效循环圈内，此电路就能够自启动；反之，则此电路不能自启动。

综上所述，此电路是具有自启动功能的同步五进制加法计数器。

3. 集成计数器原理及功能介绍

前面通过实例介绍了同步计数器的工作原理。通过对工作原理的分析，可以对计数器有更深入的了解。当然，现在体现在具体应用中的都是中大规模的集成计数器电路，在应用中就不用把重点放在其具体工作原理上了，只要了解其功能和使用方法就可以了。下面介绍常用的集成计数器芯片，通过学习，大家就能够掌握具体的应用方法。

（1）集成异步计数器

① 原理及功能简介。常用的集成异步计数器如表 5-32 所示。

表 5-32　异步计数器芯片

型　号	功　能
74LS290	二-五-十进制异步计数器
74LS293	四位二进制异步计数器
74LS390	双二-五-十进制异步计数器
74LS393	双四位二进制异步计数器

下面以二-五-十进制异步计数器（74LS290）为例作介绍。如图 5-81 所示，74LS290 也称集成十进制异步计数器。它由 4 个负边沿 JK 触发器组成，两个与非门作置 0 和置 9 控制门。其中，S_{91}、S_{92} 称为直接置 9 端，R_{01}、R_{02} 称为直接置 0 端，CP_0、CP_1 为计数脉冲输入端，$Q_3Q_2Q_1Q_0$ 为输出端。

74LS290 内部分为二进制和五进制计数器两个独立的部分。其中，二进制计数器从 CP_0 输入计数脉冲，从 Q_0 端输出；五进制计数器从 $CP1$ 输入计数脉冲，从 $Q_3Q_2Q_1$ 端输出。这两部分既可单独使用，也可连接起来使用，构成十进制计数器，所以称为"二-五-十进制计数器"，其功能见表 5-33。

a. 异步清零。当 R_{01}、R_{02} 全为高电平，S_{91}、S_{92} 中至少有一个低电平时，不论其他输入状态如何，计数器总输出 $Q_3Q_2Q_1Q_0 = 0000$，故又称异步清零功能或复位功能。

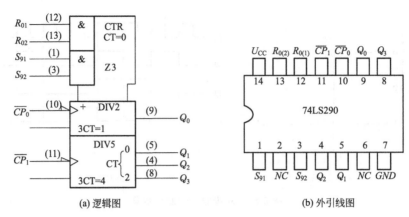

图 5-81　异步二进制计数器 74LS290

b. 异步置 9。当 S_{91}、S_{92} 全为高电平时，R_{01}、R_{02} 中至少有一个低电平时，不论其他输入状态如何，总有 $Q_3Q_2Q_1Q_0 = 1001$，故又称异步置 9 功能。

表 5-33　74LS290 功能表

S_{91}	S_{92}	R_{01}	R_{02}	CP_0	CP_1	Q_3	Q_2	Q_1	Q_0
1	1	$\times$	0	$\times$	$\times$	1	0	0	1
1	1	0	$\times$	$\times$	$\times$	1	0	0	1
0	$\times$	1	1	$\times$	$\times$	0	0	0	0
$\times$	0	1	1	$\times$	$\times$	0	0	0	0
S_{91}　$S_{92}=0$				CP	0			二进制	
				0	CP			五进制	
R_{01}　$R_{02}=0$				CP	Q_0		8421	十进制	
				Q_3	CP_3		5421	十进制	

计数功能：当 R_{01}、R_{02} 及 S_{91}、S_{92} 不全为 1 时，输入计数脉冲 CP 时开始计数。

② 应用实例。构成十进制以内任意计数器。

a. 二进制计数器。CP 由 CP_0 端输入，Q_0 端输出，如图 5-82(a) 所示。

b. 五进制计数器。CP 由 CP_1 端输入，$Q_3Q_2Q_1$ 端输出，如图 5-82(b) 所示。

c. 十进制计数器（8421 码）。Q_0 和 CP_1 相连，以 CP_0 为计数脉冲输入端，$Q_3Q_2Q_1Q_0$ 端输出，如图 5-82(c) 所示。

d. 十进制计数器（5421 码）。Q_3 和 CP_0 相连，以 CP_1 为计数脉冲输入端，$Q_0Q_3Q_2Q_1$ 端输出，如图 5-82(d) 所示。

利用一片 74LS290 集成计数器芯片可以构成十进制以内的任意进制，可以采用直接清零法，如六进制计数器，如图 5-83 所示。

如果要得到进制数大于十进制，就要将多片级连起来构成。同类芯片的级连满足如下的结论：如果一个计数器芯片计数的最大进制数（计数器的模）为 M，用 N 片同类芯片进行级连可以构成计数器的最大进制数（计数器的模）为 M^N。

根据以上的结论，计数器的进制数与需要使用的芯片片数相适应。例如，用 74LS290 芯片构成二十四进制计数器，$N=24$，就需要两片 74LS290；先将每块 74290 均连接成 8421 码十进制计数器，将低位的芯片输出端和高位芯片输入端相连，采用直接清零法实现二十四进制技术。需要注意的，其中的与门的输出要同时送到每块芯片的置 0 端 R_{01}、R_{02}，实现电路如图 5-84 所示。

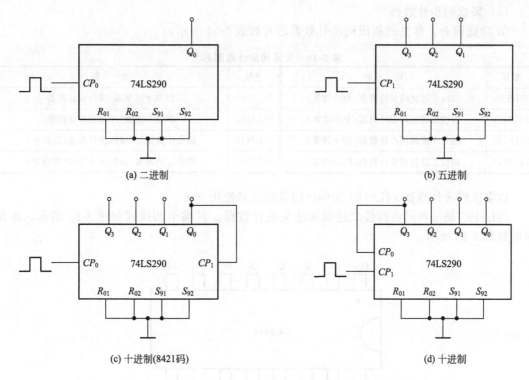

(a) 二进制

(b) 五进制

(c) 十进制(8421码)

(d) 十进制

图 5-82 74LS290 构成的二进制、五进制和十进制计数器

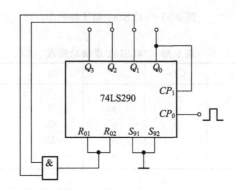

图 5-83 直接清零法 74LS290 构成的六进制计数器

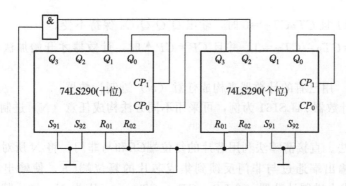

图 5-84 8421 BCD 码二十四进制计数器

（2）集成同步计数器

① 功能简介。常见的集成同步计数器芯片如表 5-34 所示。

表 5-34 常用同步计数器芯片

型号	功 能	型号	功 能
74LS160	四位十进制同步计数器（异步清零）	74LS190	四位十进制加/减同步计数器
74LS161	四位二进制同步计数器（异步清零）	74LS191	四位二进制加/减同步计数器
74LS162	四位十进制同步计数器（同步清零）	74LS192	四位十进制加/减同步计数器（双时钟）
74LS163	四位二进制同步计数器（同步清零）	74LS193	四位二进制加/减同步计数器（双时钟）

以集成同步计数器 74LS161 为例介绍其功能和使用方法。

74LS161 是一种同步四位二进制加法集成计数器。其端子的排列如图 5-85 所示，逻辑功能如表 5-35 所示。

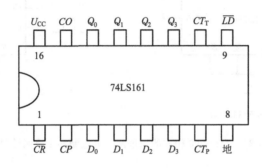

图 5-85 74LS161 端子排列图

表 5-35 74LS161 逻辑功能表

$\overline{CR}$	$\overline{LD}$	CT_P	CT_T	CP	Q_3	Q_2	Q_1	Q_0
0	×	×	×	×	0	0	0	0
1	0	×	×	↑	D_3	D_2	D_1	D_0
1	1	0	×	×	Q_3	Q_2	Q_1	Q_0
1	1	×	0	×	Q_3	Q_2	Q_1	Q_0
1	1	1	1	↑	加法计数			

当复位端 $\overline{CR}=0$ 时，输出 $Q_3Q_2Q_1Q_0$ 全为零，实现异步清除功能（又称复位功能）。当 $\overline{CR}=1$，预置控制端 $\overline{LD}=0$，并且 $CP=CP\uparrow$ 时，$Q_3Q_2Q_1Q_0=D_3D_2D_1D_0$，实现同步预置数功能。

当 $\overline{CR}=\overline{LD}=1$ 且 $CT_PCT_T=0$ 时，输出 $Q_3Q_2Q_1Q_0$ 保持不变。

当 $\overline{CR}=\overline{LD}=CT_P=CT_T=1$，并且 $CP=CP\uparrow$ 时，计数器才开始加法计数，实现计数功能。

② 应用分析。用已有的计数器来构成任意（N）进制计数器。

以集成同步计数器 74LS161 为例，可采用不同方法构成任意（N）进制计数器。下面分别介绍如下。

a. 直接清零法。直接清零法利用芯片的复位端 $\overline{CR}$ 和与非门，将 N 所对应的输出二进制代码中等于 1 的输出端通过与非门反馈到集成芯片的复位端 $\overline{CR}$，使输出回零，例如，用 74LS161 芯片构成十进制计数器，令 $\overline{LD}=CT_P=CT_T=1$，因为 $N=10$，其对应的二进制代码为 1010，将输出端 Q_3 和 Q_1 通过与非门接至 74LS161 的复位端 $\overline{CR}$，电路如图 5-86 所示，实现 N 值反馈清零。

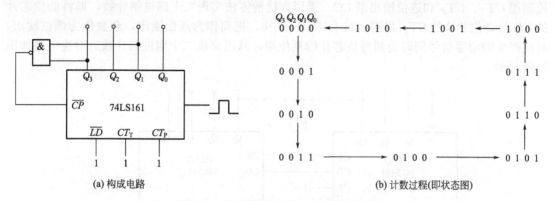

(a) 构成电路　　　　　　　　　　　　(b) 计数过程(即状态图)

图 5-86　直接清零法构成十进制计数器

当 $\overline{CR}=0$ 时，计数器输出复位清零。因 $\overline{CR}=\overline{Q_3 Q_1}$，故由 0 变 1 时，计数器开始加法计数。当第 10 个 CP 脉冲输入时，$Q_3 Q_2 Q_1 Q_0 = 1010$，与非门的输出为 0，即 $\overline{CR}=0$，使计数器复位清零，与非门的输出变为 1，即 $\overline{CR}=1$ 时，计数器又开始重新计数。

b. 预置数法。预置数法利用的是芯片的预置控制端 $\overline{LD}$ 和预置输入端 $D_3 D_2 D_1 D_0$，因 $\overline{LD}$ 是同步预置数端，所以只能采用 $N-1$ 值反馈法，例如，图 5-87(a) 所示的七进制计数器，先将 $\overline{CR}=CT_P=CT_T=1$，再令预置输入端 $D_3 D_2 D_1 D_0 = 0000$（即预置数 0），以此为初态进行计数，从 0 到 6 共有七种状态，6 对应的二进制代码为 0110，将输出端 Q_2、Q_1 通过与非门接至 74LS161 的复位端 $\overline{LD}$，电路如图 5-87(a) 所示。若 $\overline{LD}=0$，当 CP 脉冲上升沿（$CP\uparrow$）到来时，计数器输出状态进行同步预置，使 $Q_3 Q_2 Q_1 Q_0 = D_3 D_2 D_1 D_0 = 0000$，随即 $\overline{LD}=\overline{Q_2 Q_1}=1$，计数器开始随外部输入的 CP 脉冲重新计数，计数过程如图 5-87(b) 所示。

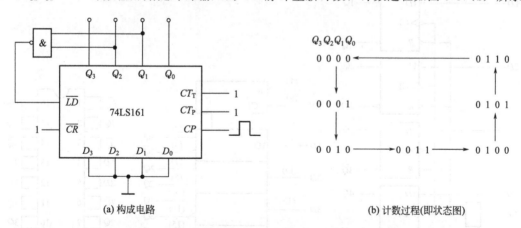

(a) 构成电路　　　　　　　　　　　　(b) 计数过程(即状态图)

图 5-87　预置数法构成七进制计数器（同步预置）

c. 级连法。一片 74LS161 就可构成从二进制到十六进制之间任意进制的计数器。根据前面的有关级连的结论知道：利用两片 74LS161 就可构成从二进制到二百五十六进制之间任意进制的计数器。依次类推，可根据计数需要选取芯片数量。

当计数器容量需要采用两块或更多的同步集成计数器芯片时，可以采用级连方法：将低位芯片的进位输出端 CO 端和高位芯片的计数控制端 CT_T 或 CT_P 直接连接，外部计数脉冲同时从每片芯片的 CP 端输入，再根据要求选取上述三种实现任意进制的方法之一，完成对应电路，例如，用 74LS161 芯片构成二十四进制计数器，因 $N=24$（大于十六进制），故需要两片 74LS161。每块芯片的计数时钟输入端 CP 端均接同一个 CP 信号，利用芯片的计数控制端 CT_T、CT_P 和进位输出端 CO，采用直接清零法实现二十四进制计数，即将低位芯片的 CO 与高位芯片的 CT_P 相连，$24 \div 16 = 1 \cdots\cdots 8$，把商作为高位输出，余数作为低位输出，对应产生的清零信号同时送到每块芯片的复位端，从而完成二十四进制计数。对应电路如图 5-88 所示。

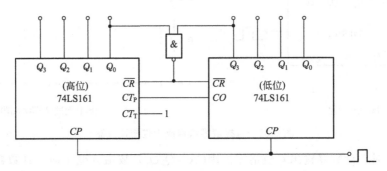

图 5-88　用 74LS161 芯片构成二十四进制计数器

四、寄存器

在数字系统中，用以暂存数码的数字部件称为数码寄存器。由前面讨论的触发器可知，触发器具有两种稳态，可分别代表 0 和 1，所以一个触发器便可存放一位二进制数，用多个触发器便可组成多位二进制寄存器。

1. 数码寄存器

现以集成四位数码寄存器 74LS175 为例来介绍数码寄存器的电路结构和逻辑功能。其结构和符号如图 5-89 所示。

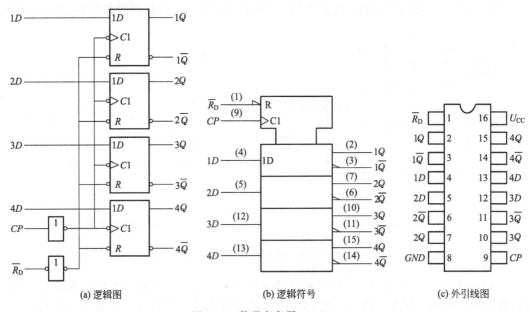

图 5-89　数码寄存器 74LS175

数码寄存器 74LS175 由 4 个 D 触发器组成，两个非门分别作清零和寄存数码控制门。$1D \sim 4D$ 是 4 个数据输入端，$1Q \sim 4Q$ 是数据输出端，$1\overline{Q} \sim 4\overline{Q}$ 是反码输出端。其功能如下。

① 异步清零。在 $\overline{R}_D$ 端加低电平，各触发器异步清零。清零后，应将 $\overline{R}_D$ 接高电平，否

则会妨碍数码的寄存。

② 并行输入数据。在 $\overline{R}_D=1$ 的前提下，将所要存入的数据 D 依次加到数据输入端，在 CP 脉冲上升沿的作用下，数据将被并行存入。根据 D 触发器的特征方程 $Q^{n+1}=D$ 得：$Q_4^{n+1}=4D$，$Q_1^{n+1}=1D$，$Q_2^{n+1}=2D$，$Q_3^{n+1}=3D$。

③ 记忆保持。$\overline{R}_D=1$ 时，若 CP 无上升沿（通常接低电平），则各触发器保持原状态不变，寄存器处在记忆保持状态。

④ 并行输出。可同时在输出端并行取出已存入的数码及它们的反码。

2. 移位寄存器

移位寄存器除了接受、存储、输出数据以外，同时还能将其中寄存的数据按一定方向进行移动。移位寄存器有单向和双向移位寄存器之分。通过图 5-90 的单向右移寄存器来介绍移位寄存器的工作原理，该电路具有如下功能。

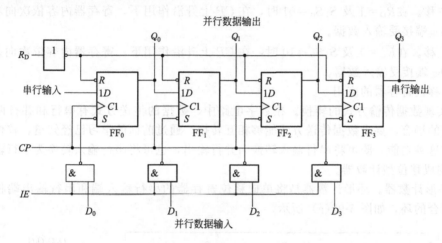

图 5-90　单向右移寄存器

① 并入并出。将并行数据 $D_0 \sim D_3$ 输入到 $Q_0 \sim Q_3$ 需要两步来实现：第一步是清零脉冲（高电平有效）通过 R_D 控制线使所有触发器置 0；第二步是通过输入数据选通线 IE 的接收脉冲打开 4 个与非门，将 $D_0 \sim D_3$ 数据输入。这就实现了并入并出功能，该功能等同于基本寄存器的功能。在此电路中，并入并出不受时钟脉冲 CP 的控制。

② 移位。由于前面 D 触发器的 Q 端与下一个 D 触发器的 D 端相连，每当时钟脉冲的上升沿到来时，加至串行输入端的数据送至 Q_0，同时 Q_0 的数据右移至 Q_1，Q_1 的数据右移至 Q_2，Q_2 的数据右移至 Q_3。如果要实现双向移位，则可以通过门电路来控制是将左面触发器的输出与右面触发器的输入相连（右移），还是将右面触发器的输出与左面触发器的输入相连（左移）。这种转换并不困难，有兴趣的读者可以参考其他数字电路的书籍，自己设计电路。

③ 串入。如果从串行入口输入的是一个四位数据，则经过 4 个时钟脉冲后，可以从 4 个触发器的 Q 端得到并行的数据输出。这样就实现了串入并出功能。

④ 串出。最后一个触发器的 Q 端可以作为串行输出端。如果需要得到串行的输出信号，则只要输入 4 个时钟脉冲，四位数据便可依次从 Q_3 端输出，这就是串行输出方式。显然，电路既可实现串入串出，也可实现并入串出。

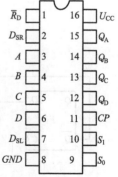

图 5-91　四位双向移位寄存器 74LS194

3. 双向移位寄存器

（1）原理及功能　　既可将数据左移，又可右移的寄存器称为双向移位寄存器。图 5-91 所示为四位双向移位寄存器。74LS194 由 4 个 D 触发器组成，另有 4 个与或非门完成左、右移位，并行置数的切换功能。其中，$\overline{R}_D$ 是清零端，D_{SL}、D_{SR} 是左、右移数据输入端，S_1、S_0 是使能控制端，$ABCD$ 是并行数据输入端，$Q_A Q_B Q_C Q_D$ 是数据输出端。具体功能如下。

① 异步清零。在 $\overline{R}_D$ 端加低电平，各触发器异步清零。清零后，应将 $\overline{R}_D$ 接高电平，以不妨碍寄存器工作。

② 保持。在 $\overline{R}_D = 1$ 或 $S_1 S_0 = 00$ 时，寄存器处于保持状态，即寄存器输出状态不变。

③ 并行置数。在 $\overline{R}_D = 1$ 及 $S_1 S_0 = 11$ 时，CP 上升沿可进行并行置数操作，即 $Q_A Q_B Q_C Q_D = abcd$（输入数据）。

④ 右移。在 $\overline{R}_D = 1$ 及 $S_1 S_0 = 01$ 时，在 CP 上升沿作用下，寄存器内容依次向右移动 1 位，而 D_{SR} 端接受输入数据。

⑤ 左移。在 $\overline{R}_D = 1$ 及 $S_1 S_0 = 10$ 时，在 CP 上升沿作用下，寄存器内容依次向左移动 1 位，而 D_{SL} 端接受输入数据。

（2）移位寄存器的应用

① 实现数据传输方式的转换。在数字电路中，数据的传送方式有串行和并行两种，在一些特定的场合，要求数据传送方式能够相互转换。通过前面的学习已经知道，移位寄存器便可实现这种功能，既可将串行输入转换为并行输出，也可将串行输入转换为串行输出。

② 构成移位型计数器。

a. 环形计数器。环形计数器是将单向移位寄存器的串行输入端和串行输出端相连，构成一个闭合的环，如图 5-92(a) 所示。

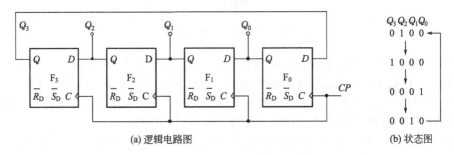

(a) 逻辑电路图　　　　　　　　　　　(b) 状态图

图 5-92　环形计数器

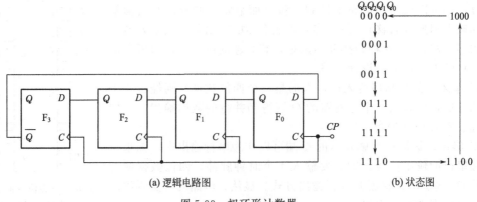

(a) 逻辑电路图　　　　　　　　　　　(b) 状态图

图 5-93　扭环形计数器

实现环形计数器时，必须设置适当的初态，且输出 $Q_3Q_2Q_1Q_0$ 端初始状态不能完全一致（即不能全为 1 或 0），这样电路才能实现计数，环形计数器的进制数 N 与移位寄存器内的触发器个数 n 相等，即 $N=n$，状态变化如图 5-92(b) 所示（电路中初态为 0100）。

b. 扭环形计数器。扭环形计数器是将单向移位寄存器的串行输入端和串行反相输出端相连，构成一个闭合的环，如图 5-93(a) 所示。实现扭环形计数器时，不必设置初态。扭环形计数器的进制数 N 与移位寄存器内的触发器个数 n 满足 $N=2^n$ 的关系，状态变化如图 5-93(b) 所示。

技能训练七　十进制计数器

1. 实训目的

① 掌握中规模集成计数器的使用及功能测试方法。

② 掌握、利用集成计数器及连使用。

2. 实训设备与器件

①双踪示波器。②数电实验箱。③译码显示器。④CC40192×3(74LS192)。⑤CC4011(74LS00)。⑥CC4012 (74LS20)。⑦万用电表等。

3. 实训步骤与要求

① 测试 CC40192 或 74LS192 同步十进制可逆计数器的逻辑功能。74LS192 的端子排列图如图 5-94 所示。

计数脉冲由单次脉冲源提供，清除端 CR、置数端 $\overline{LD}$、数据输入端 D_3、D_2、D_1、D_0 分别接逻辑开关，输出端 Q_3、Q_2、Q_1、Q_0 相应接实验设备的译码显示装置的输入插口 A、B、C、D；$\overline{CO}$ 和 $\overline{BO}$ 接逻辑电平显示插口。按下面顺序逐项测试并判断集成块的功能是否正常。

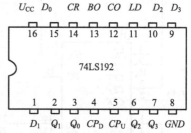

图 5-94　74LS192 的端子排列图

a. 清除。令 $CR=1$，其他输入为任意态，这时 $Q_3Q_2Q_1Q_0=0000$，译码数字显示为 0。清除功能完成后，置 $CR=0$。

b. 置数。令 $CR=0$，CP_U、CP_D 任意，数据输入端输入任意一组二进制数，令 $\overline{LD}=0$，观察计数译码显示输出，预置功能是否完成，此后置 $\overline{LD}=1$。

c. 加计数。$CR=0$，$\overline{LD}=CP_D=1$，CP_U 接单次脉冲源，清零后送入 10 个单次脉冲，观察译码数字显示是否按 8421 码十进制状态转换表进行，输出状态变化是否发生在 CP_U 的上升沿。

d. 减计数。$CR=0$，$\overline{LD}=CP_U=1$，CP_D 接单次脉冲源。参照③进行实验。

检查是否满足表 5-36 所示的功能。

表 5-36　逻辑表

输 入								输 出			
CR	$\overline{LD}$	CP_U	CP_D	D_3	D_2	D_1	D_0	Q_3	Q_2	Q_1	Q_0
1	×	×	×	×	×	×	×	0	0	0	0
0	0	×	×	d	c	b	a	d	c	b	a
0	1	↑	1	×	×	×	×	加计数			
0	1	1	↑	×	×	×	×	减计数			

② 用两片 74LS192 及相关门电路组成二十四进制加法计数器，输入 1Hz 连续脉冲，按表 5-36 操作，观察验证结果并记录。

4. 实训总结与分析

① 画出实验线路图，记录、整理实验现象及实验所得的有关波形。对实验结果进行分析。

② 总结使用集成计数器的体会。

技能训练八 循环彩灯

1. 实训目的

① 识别相关中规模数字集成电路及分立元件。

② 掌握相关中规模数字集成电路功能。

③ 掌握循环彩灯的工作原理。

2. 实训设备与器件

①数电实验箱。②发光二极管。③74HC163。④74HC154。⑤电阻、⑥万用电表。

3. 实训原理与步骤

① 电路原理。电路由一个同步四位二进制计数器 74HC163 和一个译码器 74HC154 构成控制电路，由十六个发光二极管构成显示电路，循环彩灯原理图如图 5-95 所示。

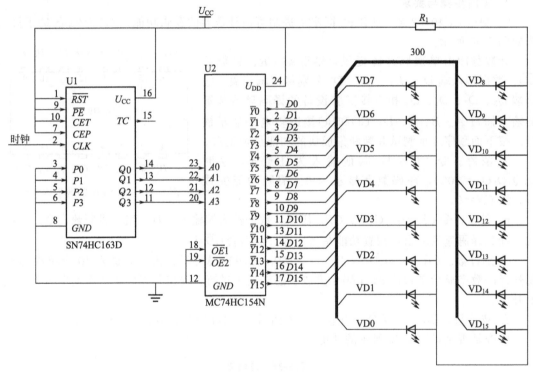

图 5-95　循环彩灯原理图

当周期性时钟脉冲输入到 74HC163 的时钟信号输入端时，74HC163 的输出为二进制形式，并且随着输入的持续，其输出在 0000～1111 之间循环变化。通过 4 线-16 线译码器 74HC154，其 16 条输出线将会按照所加的二进制数依次变成低电平，哪条线为低电平，与其相连的发光二极管就会导通而发光。任何时刻只有一个发光二极管被点亮发光。如果将这 16 个发光二极管在空间上接成一个环状，则这些二极管被循环点亮时，实际效果将会像一个光环在滚动一样。修改输入时钟信号的频率，将会在视觉上体会到光环滚动速度的变化。

② 实训步骤。

a. 识别本次实训所需要的所有元器件。

b. 按照电路图 5-95 在实验箱上搭接好电路。

c. 相互检查电路连接无误后，接通电源。

d. 在电路的时钟信号输入端，将实验箱上的时钟脉冲信号接入，改变脉冲的频率观察实训的效果。

e. 如果实训不能正常进行，根据所学的知识，分析、查找、解决电路中的故障，直到成功。

4. 实训总结与分析

① 画出实验线路图，记录、整理实验现象。对实验结果进行分析。

② 总结使用集成计数器的体会。

③ 总结实训过程中的故障分析及解决过程，进一步掌握数字电路的应用。

想一想，做一做

1. 描述时序逻辑电路的功能有哪些方法？

2. 什么叫计数？什么叫分频？

3. 单向移位寄存器和双向移位寄存器有哪些异同点？

本章小结

① 门电路是数字电路的基本单元电路，各种复杂的逻辑电路都是由这些基本电路构成的。凡是能完成与、或、非、异或等基本逻辑运算的电路都称为门电路。目前普遍使用的数字集成电路基本上有两大类：一类是双极型数字集成电路，TTL 就属于此类电路；另一类是金属氧化物半导体（MOS）数字集成电路。

② 掌握门电路的描述方法，如真值表、逻辑表达式、逻辑符号及波形图，是分析与设计一般逻辑电路的基础。组合逻辑电路的特点是：任何时刻输出信号仅仅取决于当时的输入信号的取值组合，而与电路原来所处的状态无关。

③ 编码就是用二进制码来表示给定的数字、字符或信息。相反，把二进制代码翻译成原来信息的过程，称为译码。译码器有 n 个输入端和 m 个输出端。译码器的功能是将 n 位并行输入的二进制代码，根据译码要求，选择 m 个输出中的一个或几个输出译码信息。编/译码器的功能表较为全面地反映了编/译码器的功能。要正确使用编码器和译码器，必须先看懂功能表，因此通过功能表了解编/译码器的功能是读者必须掌握的内容。

④ 数据选择器和分配器功能相反，用数据选择器可实现逻辑函数及组合逻辑电路；数字比较器用来比较数的大小；加法器用来实现算术运算。

⑤ 凡具有接收、保持和输出功能的电路均称为触发器。按触发方式可把触发器分为非时钟控制型触发器和时钟控制型触发器两大类。时钟控制型触发器又分为时钟电平状态控制型触发器和时钟边沿控制型触发器。时钟电平状态控制型触发器包括低电平触发和高电平触发两种形式。描述触发器的常用方法有特征方程、真值表和波形图，重点是特征方程的掌握，掌握这些描述方法对分析和理解触发器的工作过程会有很大帮助。

⑥ 时序逻辑电路在逻辑功能上的特点是：时序逻辑电路任意时刻的输出信号不仅与该时刻的输入信号有关，还与电路原来所处的状态有关。时序逻辑电路在电路结构上的特点是包含组合器件和存储器件两部分。由于它要记忆以前的输入和输出信号，所以存储电路是不可缺少的。

⑦ 计数器是组成数字系统的重要部件之一，它的功能就是计算输入脉冲的数目。根据计数脉冲输入方式的不同，可将计数器分为同步计数器和异步计数器两类。

⑧ 寄存器是数字电路系统中应用最多的逻辑器件之一。其基本原理是利用触发器来接收、存储和发送数据。一个触发器可以构成一个最基本的寄存一位数据的逻辑单元。移位寄存器有串行输入与并行输入和串行输出与并行输出两种不同的输入、输出形式，具有加载数据、左移位、右移位等多种功能。寄存器寄存数据或对数据进行移位操作，都必须受时钟脉冲控制。

思考练习题

1. 什么是集成门电路？基本门电路是指哪几种？

2. 试写出图 5-96 所示电路的逻辑表达式，并画出电路的输出波形。

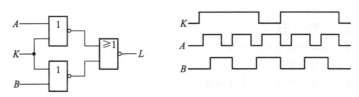

图 5-96　题 2 图

3. 什么叫线与？哪种门电路可以线与？为什么？

4. 什么叫三态门？为何采用三态门结构？总线的作用是什么？

5. 试分析图 5-97 所示各组合逻辑电路的逻辑功能，写出函数表达式。

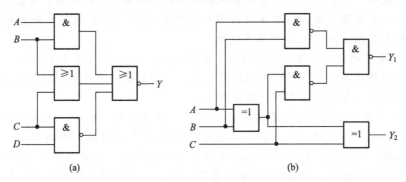

(a)　　　　　　　　　　　(b)

图 5-97　题 5 图

6. A、B、C 和 D 四人在同一实验室工作，他们之间的工作关系是：

(1) A 到实验室，就可以工作；

(2) B 必须 C 到实验室后才有工作可做；

(3) D 只有 A 在实验室才可以工作。

请将实验室中没人工作这一事件用逻辑表达式表达出来。

7. 试用 74LS151 数据选择器实现逻辑函数：

(1) $Y(A,B,C) = \sum m(1,3,5,7)$

(2) $Y_2 = \overline{A}\overline{B}C + \overline{A}BC + AB\overline{C} + ABC$

8. 判断下列逻辑函数是否存在冒险现象。

$$Y_1 = AB + \overline{A}C + \overline{B}C + \overline{A}\overline{B}C$$
$$Y_2 = (A+B)(\overline{B}+\overline{C})(\overline{A}+\overline{C})$$

9. 已知如图 5-98 所示电路的输入信号波形，试画出输出 Q 端波形，并分析该电路有何用途（设触发器初态为 0 态）。

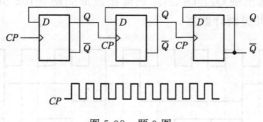

图 5-98　题 9 图

10. 如图 5-99 所示，在由 JK 触发器组成的电路中，已知输入波形，试画出输出波形（设触发器初态为 0 态）。

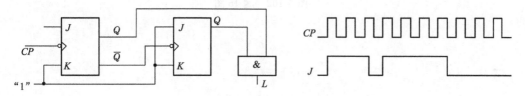

图 5-99　题 10 图

11. 分析图 5-100 所示时序电路的逻辑功能，假设电路初态为 000，如果在 CP 的前六个脉冲内，D 端依次输入数据 1，0，1，1，0，1，则电路输出在此六个脉冲内是如何变化的？

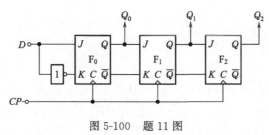

图 5-100　题 11 图

12. 分析图 5-101(a) 所示时序电路的逻辑功能。根据图 5-101(b) 所示输入信号波形画出对应的输出 Q_2、Q_1 的输出波形。

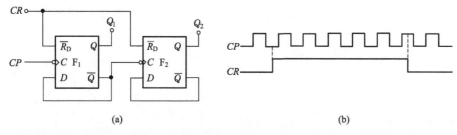

(a)　　　　　　　　　　　　　　　　(b)

图 5-101　题 12 图

13. 采用直接清零法，将集成计数器 74LS290(74LS290 芯片的端子排列如图 5-81 所示) 构成三进制计数器和九进制计数器，画出逻辑电路图。

14. 采用用预置复位法，将集成计数器 74LS161(74LS161 芯片的端子排列如图 5-85 所示) 构成七进制计数器，画出逻辑电路图。

15. 采用级联法，将集成计数器 74LS161(74LS161 芯片端子排列如图 5-85 所示) 构成一百零八进制计数器，画出逻辑电路图。

16. 已知计数器的输出端 Q_2、Q_1、Q_0 的输出波形如图 5-102 所示，试画出对应的状态图，并分析该计数器为几进制计数器。

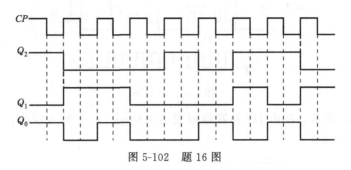

图 5-102 题 16 图

第六章 数字信号的产生与整形电路

第一节 概 述

一、脉冲波形的主要参数

在数字电路中，数字信号主要都是以脉冲波形的形式出现的，而应用得最多的是矩形脉冲。下面以图 6-1 所示的矩形脉冲来说明这种波形的主要参数。

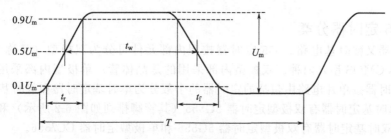

图 6-1 脉冲波形参数示意图

① 脉冲幅度。脉冲电压波形变化的最大值，单位为伏（V），用 U_m 表示。

② 脉冲上升时间。脉冲波形从 $0.1U_m$ 上升到 $0.9U_m$ 所需的时间，用 t_r 表示。同时，也把脉冲上升的过程称为上升沿。

③ 脉冲下降时间。脉冲下降时间为脉冲波形从 $0.9U_m$ 下降到 $0.1U_m$ 所需的时间，用 t_f 表示。同时，也把脉冲下降的过程称为下降沿。

脉冲上升时间 t_r 和下降时间 t_f 越短，其边沿就越陡峭，越接近于理想的矩形脉冲。t_r 和 t_f 的单位为 s（秒）、ms（毫秒）、us（微秒）、ns（纳秒）。

④ 脉冲宽度 t_w。脉冲上升沿 $0.5U_m$ 到下降沿 $0.5U_m$ 所需的时间为 t_w，单位和 t_r、t_f 相同。

⑤ 脉冲周期 T。在周期性脉冲中，相邻两个脉冲波形重复出现所需的时间为 T，单位和 t_r、t_f 相同。

⑥ 脉冲频率 f。脉冲频率指每秒时间内，脉冲出现的次数，单位为 Hz（赫兹）、kHz（千赫）、MHz（兆赫），$f=1/T$。

⑦ 占空比 q。脉冲宽度与脉冲重复周期 T 的比值称为占空比。$q=t_w/T$。它是描述脉冲波形疏密的参数。

二、脉冲波形的获取方式

在数字系统中，常常需要获得各种脉冲信号，尤其是不同频率、边沿陡峭的时钟信号。有时又需要有一定宽度和一定幅度的脉冲信号，因此需要解决脉冲信号的产生方法及具体的电路。

　　获得脉冲波形的方法主要有两种：一种是利用各种形式的多谐振荡器电路直接产生所需要的脉冲，另一种是通过各种整形电路，把已有的周期性变化波形变换为所要求的脉冲。在整形电路中，施密特触发器和单稳态触发器是主力军，它们有不同的用途。施密特触发器主要是将变化缓慢的或变化很快的信号非矩形脉冲变换成上升沿和下降沿都很陡峭的矩形脉冲，而单稳态触发器则主要是用以将宽度不符合要求的脉冲变换成符合要求的矩形脉冲。

　　在电路的构成形式上，现在主要采用两种方式来构成脉冲发生器：一是采用集成电路来实现，通过接入适当的外围元件便可以得到需要的信号脉冲；另一种便是由 555 定时器来构成，555 定时器是一种多用途集成电路，只要其外部配接小量的阻容元件，就可以构成施密特触发器、单稳态触发器和多谐振荡器等，使用方便、灵活，因而在波形变换与产生、测量控制、家用电器等方面都有广泛的应用。

想一想，做一做

什么是脉冲信号？矩形脉冲的主要技术参数有哪些？

第二节　555 定时器

一、555 定时器分类

　　555 定时器又称时基电路。555 定时器按照内部元件可分为双极型（又称 TTL 型）和单极型（又称 CMOS 型）两种。双极型内部采用的是晶体管；单极型内部采用的则是场效应管。555 定时器按单片电路中包括的定时器的个数分为单时基定时器和双时基定时器。

　　常用的单时基定时器有双极型定时器 5G555（其管脚排列如图 6-2 所示）和单极型定时器 CC7555。双时基定时器有双极型定时器 5G556 和单极型定时器 CC7556。

二、555 定时器的电路组成

　　5G555 定时器内部电路以及对应的端子如图 6-2 所示，一般由分压器、比较器、触发器和开关及输出等四部分组成。

1. 分压器

　　分压器由三个等值的电阻串联而成，将电源电压 U_{CC} 分为三等份，作用是为比较器提供两个参考电压，若控制端 CO 悬空或通过电容接地，则一个参考电压为 $\frac{2}{3}U_{CC}$，另一个为 $\frac{1}{3}$ U_{CC}，若控制端 CO 外加控制电压 U_S，则一个参考电压为 U_S，另一个为 $\frac{1}{2}U_S$。

2. 比较器

　　比较器是由两个结构相同的集成运放 C_1、C_2 构成的。C_1 用来比较参考电压 U_{R1} 和高电平触发端电压 U_{TH}，当 $U_{TH}>U_{R1}$，集成运放 C_1 输出 $U_{C1}=0$；当 $U_{TH}<U_{R1}$ 时，集成运放 C_1 输出 $U_{C1}=1$。C_2 用来比较参考电压 U_{R2} 和低电平触发端电压 U_{TR}，当 $U_{TR}>U_{R2}$ 时，集成运放 C_2 输出 $U_{C2}=1$；当 $U_{TR}<U_{R2}$ 时，集成运放 C_2 输出 $U_{C2}=0$。

3. 基本 RS 触发器

　　对于基本 RS 触发器来说，U_{C1} 和 U_{C2} 分别构成其 R 和 S 端。当 $RS=01$ 时，$Q=0$，$\overline{Q}=1$；当 $RS=10$ 时，$Q=1$，$\overline{Q}=0$。

4. 开关及输出

　　放电开关由一个晶体三极管组成，其基极受基本 RS 触发器输出端 $\overline{Q}$ 控制。当 $\overline{Q}=1$ 时，三极管导通，放电端 D 通过导通的三极管为外电路提供放电的通路；当 $\overline{Q}=0$ 时，三极管截止，放电通路被截断。

三、555 定时器的功能及特点

以单时基双极型国产 5G555 定时器为例，其功能如表 6-1 所示。

表 6-1　5G555 定时器功能表

$\overline{R}_D$	U_{TH}	$U_{\overline{TR}}$	Q	放电端 DIS
0	×	×	0	与地导通
1	$>\frac{2}{3}U_{CC}$	$>\frac{1}{3}U_{CC}$	0	与地导通
1	$<\frac{2}{3}U_{CC}$	$>\frac{1}{3}U_{CC}$	保持原状态	保持原状态
1	$<\frac{2}{3}U_{CC}$	$<\frac{1}{3}U_{CC}$	1	与地断开

555 定时器电源电压范围宽，双极型 555 定时器为 5～16V，CMOS 型 555 定时器为 3～18V。可以提供与 TTL 及 CMOS 数字电路兼容的接口电平，有较高的触发灵敏度和负载能力，可以驱动微型电机、指示灯、扬声器等。因而在脉冲波形的产生与变换、仪器与仪表、自动控制、测量与控制、家用电器、报警以及电子玩具等领域都有着广泛的应用。

TTL 单时基定时器型号的最后 3 位数字是 555，双时基定时器的为 556；CMOS 单时基定时器的后 4 位数字是 7555，双时基定时器的最后为 7556，它们的逻辑功能和外部引线排列完全相同。双极型定时器输入输出电流较大，驱动能力强，可直接驱动负载，适宜于有稳定电源的场合使用；单极型定时器输入阻抗高，工作电流小，功耗低且精度高，多用于需要节省功耗的领域。

555 定时器是一种电路结构简单、使用方便灵活、用途广泛的多功能集成电路。只要在外部配接少数的阻容元件便可以组成施密特触发器、单稳态触发器和多谐振荡器。

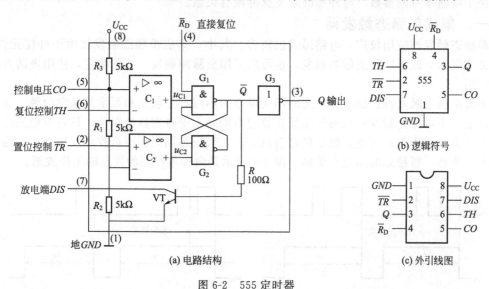

图 6-2　555 定时器

技能训练一　555 定时器的识别与测试

1. 实训目的

① 识别 555 定时器及其端子。

② 学会 555 定时器的功能检测。

2. 实训设备与器件

① 555 定时器。②数字电路实验箱。③直流稳压电源。④导线。⑤万用电表等。

3. 实训步骤与要求

① 识别 555 定时器的外形结构。根据所给的 555 定时器芯片，识别其型号及端子。

② 555 芯片功能测试，如表 6-1 所示。

对照表 6-1，熟悉 555 定时器各端子功能与使用。

按表 6-1 所示，测试 555 芯片输入与输出关系，熟悉其工作特点。

U_{CC}外加的电压可置 6V，控制电压端外加电压可改变定时器中比较器的参考电压，若不用时，可通过电容（$0.01\mu F$）接地。

4. 实训总结与分析

① 555 定时器的复位端可以接实验箱上的逻辑开关来控制，输出端可接实验箱上的指示二极管来显示输出结果。

② 掌握根据集成电路的功能表进行测试的能力。

③ 正确使用实训装置、测试仪器仪表，使用万用表时要按要求选择其挡位。

 想一想，做一做

555 定时器主要由哪几部分组成？各部分的作用是什么？

第三节　单稳态触发器

单稳态触发器有两个状态：一个是稳定状态，另一个是暂稳状态。当无触发脉冲输入时，单稳态触发器处于稳定状态；当有触发脉冲作用时，单稳态触发器将从稳定状态变为暂稳定状态，暂稳态在保持一定时间后，能够自动返回到稳定状态。暂稳态维持时间的长短完全取决于电路本身的参数，与外加的触发脉冲没有关系。

一、集成单稳态触发器

单稳态触发器应用较广，电路形式也较多。其中，集成单稳态触发器由于外接元件少，触发方式灵活，既可以用正脉冲触发，也可以采用负脉冲触发，工作稳定，使用灵活方便而更为实用。

集成单稳态触发器根据工作状态的不同可分为不可重复触发和可重复触发两种。其主要区别在于：不可重复触发单稳态触发器在暂稳态期间不受触发脉冲影响，只有暂稳态结束触发脉冲才会再起作用；可重复触发单稳态触发器在暂稳态期间还可接收触发信号，电路被重新触发，当然，暂稳态时间也会顺延。图 6-3 所示是两种单稳态触发器的工作波形。

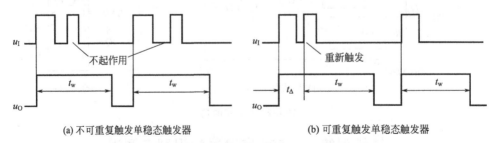

(a) 不可重复触发单稳态触发器　　　　　　(b) 可重复触发单稳态触发器

图 6-3　两种单稳态触发器工作波形

集成单稳态触发器有很多种，常用的集成单稳态触发器属于 TTL 型的有 CT54/74121、

CT54/74221、CT54/74LS221、CT54/74122、CT54/74123 等，属于 CMOS 型的有 CC14528、CC4098 等。

下面通过 CT74121 的功能来了解集成单稳态触发器的应用。

CT74121 的逻辑符号和端子图如图 6-4 所示，功能表见表 6-2。

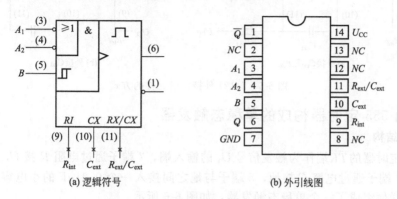

(a) 逻辑符号　　　　　(b) 外引线图

图 6-4　集成单稳态触发器 CT74121

表 6-2　CT74121 功能表

输　入			输　出	
A_1	A_2	B	Q	$\overline{Q}$
L	×	H	L	H
×	L	H	L	H
×	×	L	L	H
H	H	×	L	H
H	↓	H	⊓	⊔
↓	H	H	⊓	⊔
↓	↓	H	⊓	⊔
L	×	↑	⊓	⊔
×	L	↑	⊓	⊔

① 稳定状态。功能表中前四种情况时，电路都处于 $Q=0$、$\overline{Q}=1$ 的稳定状态，即没有触发信号，单稳态触发器处于稳定状态：$Q=0$、$\overline{Q}=1$。

② 暂稳状态。功能表的后面五种情况都是可以触发至暂稳态的情况，需要注意的是：A_1、A_2 是低电平触发端，B 是高电平触发端。暂稳态结束后电路自动进入稳态。

③ 输出脉宽估算。CT74121 的 9、10、11 端子均是外接阻容元件端，实际使用时按图 6-5 所示的两种方式进行外接。

图 6-5(a) 示出的是外接定时电容 C_{ext} 和电阻 R_{ext} 的情况，输出脉冲宽度估算为

$$t_{\text{w}} = 0.7 R_{\text{ext}} C_{\text{ext}}$$

图 6-5(b) 示出的是利用片内定时电阻 R_{int}，仅外接定时电容 C_{ext} 的情况，输出脉冲宽度估算为

$$t_{\text{w}} = 0.7 R_{\text{int}} C_{\text{ext}} = 1.4 C_{\text{ext}}$$

式中，电阻 R_{ext} 的取值范围为 $2\sim40\text{k}\Omega$，电容 C_{ext} 的取值范围为 $10\text{pF}\sim10\mu\text{F}$。

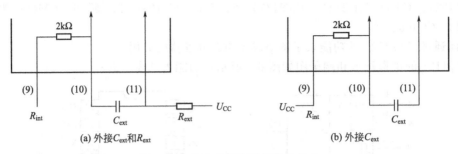

(a) 外接C_{ext}和R_{ext}　　　　　　　(b) 外接C_{ext}

图 6-5　74121 外接定时元件的方式

二、由 555 定时器构成的单稳态触发器

1. 电路结构

将 555 定时器的 $\overline{TR}$ 端作为触发信号 U_i 的输入端，7 端子通过电阻 R 接 U_{CC}，组成了一个反相器，7 端子通过电容 C 接地，5 端子与地之间接入一个 $0.01\mu F$ 的小电容 C_0，加强电源滤波。这样便组成了一个单稳态触发器，如图 6-6 所示。

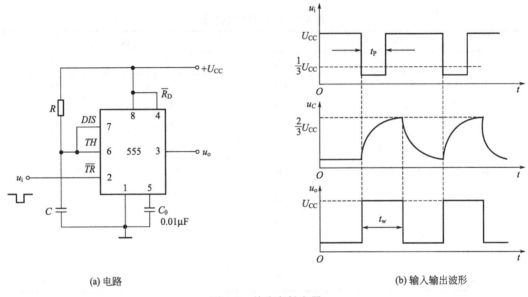

(a) 电路　　　　　　　　　　　(b) 输入输出波形

图 6-6　单稳态触发器

2. 工作原理

当单稳态触发器无触发脉冲信号时，输入端 $U_i=1$，当直流电源 $+U_{CC}$ 接通以后，电路经过一段过渡时间后，$OUT(Q)$ 端最后稳定输出 "0"。因放电端 DIS 通过导通的三极管接地，电容 C 两端电压为零。因高电平触发端 TH 和放电端 DIS 直接连接，所以高电平触发端 TH 接地，即 $U_{TH}=0<U_{R1}=\dfrac{2}{3}U_{CC}$，而 $U_{\overline{TR}}=U_i=1>\dfrac{1}{3}U_{CC}$，根据 555 定时器功能可知，此时电路保持原态 0 不变，这种状态即是单稳态触发器的稳定状态，如图 6-6（b）所示。

当单稳态触发器有触发脉冲信号（即 $U_i=0<\dfrac{1}{3}U_{CC}$）时，由于 $U_{\overline{TR}}=U_i=0<\dfrac{1}{3}U_{CC}$，并且 $U_{TH}=0<U_{R1}=\dfrac{2}{3}U_{CC}$ 则触发器输出由 0 变为 1，三极管由导通变为截止，放电端 DIS

与地断开；直流电源+U_{CC}通过电阻 R 向电容 C 充电，电容两端电压按指数规律从零开始增加（充电时间常数 $\tau = RC$）；经过一个脉冲宽度时间，负脉冲消失，输入端 U_i 恢复为 1，即 $U_{TR} = U_i = 1 > \frac{1}{3}U_{CC}$，由于电容两端电压 $U_C < \frac{2}{3}U_{CC}$，而 $U_{TH} = U_C < \frac{2}{3}U_{CC}$，所以输出保持原状态 1 不变，这种状态即是单稳态触发器的暂稳状态。

当电容两端电压 $U_C \geqslant \frac{2}{3}U_{CC}$ 时，$U_{TH} = U_C \geqslant \frac{2}{3}U_{CC}$，又有 $U_{TR} > \frac{1}{3}U_{CC}$，那么输出就由暂稳状态 1 自动返回稳定状态 0。如果继续有触发脉冲输入，就会重复上面的过程，如图6-6（b）所示。

单稳态触发器输出脉冲宽度 t_w 为暂稳态维持的时间，实际上为电容 C 上的电压由 0 充到 $\frac{2}{3}U_{CC}$ 所需要的时间，可用 $t_w = 1.1RC$ 估算。

注意，在由 555 定时器构成的单稳态触发器中，为了保证 555 定时器内的 RS 触发器正常工作，避免两个比较器同时输出为低电平而使之出现不定的工作状态，必须对外加的触发脉冲加以限制，要求是窄脉冲，触发脉冲的宽度必须小于输出脉冲的宽度，即 $1.1RC$。如果触发脉冲的宽度较宽，就可在触发端加上微分电路，使触发脉冲经过微分电路后变成窄脉冲再加到输入端。

三、单稳态触发器的应用

1. 整形

在数字信号的采集、传输过程中，经常会遇到不规则的脉冲信号。这时，便可利用单稳态触发器将其整形。具体方法是将不规则的脉冲信号作为触发信号加到单稳态触发器的输入端，合理选择定时元件，即可在输出端产生标准脉冲信号，如图 6-7 所示。

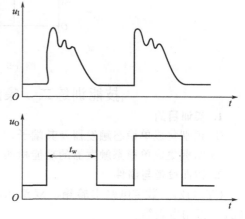

2. 定时

由于单稳态触发器能根据需要产生一定宽度 T_w 的脉冲，因此常作定时电路使用，即用计时开始信号去触发单稳态触发器，经 t_w 时间后，单稳态触发器便可给出到时信号。

图 6-8 所示为单稳态触发器构成的定时电路，该电路与继电器或驱动放大电路配合，可实现自动控制、定时开关的功能。

当电路接通+6V 电源后，经过一段时间进

图 6-7　单稳态触发器整形波形

入稳定状态，定时器输出 $OUT(Q)$ 为低电平，继电器 KA（当继电器无电流通过时，常开接点处于断路状态）无通过电流，故形不成导电回路，灯泡 HL 不亮。

当按下按钮 SB 时，低电平触发端 $\overline{TR}$（外部信号输入端 U_i）由接+6V 电源变为接地，相当于输入一个负脉冲，使电路由稳定状态转入暂稳状态，输出 OUT 为高电平，继电器 KA 通过电流，使常开接点闭合，形成导电回路，灯泡 HL 发亮。暂稳定状态的出现时刻是由按钮 SB 何时按下决定的，它的持续时间 t_w（也是灯亮时间）则是由电路参数决定的，若改变电路中的电阻 R_w 或 C，均可改变 t_w。

3. 延时

如图 6-9 所示，U_i 负脉冲加到触发端，在单稳态触发器输出接一微分电路，则经 t_w 延时即可得一负脉冲。

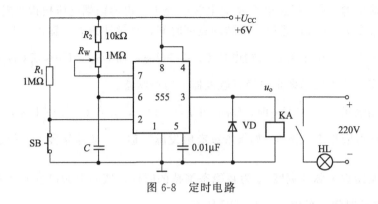

图 6-8 定时电路

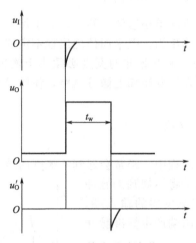

图 6-9 单稳延时波形

技能训练二 集成单稳态触发器的测试

1. 实训目的

① 识别集成单稳态触发器及其端子。

② 掌握集成单稳态触发器的功能检测方法。

2. 实训设备与器件

CT74121、数字电路实验箱、双踪示波器、直流稳压电源、导线、电阻 10kΩ、电容 10μF、万用电表等。

3. 实训步骤与要求

① 识别集成单稳态触发器的外形结构。根据所给的 CT74121 芯片,识别其型号及端子。

② 芯片稳态功能测试,其功能如表 6-2 所示。测试 CT74121 芯片的稳态输出,熟悉其工作特点。

③ 芯片暂稳态功能测试。根据表 6-2,输出的脉冲宽度采用两种方式来实现,借助双踪示波器,按表 6-3 进行测试验证。控制采用外接电容(10μF),接地。

表 6-3 暂稳态脉宽测试表

外接元件	理论值	实测值	波 形
R_{ext}:10k C_{ext}:10μF			
C_{ext}:10μF			

4. 实训总结与分析

① 芯片的输入端可以接实验箱上的逻辑开关来控制，输出端可接实验箱上的指示二极管来显示输出结果。

② 掌握根据集成电路的功能表进行测试的能力。

③ 正确使用实训装置、测试仪器仪表，使用万用表时要按要求选择其挡位。

技能训练三　555定时器构成的单稳态触发器的测试

1. 实训目的

掌握用555定时器构成的单稳态触发器的方法及测试能力。

2. 实训设备与器件

① 555定时器。②数字电路实验箱。③双踪示波器。④直流稳压电源。⑤导线。⑥电阻$100k\Omega$。⑦电阻$1k\Omega$。⑧电容$0.1\mu F$。⑨电容$47\mu F$。⑩电容$0.01\mu F$。⑪万用电表等。

3. 实训步骤与要求

① 按图6-6所示在实验箱上搭接电路。

② 按图6-6所示，取$R=100k\Omega$、$C=47\mu F$，输入信号U_i由单次脉冲源提供，用双踪示波器观察U_C、U_O波形的变化。测定输出的幅度与暂稳时间。

③ 将R的值改为$1k\Omega$，C的值改为$0.1\mu F$，输入端加$1kHz$的连续脉冲，用双踪示波器观察U_i、U_C、U_O的波形。测定输出U_O波形幅度与暂稳时间。

4. 实训总结与分析

① 触发脉冲的输入端可以接实验箱上的逻辑开关来控制，输出端可接实验箱上的指示二极管来显示输出结果。

② 掌握根据集成电路的功能表进行测试的能力。

③ 正确使用实训装置、测试仪器仪表。使用万用表时要按要求选择其挡位。

 想一想，做一做

1. 什么是可重复触发单稳态触发器？它的暂稳态持续时间如何计算？

2. 单稳态触发器的主要应用有哪些？

第四节　施密特触发器

在数字系统中，对数字电路处理的矩形波的幅度和宽度都有一定的要求，而实际波形有的规则，有的则不规则，这样就需要一种电路，将不规则的矩形波变成规则的矩形波，再送入控制系统中。施密特触发器就是具有这一功能的电路，它总能将不规则的波形转变成为良好的矩形波形，而且抗干扰能力很强。

一、施密特触发器的功能及特点

施密特触发器的逻辑符号和电压传输特性如图6-10所示。

结合图6-10，可以知道施密特触发器具有如下特点。

① 电路有两个稳态，是一个双稳态电路，但是这两个稳态是靠触发信号来维持的。

② 电路状态的翻转由外触发信号的电平决定，当外加触发信号高于U_{T+}值时，电路处于一种稳态；低于U_{T-}值时，电路处于另一种稳态。通常把U_{T+}叫做上限触发电平，把U_{T-}叫做下限触发电平，而$U_{T+}>U_{T-}$，所以电路存在回差特性，也叫滞回特性。上下限触发电平之差称为回差电压。

③ 由图6-10可以看出，只有在输入电u_I上升到略大于U_{T+}或下降到略小于U_{T-}时，施密特触发器的状态才会发生翻转，从而输出边沿陡峭的矩形脉冲。否则，电路处于保持状态。同

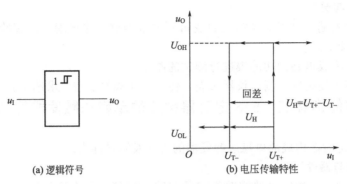

(a) 逻辑符号　　　　(b) 电压传输特性

图 6-10　施密特触发器

时还可以看到，输入电压的上升边沿和下降边沿时间越短，输出脉冲的宽度越大，反之越小。

二、集成施密特触发器

下面以图 6-11 所示的 74LS14 为例介绍常用的集成施密特触发器。

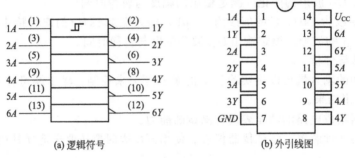

(a) 逻辑符号　　　　(b) 外引线图

图 6-11　集成施密特触发器 74LS14

74LS14 片内有六个带施密特触发的反相器，正向阈值电压 U_{T+} 为 1.6V，负向阈值电压 U_{T-} 为 0.8 V，回差电压 U_H 为 0.8 V。电路的逻辑关系为：$Y=\overline{A}$。其电压传输特性如图 6-12 所示。

三、由 555 定时器构成的施密特触发器

在实际应用过程中，可以由 555 定时器来构成施密特触发器。

由 555 定时器构成的施密特触发器可以将符合特定条件的输入信号变为对应的矩形波，这个特定条件是：输入信号的最大幅度 U_{max} 要大于施密特触发器中 555 定时器的参考电压。当定时器控制端 S 悬空或通过电容接地时参考电压为 $\frac{2}{3}U_{CC}$；当定时器控制端 S 外接控制电压 U_S 时，则参考电压为 U_S。

1. 电路结构

由 555 定时器构成的施密特触发器如图 6-13 所示。图中的第 5 端子通过一个 $0.01\mu F$ 的小电容器接地，起到加强滤波的作用，目的是提高参考电压的稳定性。

2. 工作原理

设输入信号 U_i 为最常见的正弦波，正弦波幅度大于 555 定时器的参考电压为 $\frac{2}{3}U_{CC}$（控制端 S 通过滤波电容接地），电路输入输出波形如图 6-14 所示。输入信号 U_i 从零时刻起，信号幅度开始从零逐渐增加并呈正弦变化。

当 U_i 处于 $0<U_i<\frac{1}{3}U_{CC}$ 上升区间时，根据 555 定时器功能表可知 $OUT=1$。

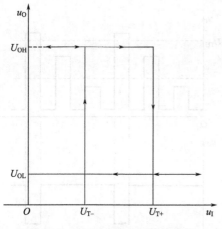

图 6-12 74LS14 的电压传输特性

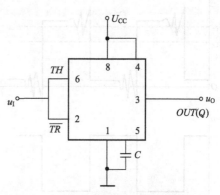

图 6-13 555 定时器构成施密特触发器

当 U_i 处于 $\frac{1}{3}U_{CC}<U_i<\frac{2}{3}U_{CC}$ 上升区间时，根据 555 定时器功能表可知 OUT 仍保持原状态 1 不变。

当 U_i 一旦处于 $U_i\geqslant\frac{2}{3}U_{CC}$ 区间时，根据 555 定时器功能表可知，OUT 将由 1 状态变为 0 状态，此刻对应的 U_i 值称为复位电平或上限阈值电压。

当 U_i 处于 $\frac{1}{3}U_{CC}<U_i<\frac{2}{3}U_{CC}$ 下降区间时，根据 555 定时器功能表可知，OUT 保持原来状态 0 不变。

当 U_i 一旦处于 $U_i\leqslant\frac{1}{3}U_{CC}$ 区间，根据 555 定时器功能表可知 OUT 又将 0 状态变为 1 状态，此时对应的 U_i 值称为置位电平或下限阈值电压。

同理，若施密特触发器输入其他波形的信号，只要输入信号的最大幅度 U_{max} 大于施密特触发器核心 555 定时器的参考电压，那么总能在输出端得到对应的矩形波。

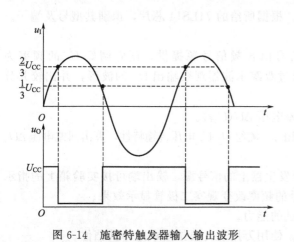

图 6-14 施密特触发器输入输出波形

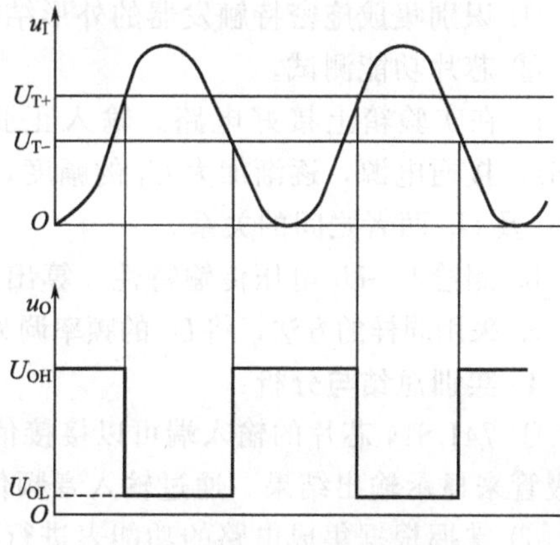

图 6-15 波形变换

四、施密特触发器的应用

1. 波形变换

施密特触发器可将任何符合特定条件的输入信号变为对应的矩形波输出信号，如图6-15所示。

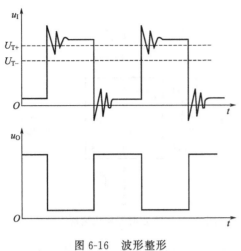

图 6-16 波形整形

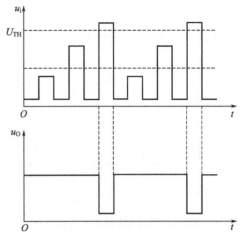

图 6-17 利用施密特触发器进行幅度鉴别

2. 脉冲整形

施密特触发器可将带有干扰的不规则的矩形波转换成规则的矩形波，如图 6-16 所示。

3. 幅度鉴别

施密特触发器可在具有不同幅度的波形束中将幅度符合要求的波形鉴别出来，如图6-17所示。

技能训练四 集成施密特触发器的测试

1. 实训目的

① 识别集成施密特触发器及其端子。

② 掌握集成施密特触发器的功能检测方法。

2. 实训设备与器件

① 74LS14。② 数字电路实验箱。③ 双踪示波器。④ 直流稳压电源。⑤ 导线。⑥ 万用电表等。

3. 实训步骤与要求

① 识别集成施密特触发器的外形结构。根据所给的 74LS14 芯片，识别其型号及端子。

② 芯片功能测试。

a. 在实验箱上接好电路。输入正弦信号由音频信号源提供，预先调好 U_i 的频率为 1kHz，接通电源，逐渐加大 U_i 的幅度，通过双踪示波器观察输出 U_o 的波形，并比较并分析 U_i 及 U_o 两者之间的关系。

b. 测绘 U_o-U_i 电压传输特性，算出回差电压 $\Delta U(U_H)$。

c. 采用同样的方法，将 U_i 的频率调为 5kHz，测绘 U_o-U_i 电压传输特性，算出回差电压 ΔU。

4. 实训总结与分析

① 74LS14 芯片的输入端可以接接信号发生器上的信号源，输出端可接实验箱上的指示二极管来显示输出结果。通过输入音频信号的频率改变观察二极管显示效果。

② 掌握根据集成电路的功能表进行测试的能力。

③ 正确使用实训装置、测试仪器仪表，使用万用表时要按要求选择其挡位。

技能训练五 555 定时器构成的施密特触发器的测试

1. 实训目的

① 掌握用 555 定时器构成施密特触发器的方法及测试能力。

② 进一步熟练使用电子测试仪器。

2. 实训设备与器件

① 555 定时器。② 数字电路实验箱。③ 双踪示波器。④ 直流稳压电源。⑤ 导线。⑥ 电容 $0.01\mu F$。⑦ 万用电表等。

3. 实训步骤与要求

① 在实验箱上接好电路。555 定时器电源接入 5V，输入正弦信号由音频信号源提供，预先调好 U_i 的频率为 1kHz，接通电源，逐渐加大 U_S 的幅度，通过双踪示波器观察输出 U_o 的波形，并比较 U_S 及 U_o 两者之间的关系。

② 测绘 U_o-U_i 电压传输特性，算出回差电压 ΔU。

4. 实训总结与分析

① 施密特触发器的输入端可以接实验箱上的逻辑开关来控制，输出端可接实验箱上的指示二极管来显示输出结果。

② 掌握根据集成电路的功能表进行测试的能力。

③ 正确使用实训装置、测试仪器仪表，使用万用表时要按要求选择其挡位。

 想一想，做一做

1. 施密特触发器电压传输特性有什么特点？上限触发电平、下限触发电平及回差电压的定义是什么？
2. 施密特触发器的主要有哪些方面的应用？

第五节　多谐振荡器

多谐振荡器又叫方波发生器（矩形波发生器），是一种无稳态电路。它不需要外加触发信号的作用，只要接通电源就能够自动产生一定频率和脉宽的矩形脉冲。由于矩形波含有丰富的高次谐波成分，所以又把矩形波振荡器叫多谐振荡器。

一、由 555 定时器构成的多谐振荡器

1. 电路结构

由 555 定时器构成的多谐振荡器如图 6-18 所示。

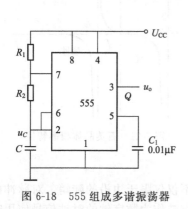

图 6-18　555 组成多谐振荡器

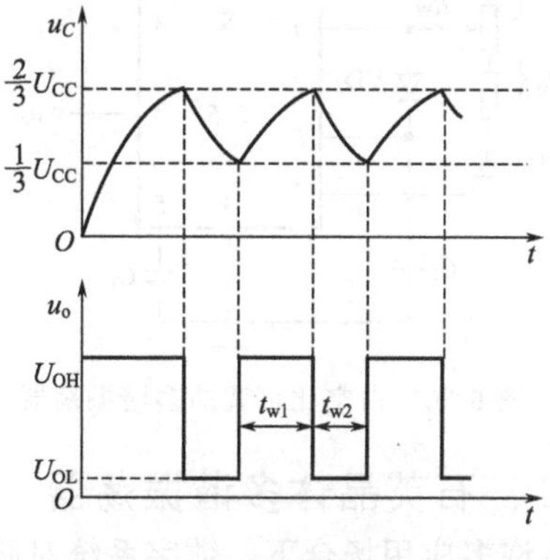

图 6-19　多谐振荡器的波形

2. 工作原理

接通电源后，U_{CC} 通过 R_1、R_2 对 C 充电，U_C 上升。开始时 $U_C < \frac{1}{3}U_{CC}$，即复位控制端 $U_{TH} < \frac{2}{3}U_{CC}$，置位控制端 $U_{\overline{TR}} < \frac{1}{3}U_{CC}$，定时器置位，$Q=1$，$\overline{Q}=0$，放电管 VT（在集成芯片内图中未画出）截止。

随后 U_C 越充越高，当 $U_C \geqslant \frac{2}{3}U_{CC}$ 时，复位控制端 $U_{TH} > \frac{2}{3}U_{CC}$，置位控制端 $U_{TR} > \frac{1}{3}U_{CC}$，定时器复位，$Q=0$，$\overline{Q}=1$，放电管饱和导通，$C$ 通过 R_2 经 VT 放电，U_C 下降。

当 $U_C \leqslant \frac{1}{3}U_{CC}$ 时，又回到复位控制端 $U_{TH} < \frac{2}{3}U_{CC}$，置位控制端 $U_{TR} < \frac{1}{3}U_{CC}$，定时器又置位，$Q=1$，$\overline{Q}=0$，放电管截止，$C$ 停止放电而重新充电。如此反复，形成振荡波形，如图 6-19 所示。

3. 脉冲周期

根据以上原理分析可知，输出脉冲的高电平持续时间是电容的充电时间，输出脉冲的低电平持续时间是电容的放电时间。

$$t_{w1} \approx 0.7(R_1+R_2)C \qquad t_{w2} \approx 0.7R_2C$$

因而，脉冲的周期 T 为：$T = t_{w1} + t_{w2}$

4. 改进电路

只要将电路作些改动，便可以构成占空比可调的多谐振荡器。图 6-20 为改进电路。

根据图 6-20 所示电路，可知电容器 C_1 的充、放电回路不一样：在放电管 VT 截止时，电源 U_{CC} 经过 R_A 和 D_2 对电容 C_1 充电；当 VT 导通时，电容 C_1 经过 R_B 和 VD_1 及放电管 VT 放电。调节电位器可以改变 R_A 和 R_B 的比值。因此，也就改变了输出脉冲的占空比 q。

输出脉冲的参数为：$t_{w1} = 0.7R_A C_1$

$$t_{w2} = 0.7R_B C_1$$

$$T = t_{w1} + t_{w2} = 0.7(R_A+R_B)C_1$$

因此，占空比 q 为：$q = t_{w1}/(t_{w1}+t_{w2}) = R_A/(R_A+R_B)$

当 $R_B = R_A$ 时，占空比 q 为 50%，电路输出方波。

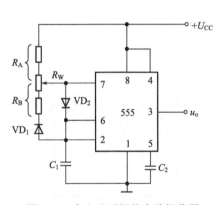

图 6-20 占空比可调的多谐振荡器

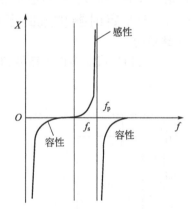

图 6-21 石英晶体频率特性

二、石英晶体多谐振荡器

在许多应用场合下，数字系统对脉冲波形的要求不仅仅限于边沿的陡峭，对脉冲的频率的稳定性有着严格的要求，比如将多谐振荡器产生的方波作为数字钟的时钟信号使用时，如果频率不稳定，那么数字钟走时的准确性便无法保证，误差也会很大。在这种情况下，前面介绍的多谐振荡器是不能满足要求的。

目前，在保证频率稳定度方面普遍采用的方法是在多谐振荡器中接入石英晶体，组成石英晶体多谐振荡器。石英晶体不但频率特性稳定，而且品质因素很高，具有极好的选频特性。图 6-21 给出了石英晶体的电抗特性图。由图可以知道，当外加的电压频率为 f_0 时它的等效阻抗最小，所以频率为 f_0 的电压信号是最容易通过，并在电路中形成正反馈。因此，振荡器的工作频率也必然是 f_0，称 f_0 为石英晶体的固有谐振频率。

由此可知，石英晶体振荡器的振荡频率取决于石英晶体的固有谐振频率 f_0，与外接的电阻、电容的参数无关。$\Delta f/f_0$ 可达 $10^{-10} \sim 10^{-11}$，足以满足大多数数字系统对频率稳定度的要求。当然，具有各种谐振频率的石英晶体（简称晶振）已经被作成了标准器件出售。

石英晶体 J 相当于一个高 Q（品质因数）选频网络。电路在满足正反馈条件的自激振荡过程中，石英晶体只允许与其谐振频率 f_0 相等的信号顺利通过，而 $f \neq f_0$ 的其他信号则被大大衰减，因而该电路的振荡频率主要取决于石英晶体的谐振频率 f_0，而与 R、C 的取值关系不大；R 主要用来使反相器工作在线性放大区，R 的阻值对于 TTL 门，通常为 $0.7 \sim 2\mathrm{k}\Omega$；而对于 CMOS 门，则常为 $10 \sim 100\mathrm{M}\Omega$。图 6-22 所示为由门电路构成的两种石英晶体振荡器。如果图 6-22(b) 所示晶振电路输出的频率为 $32768\mathrm{Hz}$，经若干级二分频器后，可以为数字钟提供时钟脉冲，电路中电容 C_1 用于两个反相器之间的耦合，而 C_2 的作用则是抑制高次谐波，以保证稳定的频率输出。

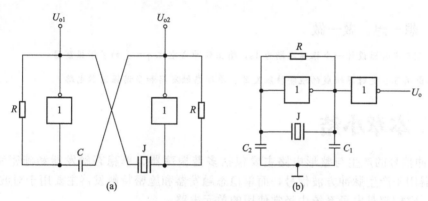

图 6-22 石英晶体振荡器

技能训练六 由 555 定时器构成的多谐振荡器的测试

1. 实训目的

① 掌握用 555 定时器构成施密特触发器的方法及测试能力。

② 进一步熟练使用电子仪器。

2. 实训设备与器件

① 555 定时器。②数字电路实验箱。③双踪示波器。④直流稳压电源。⑤导线。⑥电阻 $100\mathrm{k}\Omega$。⑦电阻 $1\mathrm{k}\Omega$。⑧电容 $0.1\mu\mathrm{F}$。⑨电容 $47\mu\mathrm{F}$。⑩电容 $0.01\mu\mathrm{F}$。⑪万用电表等。

3. 实训步骤与要求

① 在实验箱上接好电路。555 定时器电源接入 5V，输入正弦信号由音频信号源提供，预先调好 U_i 的频率为 $1\mathrm{kHz}$，接通电源，逐渐加大 U_S 的幅度，通过双踪示波器观察输出 U_o 的波形，并比较 U_S 及 U_o 两者之间的关系。

② 测绘 $U_o\text{-}U_i$ 电压传输特性，算出回差电压 ΔU。

③ 调节 R_W，观察输出波形的占空比改变大小。

4. 实训总结与分析

① 施密特触发器的输入端可以接实验箱上的逻辑开关来控制，输出端可接实验箱上的指示二极管来显示输出结果。

② 掌握根据集成电路的功能表进行测试的能力。

③ 正确使用实训装置、测试仪器仪表。使用万用表时要按要求选择其挡位。

技能训练七 石英晶体多谐振荡器的测试

1. 实训目的

① 识别石英晶体振荡器及其端子。

② 学会石英晶体振荡器的功能检测。

2. 实训设备与器件

① 石英晶体振荡器。②数字电路实验箱。③直流稳压电源。④导线。⑤万用电表等。

3. 实训步骤与要求

① 识别石英晶体振荡器的外形结构。根据所给的石英晶体振荡器，识别其型号及端子。

② 石英晶体振荡器构成多谐振荡器。按图 6-21 接好电路图，用示波器观察波形，改变 R_W，观察波形。

4. 实训总结与分析

① 掌握石英晶体振荡器构成多谐振荡器的原理。

② 正确使用实训装置、测试仪器仪表。使用万用表时要按要求选择其挡位。

 想一想，做一做

1. 试用 555 定时器设计一个振荡周期为 1s，输出脉冲占空比 $q = \dfrac{2}{3}$ 的多谐振荡器。

2. 试画出用 555 定时器组成的施密特触发器、单稳态触发器和多谐振荡器电路。

本章小结

① 脉冲信号的产生与整形电路主要包括多谐振荡器、单稳态触发器和施密特触发器。多谐振荡器用于产生脉冲方波信号，而单稳态触发器和施密特触发器主要用于对波形进行整形和变换，它们都是电子系统中经常使用的单元电路。

② 多谐振荡器没有稳定状态，只有两个暂稳态。暂稳态间的相互转换完全靠电路本身电容的充电和放电自动完成。因此，多谐振荡器接通电源后就能输出周期性的矩形脉冲。改变 R、C 定时元件数值的大小，可调节振荡频率。在振荡频率稳定度要求很高的情况下，可采用石英晶体振荡器。

③ 单稳态触发器有一个稳定状态和一个暂稳态。其输出脉冲宽度只取决于电路本身 R、C 定时元件的数值，与输入信号没有关系。输入信号只起到触发电路进入暂稳态的作用。改变 R、C 定时元件的参数值可调节输出脉冲的宽度。

④ 施密特触发器有两个稳定状态，它的两个稳定状态是靠两个不同的输入电平来维持的，因此具有回差特性。调节回差电压的大小，可改变输出脉冲的宽度。施密特触发器可将任意波形变换成矩形脉冲，还可用来进行幅度鉴别、构成单稳态触发器和多谐振荡器等。

⑤ 555 定时器是一种多用途的集成电路。只需外接少量阻容元件便可组成多谐振荡器、施密特触发器和单稳态触发器。此外，它还可组成其他各种实用电路。由于 555 定时器使用方便、灵活，有较强的带负载能力和较高的触发灵敏度，因此，它在自动控制、仪器仪表、家用电器等许多领域都有着广泛的应用

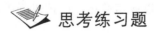 **思考练习题**

1. 填空题

（1）施密特触发器是一个＿＿＿＿＿＿。

（2）555 集成定时器复位端 $\overline{R}_D$ 为 0 时，放电管处于＿＿＿＿＿＿。

（3）555 集成定时器由＿＿＿＿＿＿组成。

（4）555 集成定时器构成的单稳态触发器，其输出脉冲宽度 t_w 约为＿＿＿＿＿＿。

（5）555 集成定时器构成的多谐振荡器，其输出信号的振荡周期为＿＿＿＿＿＿。

2. 判断题

（1）555 集成定时器构成的多谐振荡器，其输出信号是一个正弦波。（　　）

（2）多谐振荡器的两个输出状态都是暂态，可以自动转换。（　　）

（3）555 集成定时器在未考虑控制端作用时，其回差电压值是 $\frac{2}{3}U_{CC}$。（　　）

（4）555 集成定时器构成的施密特触发器的回差电压 ΔU_H 是固定不变的。（　　）

（5）单稳态触发器的输出脉冲宽度只取决于电路本身参数，与输入触发信号无关。
（　　）

3. 图 6-23 中所示为 555 定时器所构成的多谐振荡器。已知：$U_{CC}=10V$，$R_1=20k\Omega$，$R_2=40k\Omega$，$C=10\mu F$，求振荡周期 T，并对应画出 U_C 和 U_o 的电压波形。

4. 图 6-24 中所示为 555 定时器所构成的单稳态触发器，已知：$R=20k\Omega$，$C=2\mu F$，$U_{CC}=10V$，求输出脉冲宽度 t_w，并对应画出 u_i、u_C、u_o 的波形。

图 6-23　题 3 图　　　　　　　　图 6-24　题 4 图

5. 图 6-25 中所示为 555 定时器构成的施密特触发器，$U_{CC}=12V$，若 $R_1=2R_2$，求 ΔU_H，并画出对应的 U_A 和 U_o 电压波波形。

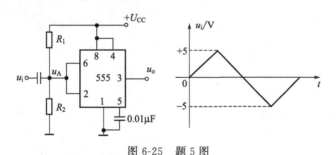

图 6-25　题 5 图

6. 图 6-26 中所示为过压监视电路，试分析：

（1）555 集成定时器构成的电路原理；

（2）当 u_x 大小超过多少值时电路报警，并说明报警的原理；

（3）LED 的闪烁周期。

7. 在图 6-27 所示电路中，$C_1=C_2=0.082\mu F$，试解答：

（1）每个 555 定时器各自组成什么电路？

（2）开关 S 在右端时，u_{oA} 和 u_{oB} 各自周期为多少？

（3）画出开关 S 在左端时 u_{oA} 和 u_{oB} 的波形。

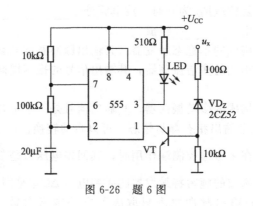

图 6-26   题 6 图

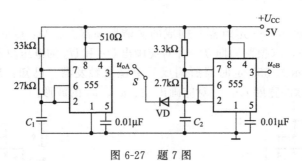

图 6-27   题 7 图

8. 试用 555 定时器设计一个多谐振荡器，要求输出脉冲的振荡频率为 20kHz，占空比为 25%，电源电压 $U_{CC} = 10V$，画出电路并计算外接阻容元件的参数。

第三篇 电子技术实训

第七章 模拟电子技术实训

1. 掌握示波器的功能、桥式整流、滤波和稳压电路和工作原理。了解集成稳压电路的装配流程、注意事项、测试内容。

2. 掌握声控定时开关的工作原理，了解声控定时开关的装配流程、注意事项、测试内容。

3. 掌握扩音机工作原理，了解集成功放扩音机装配流程、注意事项、测试内容。

4. 了解调幅超外差式收音机的电路工作原理，熟悉收音机中电子元器件实物，熟悉收音机安装中工具的使用方法、各电子工业元器件在印刷电路板上的装配要求，进一步掌握焊接技术，能看懂收音机装配图，提高整机装配工艺水平。

第一节 可调输出集成直流稳压电源的装调

一、电路结构和原理

交流电网输入电压的波动和负载的变化使直流输出电压不稳定，不能直接用于精密的电子测量仪器、彩色电视、自动控制、计算机等电子设备中，否则会引起图像畸变、计算误差或控制装置的工作不稳定等。因此，为了提高直流电源的稳定性，需要在滤波电路之后引入稳压电路。图 7-1 示出的为串联型稳压电路原理图，它由电源变压器、整流电路、滤波电路和稳压电路四部分组成。

直流稳压电源的种类很多，根据使用元件的种类来分，可分为分立元件组成的稳压电路和集成电路组成的稳压电路。集成稳压器由于具有体积小、外接线路简单、使用方便、工作可靠和通用性强等优点，在各种电子设备中已经得到了非常广泛的应用，基本上取代了由分立元件构成的稳压电路。集成稳压器的种类很多，应根据设备对直流电源的要求来进行选择。对于大多数电子仪器、设备和电子电路来说，通常是选用串联线性集成稳压器。而在这种类型的器件中，又以三端式稳压器应用最为广泛。

图 7-1 串联型直流稳压电源的原理图

图 7-2 示出的为 W7800 系列的外形和接线图。W7800、W7900 系列是输出电压固定的三端式集成稳压器，若要输出电压可调，通常采用三端可调式集成稳压器，典型的正、负稳压器型号有 W317 和 W337，其外形及接线如图 7-3 所示，允许的最大输入电压为 40V。

图 7-3 中，只要改变 R_2 的电阻值，即可得到所需的输出电压，输出电压的大小为

$$U_o \approx 1.25 \times \left(1 + \frac{R_2}{R_1}\right)$$

当 $R_2 = 0$ 时，$U_o \approx 1.25$，允许最大的输出电压为 37V，因此输出电压的范围为 1.25～37V。

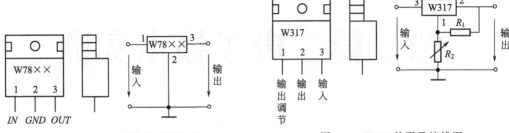

图 7-2 W7800 系列外形及接线图   图 7-3 W317 外形及接线图

可调式集成稳压电源的实际电路可设计为图 7-4 示出的样子。图 7-4 中 220V 交流电压经变压器降压，再经过桥式整流和电容滤波，最后经稳压电路输出稳定的电压。稳压电路的工作过程为：电网电压或负载变化引起直流输出电压 U_o 变化，由 R_1、R_2 组成的取样环节取出输出电压的一部分送入集成稳压块内，并与集成块内的基准电压进行比较，产生的误差信号经放大后，改变稳压块的管压降，以调整输出电压的变化，从而达到稳定输出的目的。

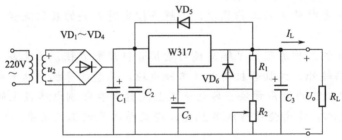

图 7-4 可调式集成稳压电源电路

二、器件选择

可调式集成稳压电源的实际电路如图 7-4 所示。各部分的选择如下。

1. 电源变压器的选择

若要求输出电压在 1.25～35V 范围内可调，输出电流为 0.5A。此时，变压器的一次侧电压为 220V，二次侧电压 U_2 为

$$U_2 = \frac{40}{1.2} = 33.3(\text{V})$$

二次侧电流为

$$I_2 = 2I_L = 1\text{A}$$

变压器的视在功率为

$$S = U_2 I_2 = 33.3 \times 1 = 33.3 \ (\text{V} \cdot \text{A})$$

变压器的型号可以按上面参数选择。

2. 整流二极管的选择

通过每只二极管的平均电流

$$I_D = \frac{1}{2} I_o = 250\text{mA}$$

$$I_F = (2 \sim 3)I_D = 500 \sim 750\text{mA}$$

每个二极管承受的最大反向电压

$$U_{RM} = (2 \sim 3)\sqrt{2} \times 33.3 = 94 \sim 141\text{V}$$

选择 2CZ55C，耐压为 100V，最大整流电流为 1A。

3. 电容的选择

滤波电容可按式(7-1) 选择

$$C_1 = (3 \sim 5)\frac{T}{2 \times R_L} = (3 \sim 5)\frac{0.02}{2 \times \frac{9}{0.5}} = 1667 \sim 2778 \mu F \tag{7-1}$$

电容器耐压为 $(1.5 \sim 2)U_2 = 50 \sim 67 \mu F$，$C_1$ 取电容值为 $2200 \mu F$，额定电压为 $160V$ 的电解电容。

由于实际电阻或电路中可能存在寄生电感和寄生电容等，电路中极有可能产生高频信号，所以需要一个小的陶瓷电容来滤去这些高频信号。通常选择 $0.1 \mu F$ 的陶瓷电容来作为高频滤波电容 C_2。

C_3 是旁路电容，可减小电位器 R_2 两端的纹波电压，其电容值选 $10 \mu F$，耐压值约为 $2 \times 35 = 70(V)$，取 $1 \mu F/160V$ 电解电容。

C_4 可改善负载的瞬态响应，同时可防止输出端呈容性负载时可能发生的自励现象，其电容值选 $1 \mu F$，耐压值为 $2 \times 35 = 70(V)$，取 $1 \mu F/160V$ 电解电容。

4. 稳压电路的选择

稳压器按要求可选 CW317M，电阻 R_1 选 120Ω。

$$R_2 \approx \left(\frac{U_o}{1.25} - 1\right) \times R_1 = \left(\frac{35}{1.25} - 1\right) \times 120 = 3.24(k\Omega)$$

R_2 选 $3.6k\Omega$。

5. 保护电路

VD_5、VD_6 为保护二极管，其中，VD_5 在输入端短路时为 C_4 提供放电回路，VD_6 在输出端短路时为 C_3 提供放电回路，避免了稳压器内部因输入、输出短路而损坏。VD_5、VD_6 可选 IN4004。

根据以上选择的结果，可得表 7-1 所示的元件清单。

表 7-1 元件清单

名称及标号		型号及大小	数量	备注
变压器		220/33V	1	
二极管		2CZ55C	4 个	可用整流桥
		IN4004	2 个	
电容	电解电容	2200μF/160V	1	
		10μF/160V	1	
		1μF/160V	1	
	陶瓷电容	0.1μF	1	
电阻		120Ω	1	
可变电阻		3.6kΩ	1	
集成稳压器		CW317M	1	

三、装配调试和检测

1. 装配要求和方法

工艺流程：熟悉工艺要求──→绘制装配草图──→核对元器件──→万能电路板装配、焊接。

在焊接或搭建稳压电路时，要注意分清变压器的输入端和输出端、整流电路和保护电路中二极管的极性、电解电容的正负极。

焊接或搭建稳压电路完成并检查无误后即可通电，观察几分钟，在元器件无冒烟、发烫的情况下可进行检测。

2. 检测

① 测量输出电压 U_o 的范围。调节可变电阻 R_2，分别测出稳压电路的最大电压和最小输出电压。调节 R_2，使输出电压为 12V。

② 测量稳压块的基准电压，即测出 R_1 两端的电压。

③ 观察纹波电压。输出纹波电压是指在额定负载条件下，输出电压中所含交流分量的有效值。在输出端加额定负载，用示波器观察稳压模块输入端电压的波形，并记录纹波电压的大小。再观察输出电压 U_o 的纹波，将两者进行比较。

④ 测量输出电阻 R_o。与运算放大器的输出电阻测量方法相同。断开负载，用数字电压表测量 U_o，记为 U_{o0}。再接入负载 R_L，测量 U_o，记为 U_{oL}。则输出电阻为

$$R_o = \frac{(U_{o0} - U_{oL})R_L}{1.2/12}$$

⑤ 测试整流电路电压波形。用双踪示波器测出交流输入和整流输出有元滤波电容时的波形。

四、故障判断和维修

在电路测试中常出现的现象有以下两种。

① 输出电压不可调，且输出电压值接近 40V。这主要是 VD_5 与稳压块的输出、输入端接反而引起的，只要调换一下 VD_5 的正负端即可。

② 接上电源即出现短路故障。经检查在整流电路中有一个二极管的正负极接反，正确连接后，电路正常。

五、方法总结和技巧

在焊接时，先焊电阻和电位器，接着焊电容、二极管，最后焊稳压电路。稳压电路的焊接时，应先焊输出调节端，再焊输出端，最后焊输入端。

想一想，做一做

本次装调的电路可以实现输出电压 $1.25 \sim 35V$ 可调，若要实现输出电压 $0 \sim 35V$ 可调，此时电路该如何设计？

第二节　声、光控定时电子开关的装调

一、电路结构和原理

声、光控定时电子开关是一种利用声、光双重控制的无触点开关。晚上光线变暗时，可用声音自动开灯，定时 40s 左右后，自动熄灭；光线充足时，无论多大的声音也不开灯。它特别适用于住宅楼、办公楼道、走廊、仓库、地下室、厕所等公共场所的照明自动控制，是一种集声、光、定时于一体的自动开关。

声光控定时电子开关方框图如图 7-5 所示。它由压电陶瓷片、声音放大、整形电路、光控电路、电子开关、延时电路和交流开关组成。工作原理如图 7-6 所示。

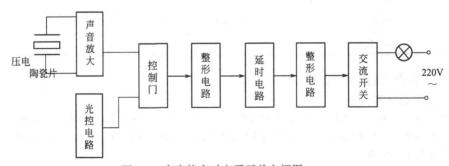

图 7-5　声光控定时电子开关方框图

夜晚或环境无光时，光敏电阻 R_G 的阻值很大，约 12MΩ 左右，4011A 与非门的输入端为高电平，输出为低电平，二极管 VD_6 截止，这时，如有人走动或拍手，产生声波，压电陶瓷片 B 将声波转换成电信号，经 4011C、电容 C_3、电阻 R_8 组成的交流放大电路进行放大，在 12 端子产生低电平，使 11 端子产生高电平，使晶闸管导通，电子开关闭合，灯泡发光。

白天时，光敏电阻 R_G 呈低阻态，4011A 与非门的输入端为低电平，输出为高电平，二极管 VD_6 导

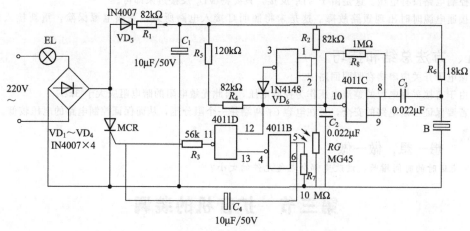

图 7-6 集成声光控定时电子开关原理图

通，使 4011D 中的 12 端子为高电平。由于静态时 4011B 中的 5、6 端子为低电平，使输出端子 4 为高电平，所以 4011D 中的 11 端子为低电平，晶闸管无触发脉冲而截止，电子开关断开，灯不亮，由于 12 端子被钳位在高电平，即使有声音，输出的状态也不会改变。到此就完成了一次完整的电子开关由开到关的过程。

二、器件选择

IC 选用 CMOS 数字集成电路 CD4011，其里面含有四个独立的与非门电路。

电路中可能出现的最大电压为 $\sqrt{2} \times 220 = 311(V)$，电路中的负载电流小于 0.5A，因此可选择 MCR100-8。$VD_1 \sim VD_4$ 可选 IN4007。元件清单如表 7-2 所示。

表 7-2 元件清单

名称及标号		型号及大小	数量	备注
二极管		IN4007	5 个	
		IN4148	1 个	可用整流桥
电容	电解电容	10μF/50V	2	
	陶瓷电容	0.022μF	2	
电阻		82kΩ	3	
电阻		18kΩ、56kΩ	各 1 个	
电阻		120kΩ、1MΩ、10MΩ	各 1 个	
光敏电阻		MG45	1 个	
集成块		CD4011	1 块	
晶闸管		MCR100-8	1 个	

三、装配调试和检测

① 该开关应串接在照明回路中，如图 7-6 所示。严禁直接并接在 220V 电源上。

② 该开关最高工作电压不超过 250V，最大工作电流不超过 300mA。

③ 如想改变时间，可改变电阻 R_7 或电容 C_4 的数值，定时时间最长可达 60s。

④ 投入使用时，应注意该节电开关负载功率最大为 60W 白炽灯泡，不能超载。灯泡切记不可短路，接线时要关闭电源或将灯泡先去掉，接好开关后再闭合电源或将灯泡装上。

⑤ 工作环境温度 −20～45℃。

四、故障判断和维修

在电路测试中常出现的现象有以下两种。

① 控制电路没有电压。这是由于 VD_5 反接，只要将 VD_5 反接过来即可。

② 接通电源时时出现短路故障。这是未将照明灯接入电路所致，更换电源保险，重新接入照明光即可。

五、方法总结和技巧

① 该电子开关应串接在照明回路中。

② 由于直接采用电源的整流电压作为控制电压，因此光敏电阻的暗电阻应大于 $3k\Omega$。

③ 若要保证控制电路的安全，可在电容 C_1 两端并一个阻分压，从而保证控制电路的电压较低。

想一想，做一做

若要使延时的时间增长，该改变哪个电气元件的大小？

第三节 扩音机的装调

一、电路结构和原理

扩音机是音响系统中必不可少的重要设备，其实质是一个典型的多级放大电路。扩音机的组成框图如图 7-7 所示。

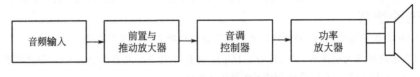

图 7-7 扩音机的组成框图

1. 前置与推动放大器

前置放大器所接收的输入信号非常微弱，其电压仅有若干毫伏，为了改善信噪比，提高扩音机的性能，在扩音机电路中需要加入前置放大电路。前置放大电路必须设计成一个高共模抑制比、低漂移、高输入阻抗的小信号放大电路。

为了提高整个电路的放大倍数，使功率放大级有足够的推动力，前置放大电路的输出接入推动放大级。

2. 音调放大器

音调控制级按一定的规律提升和衰减输入信号中的高音和低音，调节放大器的频率响应，达到美化音色的目的。在音调控制网络之后，要加一个音量控制电位器，用于改变音量的大小。

3. 功率放大电路

功率放大电路的主要作用是向负载提供能量，要求输出功率尽可能大，转换效率尽可能高，非线性失真尽可能小。功率放大电路的形式很多，有双电源供电的 OCL 互补对称功放电路、单电源供电的 OTL 功放电路，BTL 桥式推挽功放电路和变压器耦合功放电路等。另外，目前集成功放发展也很迅速，现在TDA200X 系列五端单片集成功放性能优良，功能齐全，并附有各种保护、消噪电路，使外接元件大大减少，而且便于安装，所以应用已相当广泛。

二、器件选择

1. 扩音机输出电压的计算

根据电阻性负载的功率公式，有：

$$U_o = \sqrt{PR} \qquad\qquad (7\text{-}2)$$

若设计中要求最大输出不失真功率为 8W，负载阻抗是 8Ω，由式（7-2）可得扩音机的输出电压应为 8V。

2. 扩音机放大倍数的计算

在扩音机的技术指标中，对输入信号的灵敏度有一定要求，如给定 $0\sim5mV$，此时电路的电压放大倍数应为

$$A_o = \frac{输出电压}{最大输入电压} = \frac{8\text{V}}{5\text{mV}} = 1600$$

可将扩音机的各级放大器的放大增益分配为：前置级的放大倍数为11，推动级的放大倍数为11，音调控制级的放大倍数为1，功率放大级的放大倍数大于20。

3. 前置和推动放大级的设计

考虑到对共模抑制比、低漂移、高输入阻抗等要求，集成运放可以采用双运放CF353。由A1构成前置放大级，A2构成推动放大级。电路设计如图7-8所示。

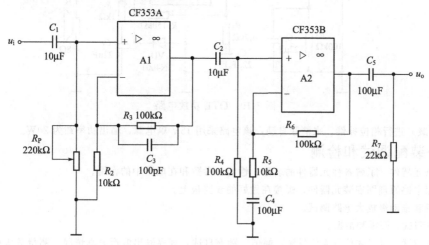

图7-8　前置和推动放大级电路

由于放大器采用的是同相端输入，前置和推动放大级电路的反馈电阻和输入电阻也相同，因此放大倍数相同，此时该电路的放大倍数为：

$$A_u = \frac{u_o}{u_i} = \left(1 + \frac{R_3}{R_2}\right)^2 = \left(1 + \frac{100}{10}\right)^2 = 11^2 = 121$$

4. 音调控制级的设计

音调控制级电路的形式有多种，常用的是反馈式音调控制电路。采用集成运算放大器和阻容选频网络电路如图7-9所示。

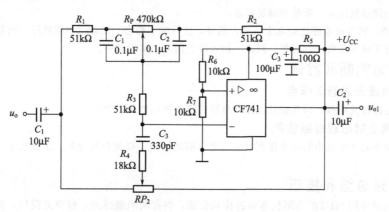

图7-9　反馈式音调控制电路

图7-9中，RP_1为低音调节电位器，RP_2为高音调节电位器。

5. 功率输出级的设计

TDA2030A是高保真集成功放之一。图7-10示出的是OTL功放的形式，采用单电源，有输出耦合电容。图中的电阻R_7与R_2决定放大器闭环增益，电阻R_2越小，增益越大，但增益太大也容易导致信号失真。两个二极管接在电源与输出端之间，是为了防止扬声器感性负载反冲而影响音质。C_6与R_6用于对喇

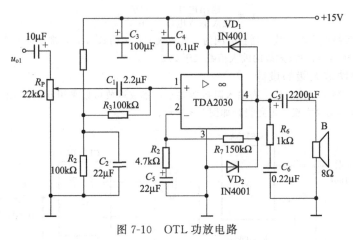

图 7-10 OTL 功放电路

叭（感性负载）进行相位补偿，来消除自励，该电路采用 15V 单电源，输出功率约为 20W。

三、装配调试和检测

① 清点元器件，了解各种元器件的名称、性能、参数和在电路中的作用。

② 对照电路原理图安装元器件，焊接在做好的线路板上。

③ 前置和推动级放大电路调试。

a. 静态调试。调零和消振。

b. 动态调试。以正弦信号为信号源，幅值、频率自选，观察输出波形失真情况，测量放大电路的差模电压放大倍数、共模电压放大倍数、共模抑制比、输入电阻、输出电阻、幅频特性。

④ 音调控制级的高度。

a. 静态调试。调零和消振。

b. 动态调试。观察输出波形失真情况，测量滤波器幅频特性曲线、带宽。

⑤ 功率放大电路。

a. 静态调试。观察有无振荡，如有，采取消振措施。测量静态工作点，从各个方面（比如波形失真、功耗、效率等）考虑看其是否合适。

b. 动态调试。加入动态信号，测量最大输出功率、电源所提供的平均功率，求出效率、电压增益。将以上测量结果与理论值比较，看是否满足要求。

⑥ 系统联调。将各级电路连接起来，加入信号，进行统一静态、动态（观察波形，测量最大不失真输出电压范围、电压放大倍数、带宽等）调试。加入语音信号，试听效果。

四、故障判断和维修

1. 放大电路无静态工作点

这主要是电源接反所致，只要将直流输入电源的正负极调整正确即可。

2. 电源接上时出现短路故障

这主要是功率放大电路中的两个接在电源与输出端之间的二极管接反导致，正确接上二极管，电路即正常。

五、方法总结和技巧

在实际调试时可用 8Ω/5W 电阻代替喇叭作假负载，焊在喇叭接线处，检查无误后，接通电源，缓慢提高电压至 +15V，在提升电压时，把电表换至电流挡，观察无信号电流，其值应小于 0.1A。如电压未升多高，电流已大于 0.1A，应立即断开电源，检查线路何处有错，待故障排除后再通电实验。如电压升至 15V，电流正常，则测量 TDA2030A 第 4 端子电压，正确值应为 1/2 电源电压。

 想一想，做一做

若要做成双通道扩音机，应该如何来设计电路？

第四节　超外差收音机的装调

一、电路结构和原理

超外差收音机把接收到的电台信号与本机振荡信号同时送入变频管进行混频，并始终保持本机振荡频率比外来信号频率高 465kHz，通过选频电路取两个信号的"差频"，进行中频放大。因此，在接收波段范围内，信号放大量均匀一致，同时，超外差收音机还具有灵敏度高、选择性好等优点，其框图如图 7-11 所示。

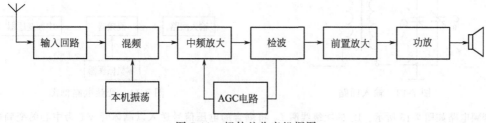

图 7-11　超外差收音机框图

输入回路从天线接收到的众多广播电台发射出的高频调幅波信号中选出所需接收的电台信号，将它送到混频管，本机振荡产生的始终比外来信号高 465kHz 的等幅振荡信号也被送入混频管。利用晶体管的非线性作用，混频后产生这两种信号的基频、和频、差频……其中，差频为 465kHz，由选频回路选出这个 465kHz 的中频信号，将其送入中频放大器进行放大，经放大后的中频信号再送入检波器检波，还原成音频信号，音频信号再经前置低频放大和功率放大送到扬声器，由扬声器还原成声音。

现以 HX108-2 七管半导体收音机为例，说明收音机的工作原理，电路原理图如图 7-12 所示。下面分析各部分电路的工作原理。

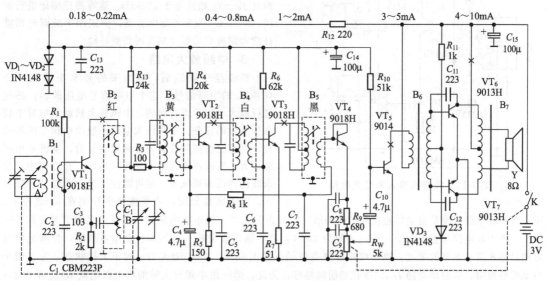

图 7-12　超外差收音机原理图

1. 输入回路

收音机的天线接收到众多广播电台发射出的高频信号波，输入回路利用串联谐振电路选出所需要的信号，并将它送到收音机的第一级，把那些不需要收听的信号有效加以抑制。因此，要求输入回路具有良好的选择性，同时因为收音机要接收不同频率的信号，而且输入回路处在收音机电路的最前方，因此输入回路还要具有较大且均匀一致的电力传输系数、正确的频率覆盖和良好的工作稳定性，输入回路如图 7-13 所示。对中波调幅信号，它能接收频率为 535～1650kHz 的信号，经 B_1 的次级线圈耦合到下一级的输入。

2. 变频电路

变频电路是超外差收音机的关键部分，它的质量对收音机的灵敏度和信噪比都有很大的影响。它取本机振荡产生的等幅振荡信号频率 f_1 和输入回路选择出来的电台高频已调波信号频率 f_2 的差频 465kHz 作为中频信号输出，送往下一级。对变频电路，要求在变频过程中，原有的低频成分不能有任何畸变，并且要有一定的变频增益；噪声系数要非常小；工作要稳定；本机振荡频率要始终比输入回路选择出的广播电台高频信号频率高 465kHz。变频电路框图如图 7-14 所示。

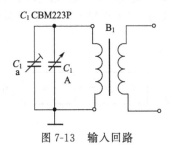

图 7-13 输入回路

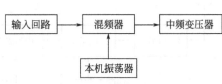

图 7-14 变频电路框图

变频电路如图 7-15 所示。B_1 的次级线圈 L_2 将耦合的电压信号送入以晶体管 VT 为中心的变频电路。本机振荡信号由 B_2 中间抽头经 C_3 耦合到 VT 的发射级，输入回路输出的电台信号经 B_1 耦合到 VT 的基极，两者在 VT 中混频。由于晶体管的非线性作用，将产生多种频率的信号，由于中频变压器 B_3 的谐振频率为 465kHz，所以只有 465kHz 的中频信号才能在这个并联谐振回路中产成电压降，而其他频率信号几乎被短路。C_{1A}、C_{1B} 是同轴的双连可变电容器，它使本机振荡频率 f_1 和输入回路谐振频率 f_2 同时改变，而且 $f_1 - f_2$ 始终等于 465kHz，这需要仔细地进行统调。C_{1a}、C_{1b} 为半可变电容器，分别用于统调时调整补偿和调整高端频率刻度时调整补偿。

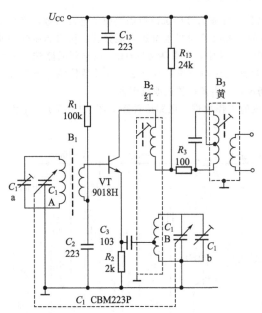

图 7-15 收音机输入和变频电路

3. 中频放大电路

载波经变频以后，有原来的频率变换成一个 465kHz 的中频信号，这个中频信号电压较弱，必须进行放大，然后进行解调。中频放大器就承担着中频电压放大的任务。中频放大电路一般用中频变压器耦合，也有的使用陶瓷滤波器和阻容耦合。本机采用两级放大，变压器耦合的中频放大电路。在电路中，要兼顾选择性和通频带，尽可能使谐振曲线趋于理想曲线。对于增益分配，功率增益要控制在 60dB 左右。

第一级中放电路常常是自动增益控制的受控级，同时为防止第二级中放电路输入信号过大而引起失真，所以第一级中放电路增益要取小一些，一般为 25dB 左右。第二级中放一般不加自动增益控制，为满足检波电路对输入信号电平的要求，第二级中放增益要尽可能大一些，为 35dB 左右。对于工作状态，为了便于自动增益控制，应使增益随 I_{CO} 的变化越明显越好，为此，第一级中频放大管的集电极电流 I_{C1} 应在 $0.3\sim0.6$mA 之间，即功率增益 A_P 与集电极电流 I_{CO} 关系曲线较陡峭部分，而第二级中频放大电路的输入信号较大，必须使其工作在线性区，以得到最大增益而又不发生饱和失真，一般 I_{C2} 应为 1mA 左右。对于调谐回路，普及型收音机两级中放所用的三个中频变压器一般都是单调谐回路，而在高级收音机中，通常采用两级双调谐中频变压器和一级单调谐中频变压器。

中频变压器通常称为中周，是超外差收音机的重要元件，在电路中起选频和阻抗变换的作用。

4. 检波与自动增益控制电路

（1）检波电路 在调幅广播中，从振幅受到调制的载波信号中取出原来的音频调制信号的过程叫做检波，也叫解调。完成检波作用的电路叫检波电路或检波器。一般的检波器由非线性元件和低通滤波器组成。非线性元件通常采用二极管或三极管，它们工作在非线性状态，利用非线性畸变产生包括音频调制信号在内的许多新频率；低通滤波器通常用 RC 电路，取出音频信号，滤除中频分量。超外差收音机因整机增益很高，为了降低检波失真，改善音质，通常采用串联式二极管检波和大信号检波，实际电路中，常将三极管接成二极管形式，作二极管使用。

（2）自动增益控制电路　自动增益控制电路简称 AGC 电路，它的作用是当输入信号电压变化很大时，保持收音机输出功率几乎不变。因此，要求在输入信号很弱时，自动增益控制不起作用，收音机的增益最大，而在输入信号很强时，自动增益进行控制，使收音机的增益减小。为了实现自动增益控制，必须有一个随输入信号强弱变化的电压或电流，利用这个电压或电流去控制收音机的增益，通常从检波器得到这一控制电压。检波器的输出电压是音频信号电压与一直流电压的叠加值。其中，直流分量与检波器的输入信号载波振幅成正比，在检波器输出端接一 RC 低通滤波器就可获得其直流分量，即所需的控制电压。

实现 AGC 的方法有多种，超外差收音机通常采用反向 AGC 电路，该电路又称基极电流控制电路。它通过改变中放电路三极管的工作点，达到自动增益控制的目的。确定被控管的工作点要兼顾增益和控制效果两方面的要求，工作点过低增益太小，工作点过高，控制效果不明显。一般取静态电流为 0.3～0.6mA。

选择低通滤波器的时间常数也相当重要，一般取 0.02～0.2s。

采用的中放、检波及自动增益控制电路如图 7-16 所示。

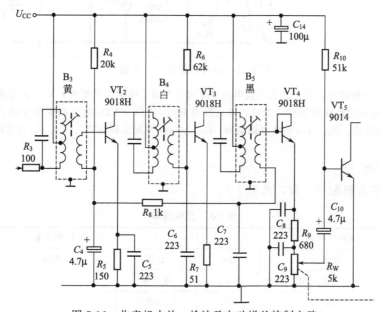

图 7-16　收音机中放、检波及自动增益控制电路

图 7-16 中，VT_2、VT_3 组成两级中频放大电路，其中 VT_2 为 AGC 电路的受控级。中频变压器 B_3、B_4、B_5 调谐在 465kHz。VT_4、C_8、C_9 和电位器 R_W 组成检波器。R_8 和 C_4 为 AGC 电路的低通滤波器。

5. 低频放大电路

从检波到扬声器输出的这一部分电路称为低频放大电路，它通常包括低频小信号电压放大和低频功率放大电路两部分。其中，低频小信号电压放大电路工作在三极管的线性区，非线性失真小，电压放大倍数大，工作点稳定，常采用多级放大电路级间耦合（直接耦合或阻容耦合）；低频功率放大电路用来推动扬声器工作，是一种大信号放大电路，常采用甲乙类互补推挽功率放大电路。常用的收音机低频放大电路如图7-17 所示。

图 7-17 中，VT_5 等元件组成电压放大级，为低频功放提供具有一定输出功率的音频信号，其输出采用变压器耦合，以获得较大的功率增益。同时为了适应推挽功率级的需要，变压器 B_6 的二次侧有中心抽头，把本机的输出信号分成大小相等、相位相反的两个信号，分别推动推挽管 VT_6、VT_7 工作。B_6、B_7、VT_6、VT_7 组成推挽功率放大电路。

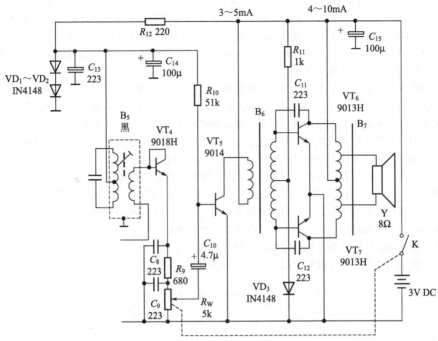

图 7-17　收音机低频放大电路

　　为了提高电路工作的稳定性，改善电池电压下降对放大器工作状态的影响，VT_5 的基极偏置电压有二极管 VD_1、VD_2 组成的稳压器提供。此外，当温度升高时，VD_1、VD_2 的正向压降也随之减小，有补偿 VT_5 的 U_{be} 变化的作用。R_{12}、C_{15} 组成退耦电路，C_{13}、C_{14} 为电源退耦电容，C_{11}、C_{12} 为反馈电容，起改善音质的作用。

二、器件选择

　　HX108-2 收音机配件一套，见表 7-3。

表 7-3　元件清单

元器件清单			结构件清单		
元件	规格	数量	元件	规格	数量
电阻器	51Ω、100Ω、150Ω、220Ω、680Ω	各1只	线路板		1块
电阻器	1kΩ	2只	正、负极片		1套
电阻器	2kΩ、20kΩ、51kΩ、62kΩ、100kΩ	各1只	导线		4根
电位器	5kΩ	1只	拎带		1根
元片电容	0.01μF	1只	沉头螺钉	M2.5×4	1个
元片电容	0.022μF	8只	平头自攻螺钉	M2.5×5	1个
电解电容	4.7μF	1只	沉头螺钉	M2.5×5	2个
电解电容	100μF	2只	平头螺钉	M1.7×4	
双联电容	CBM223P	1只	前框		1个
磁棒及线圈	B5×13×55	1套	后盖		1个
振荡线圈	ML10-18(红色)	1个	周率板		1个
中频变压器	TF10-44C(黄色)	1个	调谐盘		1个
中频变压器	TF10-45C(白色)	1个	电位器拨盘		1个

续表

元器件清单			结构件清单		
元件	规格	数量	元件	规格	数量
中频变压器	TF10-46C(黄色)	1个	磁棒支架		1个
输入变压器	蓝色、绿色	1个	喇叭压板		2个
输出变压器	黄色、红色	1个	装配说明书		1份
二极管	IN4148	4只			
三极管	9013H	2只			
三极管	9014C	1只			
三极管	9018H	4只			
扬声器	$2'\frac{1}{2}$W,8Ω	1只			

三、装配调试和检测

1. 准备工作

一套收音机的元器件和结构件较多，认识这些元器件和结构件，了解它们的性能和作用是必需的。

① 根据材料清单一一对应，记清每个元件的名称与外形。

② 检查印刷电路板，看是否有断裂、少线和短路等问题。

③ 识别电阻、电容、二极管和三极管等元器件。

2. 收音机的装配过程

① 电阻元件的识别、测量及装配。找出所有电阻，读出其标称值，用万用表测量其开路值并记录。分别将电阻焊在印刷电路板上的对应位置上，用万用表测出各电阻的在线值。电阻参数如表 7-4 所示。

表 7-4　电阻参数表

名称	标称值	开路值	在线值	备注(万用表量程)
R_1				
R_2				
R_3				
R_4				
R_5				
R_6				
R_7				
R_8				
R_9				
R_{10}				
R_{11}				
R_{12}				

② 晶体管的识别、测量及装配。测量出各个晶体管的 β 值，记入表 7-5 中后，将晶体管焊接在印刷板上的相应位置上。

③ 中周和变压器的识别、测量及装配。测量中频变压器、输入变压器和输出变压器直流电阻，把测量结果填入表 7-6 中。将测量过的中周、输入变压器和输出变压器焊接在印刷电路板的相应位置上，用万用表复测一次，看是否有开路现象。

表 7-5 晶体管参数表

名称		在线值(黑笔接地)	在线值(红笔接地)	β值	备注
VT$_1$	b				
	e				
	c				
VT$_2$	b				
	e				
	c				
VT$_3$	b				
	e				
	c				
VT$_4$	b				
	e				
	c				
VT$_5$	b				
	e				
	c				
VT$_6$	b				
	e				
	c				
VT$_7$	b				
	e				
	c				

表 7-6 中周及变压器数表

名称	颜色	线端间电阻				备注
B$_2$	红	1-2	2-3	3-4	4-5	
B$_3$	黄					
B$_4$	白					
B$_5$	黑					
B$_6$	蓝、绿					
B$_7$	黄、红					

④ 电位器的装配及检查 将电位器 R_W 焊在印刷电路板的相应位置上,用万用表检测是否有开路或不可调节的现象,将二极管焊在印刷线路板上。

⑤ 静态工作点的测试。测出晶体管各端子的在线电阻值,填在表 7-7 中,并在备注中分析测量结果是否合理。

用短导线将印刷电路板上的 VT$_1$ 的 b 极同 R_1 和 C_2 的共同点相连接,将电池夹用导线连接在印刷板电路上的相应位置上,装上电池。用万用表测量各个晶体管的静态工作电流,并填写在表 7-7 中。若测量值超出标准值,应查出故障并排除。

表 7-7　晶体管的静态工作电流表

名称	标称值	无电容实测值	有电容实测值	备注
I_{C1}				
I_{C2}				
I_{C3}				
I_{C4}				
I_{C5}				

⑥ 电容的识别、检查及装配。用万用表检查电容和可变电容是否有短路现象，将所有电容焊接在印刷电路板上的相应位置上。通电检测晶体管的静态工作电流并记录在表 7-7 中。若测量值与标称值不一致，应查出故障并排除。

⑦ 其他器件的装配及试听

将天线装配在印刷电路板上并连上线，接上扬声器，通电检查应有响声。用双连选出某个电台广播，由后级向前级调整中频变压器，使扬声器输出音量最大。注意振荡线圈 B_2（红）不需调整（一般调整范围在半圈左右，因出厂时已调整好）。

⑧ 调整频率范围及统调。首先调整频率范围。

收音机的中波段频率范围是 $535 \sim 1605 \mathrm{kHz}$，为满足频率覆盖，收音机的实际频率范围一般调在 $535 \sim 1640 \mathrm{kHz}$。调整频率范围也叫刻度，它是靠调整本机振荡频率来实现的，具体步骤如下。

a. 调信号发生器，输出 $525 \mathrm{kHz}$，调幅信号，并将其输出端靠近收音机的磁性天线。

b. 将双连可变电容器全部旋入，调节指针对准 $525 \mathrm{kHz}$ 刻度，并调节振荡线圈磁芯，使收音机收到此信号。

c. 调信号发生频率为 $1640 \mathrm{kHz}$，将双连可变电容器全部旋出，使指针对准 $1640 \mathrm{kHz}$ 刻度，调节中频振荡补偿回路的电容（C_{1b}）收到此信号为止。

d. 按上述步骤再复调一次，即调整完毕。

若用电台信号调试，其步骤如下。

a. 将双连可变电容器调到最低端，调节指针对准最低刻度。找一个熟悉的低频电台，如 $640 \mathrm{kHz}$ 的电台；旋转双连旋出 1/5，调节中频振荡线圈磁芯，使收音机收到这一电台广播且声音最大。

b. 再找一个熟悉的高端电台，调节中频振荡补偿回路的补偿电容（C_{1b}）使声音最大。

c. 最后复调一遍即可。

其次进行统调。

影响收音机灵敏度和选择性的一个重要原因是：输入调谐回路与机振荡回路谐振频率之差不是在整个频段内部都为 $465 \mathrm{kHz}$ 的。为解决这个问题，必须调整输入调谐回路的谐振频率，使两者频率始终等于 $465 \mathrm{kHz}$，这一调整过程叫做统调。统调在频率低、中、高三端各取一个频率，如 $600 \mathrm{kHz}$、$1000 \mathrm{kHz}$、$1500 \mathrm{kHz}$ 进行调整，也叫三点统调。具体方法如下。

① 调整信号发生器，输出 $600 \mathrm{kHz}$ 频率信号，调节可变电容，使收音机收到此信号，然后移动调谐线圈在磁棒上的位置，使收音机输出最大。

② 调整信号发生器，输出 $1500 \mathrm{kHz}$ 频率信号，调节可变电容，使收音机收到此信号，然后调节输入回路的微调可变电容（C_{1a}），使收音机输出最大。

③ 按上述步骤再复调一次即可。

如无信号发生器，可利用低端 $600 \mathrm{kHz}$ 和高端 $1500 \mathrm{kHz}$ 附近的电台信号校准。调整方法同上。

④ 检查三点统调中间是否在 $1000 \mathrm{kHz}$ 上，将信号发生器调至 $1000 \mathrm{kHz}$，旋转输入回路的微调可变电容（C_{1a}），若电容在原来位置上声音最响，说明三点统调正确。

四、故障判断和维修

1. 检查要领

由后级向前检测，先检查低功放级，再看中放和变频级。

① 低频部分。若输入、输出变压器位置装错，虽然工作电流正常，但音量很低；VT_6、VT_7 集电极

(c) 和发射极（e）装错，工作电流调不上，音量极低。

② 中频部分。中频变压器序号位置装错，结果会造成灵敏度和选择性降低，有时还会自励。

③ 变频部分。判断变频级是否起振，用万用表直流 2.5V 挡测 VT_1 基极和发射极电位，若发射极电位高于基极电位，说明电路工作正常，否则说明电路中有故障。变频级工作电流不宜太大，否则噪声大。

2. 检测方法

① 整机静态总电流测量。本机静态总电流≤25mA，无信号时，若大于 25mA，则该机出现短路或局部短路，无电流则电源没接上。

② 工作电压测量。总电压为 3V，正常情况下，D_1、D_2 两二极管电压为 (1.3 ± 0.1)V，此电压大于 1.4V 或小于 1.2V 时，此机均不能正常工作。大于 1.4V 时二极管 IN4148 可能极性接反或已坏，检查二极管；小于 1.3V 或无电压应检查以下三项。

a. 电源 3V 是否接上。

b. R_{12} 电阻（220Ω）是否接对或接好。

c. 中周（特别是白中周和黄中周）初级与其外壳是否短路。

③ 变频级无工作电流。检查以下四点。

a. 无线线圈次级未接好。

b. V9018 三极管已坏或未按要求接好。

c. 本振线圈（红）次级不通，R_3（100Ω）虚焊或错焊接了大阻值电阻。

d. 电阻 R_1（100k）和 R_2（2k）接错或虚焊。

④ 一中放无工作电流。检查点如下。

a. VT_2 晶体管坏，或（VT_2）管管脚（e、b、c 脚）插错。

b. R_4（20k）电阻未接好。

c. 黄中周次级开路。

d. C_4（4.7μF）电解电容短路。

e. R_5（150Ω）开路或虚焊。

⑤ 一中放工作电流大 1.5～2mA（标准是 0.4～0.8mA，见原理图）。检查点如下。

a. R_8（1k）电阻未接好或连接 1k 电阻的铜箔有断裂现象。

b. C_5 电容短路或 R_5（150Ω）电阻错接成 51Ω。

c. 电位器坏，测量不出阻值，R_9 680Ω 未接好。

d. 检波管 VT_4（9018）坏，或管脚插错。

⑥ 二中放无工作电流。检查以下五点。

a. 黑中周初级开路。

b. 黄中周次级开路。

c. 晶体管是否损坏或管脚接错。

d. R_7（51Ω）电阻未接上。

e. R_6（62k）电阻未接上。

⑦ 二中放电流太大，大于 2mA。

检查要点：R_6（62k）接错，阻值远小于 62k。

⑧ 低放级无工作电流。检查要点如下。

a. 输入变压器（蓝）初级开路。

b. VT_5 三极管坏或接错管脚。

c. 电阻 R_{10}（51k）未接好或三极管脚错焊。

⑨ 低放级电流太大，大于 6mA。

检查要点：R_{10}（51k）装错，阻值太小。

⑩ 功放级（VT_6、VT_7 管）无电流。检查以下四点。

a. 输入变压器次级不通。

b. 输出变压器不通。

c. VT_6、VT_7 三极管坏或接错管脚。

d. R_{11}（1k）电阻未接好。

⑪ 功放级电流太大 大于 20mA。检查以下两点。

a. 二极管 VD$_4$ 坏，或极性接反，管脚未焊好。

b. R_{11}（1k）电阻装错了，用了小电阻（远小于 1k 的电阻）。

⑫ 整机无声。检查要点如下。

a. 检查电源是否加上。

b. 检查 VD$_1$、VD$_2$［IN4148 两端是否是（1.3±0.1）V］。

c. 有无静态电流，且是否≤25mA。

d. 检查各级电流是否正常，变频级（0.2±0.02）mA；一中放（0.6±0.2）mA；二中放（1.5±0.5）mA；低放（3±1）mA；功放 4～10mA（说明：15mA 左右属正常）。

e. 用万用表 R×1 挡测查喇叭，应有 8Ω 左右的电阻，表棒接触喇叭引出接头时应有"喀喀"声，若无阻值或无"喀喀"声，说明喇叭已坏，（测量时应将喇叭焊下，不可连机测量）。

f. B$_3$ 黄中周外壳未焊好。

g. 音量电位器未打开。

用万用表检查的方法：用万用表 R×1 挡，黑表笔接地，红表笔从后级往前寻找，对照原理图，从喇叭开始顺着信号传播方向逐级往前碰触，喇叭应发出"喀喀"声。当碰触到哪级无声时，则故障就在该级，可用测量工作点是否正常，并检查各元器件，有无接错、焊错、塔焊、虚焊等。若在整机上无法查出该元件好坏，则可拆下检查。

五、方法总结和技巧

① 焊件表面处理。手工对焊件表面进行仔细的处理，如去除焊接面上的锈迹、油污、灰尘等影响焊接质量的杂质。

② 不要用过量的焊剂。合适的焊接剂应该是焊锡仅能浸湿的将要形成的焊点，不要让焊锡透过印刷版流到元件面或插孔里。

③ 保持烙铁头清洁。长期用过的烙铁头表面都会附着一层黑色杂质形成氧化隔热层，使烙铁头失去加热作用。焊接时要随时在烙铁架上，蹭去杂质氧化层，或者用镊子把其刮去。

④ 要分清二极管的正负极对应装配图和印制板放好其位置。

⑤ 要分清三极管的基极 b、集电极 c、发射极 e，对应装配图和印制板放好其位置；其安装的高度要比中周矮或和中周等高。

 想一想，做一做

1. 怎样判断扬声器、输入变压器、输出变压器的好坏？

2. 任何一个中周偏离调谐点，对音量有何影响？

3. 如何调节各中周变压器？

本章小结

① 直流稳压电源电路的设计包括检测元件质量、设计制作印制电路板、元件的安装和焊接、焊接连接导线、对电路进行自检和互检、通电检查和技术指标的检测调试。

② 声控定时开关的设计包括检测元件质量、设计制作印制电路板、元件的安装和焊接、对电路进行自检和互检、通电检查。

③ 扩音机电路的设计包括 TDA2030 组成的 OTL 电路设计原理、检测元件质量、扩音机装配流程、元件的安装和焊接、对电路进行自检和互检、通电检查。

④ 收音机的检测调试步骤包括通电前的检测工作、通电后的初步检测、试听、收音机的调试。

第八章 数字电子技术实训

学习要求

1. 熟悉计数器的工作原理，能通过集成电路芯片自行组成小规模集成逻辑电路。

2. 进一步熟悉七段译码器、数码显示管和优先编码器的工作原理。熟悉数字电路的应用。学会分析电路的方法，掌握有关故障排除方法，增强动手能力。

3. 进一步熟悉中小规模集成电路的综合应用，加深理解系统电路的控制原理。掌握交通信号控制系统电路的设计、组装及调试过程。通过对交通信号控制系统电路的装调，提高学生综合运用所学知识的工程实践能力。

4. 熟悉数字钟的组成和工作原理，掌握数字钟的设计与制作。学会查阅有关资料，掌握设计简单数字系统的方法。

第一节 计数译码显示电路的装调

在数字测量仪表和各种数字系统中，都需要将数字量直观地显示出来，一方面供人们直接读取测量和运算的结果，另一方面用于监视数字系统的工作情况。

数字显示电路是数字设备不可缺少的部分。数字显示电路通常由显示译码器、驱动器和显示器等部分组成，如图 8-1 所示。

图 8-1 数字显示电路的组成方框图

一、电路结构和原理

统计输入脉冲的个数的功能称为计数。能实现计数操作的电路称为计数器。计数器在数字电路中有广泛的应用，不仅可用来计脉冲数，还常用作数字系统的定时、分频和执行数字运算以及其他特定的逻辑功能。

计数器种类很多。按构成计数器中的各触发器是否使用一个时钟脉冲源来分，有同步计数器和异步计数器；根据计数制的不同，分为二进制计数器、十进制计数器和任意进制计数器；根据计数的增减趋势，又分为加法、减法和可逆计数器；还有可预置数和可编程序功能计数器等。目前，无论是 TTL 还是 CMOS 集成电路，都有品种较齐全的中规模集成计数器。使用者只要借助于器件手册提供的功能表、工作波形图以及引出端的排列，就能正确运用这些器件。

译码是编码的逆过程。译码器将输入的二进制代码转换成与代码对应的信号。显示译码器的输出能驱动显示器件发光，将译码器中的十进制数显示出来。

二、器件选择

1. 集成计数器 CD4518

CD4518 是二、十进制（8421 编码）同步加计数器，内含两个单元的加计数器，其端子图如图 8-2 所示，功能表如表 8-1 所示。

表 8-1 CD4518 功能表

输 入			输出功能
CP	EN	CR	
↑	1	0	加计数
0	↓	0	加计数

续表

输　入			输出功能
CP	EN	CR	
↓	×	0	保持
×	↑	0	
×	↑	0	
1	↓	0	
×	1	×	$Q_1 \sim Q_4$ 全部清零

图 8-2 中，CP_A、CP_B 为时钟输入端。CR_A、CR_B 为清零端。EN_A、EN_B 为计数允许控制端。$Q_{1A} \sim Q_{4A}$ 为计数器 A 输出端。$Q_{1B} \sim Q_{4B}$ 为计数器 B 输出端。V_{CC} 为正电源。GND 为地。

CD4518 有两个时钟输入端 CP 和 EN，可用时钟脉冲的上升沿或下降沿触发。由表 8-1 可知，若用 EN 信号下降沿触发，触发信号由 EN 端输入，CP 端置 0；若用 CP 信号上升沿触发，触发信号由 CP 端输入，EN 端置 1。CR 端是清零端，CR 端置 1 时，计数器各端输出端 $Q_1 \sim Q_4$ 均为 0，只有 CR 端置 0 时，CD4518 才开始计数。

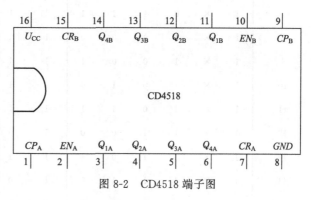

图 8-2　CD4518 端子图

CD4518 采用并行进位方式，只要输入一个时钟脉冲，计数单元 Q_1 就翻转一次；当 Q_1 为 1，Q_4 为 0 时，每输入一个时钟脉冲，计数单元 Q_2 翻转一次；当 $Q_1 = Q_2 = 1$ 时，每输入一个时钟脉冲，Q_3 翻转一次；当 $Q_1 = Q_2 = Q_3 = 1$ 或 $Q_1 = Q_4 = 1$ 时，每输入一个时钟脉冲，Q_4 翻转一次。这样从初始状态（0 态）开始计数，每输入 10 个时钟脉冲，计数单元便自动恢复到 0 态。若将第一个加计数器的输出端 Q_{4A} 作为第二个加计数器的输入端 EN_B 的时钟脉冲信号，便可组成两位 8421 编码计数器，依次下去可以进行多位串行计数。

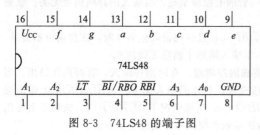

图 8-3　74LS48 的端子图

2. 集成显示译码器

74LS48 是 4 线-七段显示译码器/驱动器，输出高电平有效，用以驱动共阴极显示器。其端子图如图 8-3 所示，功能表如表 8-2 所示。其中 $A_0 \sim A_3$ 为译码地址输入端，$a \sim g$ 为输出端。

表 8-2　74LS48 的功能表

功能或十进制数	输　入						输　出								字形
	$\overline{LT}$	$\overline{RBI}$	A_3	A_2	A_1	A_0	$\overline{BI}/\overline{RBO}$	a	b	c	d	e	f	g	
$\overline{BI}/\overline{RBO}$（灭灯）	×	×	×	×	×	×	0（输入）	0	0	0	0	0	0	0	全暗
$\overline{LT}$（试灯）	0	×	×	×	×	×	1	1	1	1	1	1	1	1	8
$\overline{RBI}$（灭零）	1	0	0	0	0	0	0	0	0	0	0	0	0	0	全暗
0	1	1	0	0	0	0	1	1	1	1	1	1	1	0	0
1	1	×	0	0	0	1	1	0	1	1	0	0	0	0	1
2	1	×	0	0	1	0	1	1	1	0	1	1	0	1	2

续表

功能或十进制数	输入						输出								字形
	$\overline{LT}$	$\overline{RBI}$	A_3	A_2	A_1	A_0	$\overline{BI}/\overline{RBO}$	a	b	c	d	e	f	g	
3	1	×	0	0	1	1	1	1	1	1	1	0	0	1	∃
4	1	×	0	1	0	0	1	0	1	1	0	0	1	1	Ч
5	1	×	0	1	0	1	1	1	0	1	1	0	1	1	5
6	1	×	0	1	1	0	1	0	0	1	1	1	1	1	ｂ
7	1	×	0	1	1	1	1	1	1	1	0	0	0	0	¬
8	1	×	1	0	0	0	1	1	1	1	1	1	1	1	8
9	1	×	1	0	0	1	1	1	1	1	0	0	1	1	9
10	1	×	1	0	1	0	1	0	0	0	1	1	1	0	⊏
11	1	×	1	0	1	1	1	0	0	1	1	0	0	0	⊐
12	1	×	1	1	0	0	1	0	1	0	0	0	1	0	Ц
13	1	×	1	1	0	1	1	1	0	0	1	0	1	1	⊆
14	1	×	1	1	1	0	1	0	0	0	1	1	1	1	ｔ
15	1	×	1	1	1	1	1	0	0	0	0	0	0	0	全暗

由表 8-2 可以看出，为了增强器件功能，该集成显示译码器还设置了一些辅助控制端：$\overline{LT}$、$\overline{RBI}$、$\overline{BI}/\overline{RBO}$。现分别简要说明如下。

（1）试灯输入端 $\overline{LT}$　低电平有效，当 $\overline{LT}=0$ 时，数码管的七段应全亮，与输入的译码信号无关。该输入端用于测试数码管的好坏。

（2）动态灭零输入端 $\overline{RBI}$　低电平有效，当 $\overline{LT}=1$、$\overline{RBI}=0$，且译码输入全为 0 时，该位输出不显示，即 0 字被熄灭；当译码输出不全为 0 时，该位正常显示。本输入端用于消隐无效的 0。

（3）灭灯输入/动态灭零输出端 $\overline{BI}/\overline{RBO}$　这是一个特殊的控制端，有时用作输入，有时用作输出。当 $\overline{BI}/\overline{RBO}$ 作为输入端使用，且 $\overline{BI}/\overline{RBO}=0$ 时，数码管七段全灭，与译码输入无关。当 $\overline{BI}/\overline{RBO}$ 作为输出端使用时，受控于 $\overline{LT}$ 和 $\overline{RBI}$，当 $\overline{LT}=1$ 且 $\overline{RBI}=0$ 时，$\overline{BI}/\overline{RBO}=0$；其他情况下 $\overline{BI}/\overline{RBO}=1$。该端子主要用于多数字时多个译码器之间的连接。图 8-4 给出了 6 位数码显示系统灭零控制的连接方法。

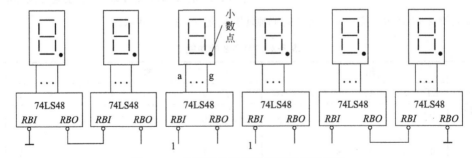

图 8-4　6 位数码显示系统灭零控制的连接

3. 数字显示器件

半导体数码显示器是由发光二极管（LED）组成的字形显示器。发光二极管是由特殊的半导体材料砷化镓、磷砷化镓等制成的，外加正向电压时二极管导通，发出清晰的光（有红、黄、绿等色）。目前常用的磷砷化镓发光二极管有 BS201、BS211 等。只要按规律控制各发光段的亮、灭，就可以显示各种字形或符号。

一个 LED 数码管可用来显示一位 0～9 十进制数和一个小数点。小型数码管每段发光二极管的正向压降随显示光的颜色不同略有差别，通常约为 2～2.5V，每个发光二极管的点亮电流在 5～10mA。LED 的电流通常较小，一般均需在回路中接上限流电阻。

半导体数码管有共阴极数码管和共阳极数码管两种，内部结构如图 8-5 所示。其中，图 8-5（a）示出的为共阴极接法，当某段外接高电平时，该段被点亮；图 8-5（b）示出的为共阳极接法，当某段外接低电平时，该段被点亮。另外，LED 数码管还有亮度明暗之分，即有高亮度和一般亮度之分，其外形也有大小之分。

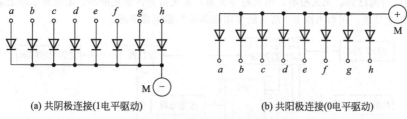

(a) 共阴极连接(1电平驱动)　　　(b) 共阳极连接(0电平驱动)

图 8-5　LED 数码管内部结构

常见 LED 数码管的外形如图 8-6 所示。＋、－分别表示公共阳极和公共阴极。a～g 是 7 个笔段电极，h 为小数点。

LED 数码管要显示 BCD 码所表示的十进制数字需要有一个专门的译码器，该译码器不但要完成译码功能，还要有相当的驱动能力。本次实训采用共阴极数码管 BS202。

三、装配调试和检测

画好各项实训内容的逻辑电路图。

将译码器 74LS48 和数码管 BS202 连接，只要接通＋5V 电源和将十进制数的 BCD 码接至译码器的相应输入端 A、B、C、D 即可显示 0～9 的数字。

1. 六十进制计数和显示电路的测试

六十进制可用两个计数器来实现，其中个位接成十进制，十位接成六进制。

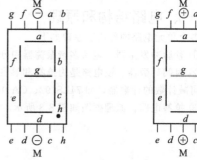

图 8-6　LED 数码管符号及端子功能

2. 二十四进制计数和显示电路的测试

二十四进制可用两个计数器来实现，采用两块十进制集成片，再采取反馈归零的方法实现二十四进制。

四、故障判断和维修

在二十四进制计数和显示电路的测试中不能简单地把个位接成十进制、十位接成二进制，或把个位接成四进制、十位接成二进制，此时只要接对应的端子反馈到清零端。

五、总结方法和技巧

计数器通过清零端可实现任何进制。在显示电路中，一定要注意 LED 数码管有共阴极和共阳极两种，应该采用相应的集成译码器。共阴极数码管 3、8 端接地，共阳极管 3、8 端接电源正极。

 想一想，做一做

试设计一个十二进制计数和共阳显示电路，并进行测试。

第二节　多路竞赛抢答器的装调

抢答器是利用优先编码器优先显示最快抢答者的序号，并保证其他抢答者的序号不能显示的电路器件。在进行抢答、竞赛活动中这种抢答器得到了广泛的应用。本次设计的任务与要求如下。

① 该装置由一名主持人和八名竞赛选手参与操作。

② 设置一个系统清除和抢答控制开关 S，该开关由主持人控制。

③ 抢答器具有锁存与显示功能，即选手按动按钮，锁存相应的编号，并在 LED 数码管上显示，同时扬声器发出报警声响进行提示。选手抢答实行优先锁存，优先抢答选手的编号一直保持到主持人将系统清除为止。

④ 抢答器具有定时抢答功能，且一次抢答的时间由主持人设定（如 30s）。主持人启动开始键后，定时器进行减计时，同时扬声器发出短暂的声响，声响持续时间为 0.5s 左右。

⑤ 参赛选手在设定时间内进行抢答，抢答有效，定时器停止工作，显示器上显示选手的编号和抢答的时间，并保持到主持人将系统清除为止。

⑥ 如果定时时间已到，无人抢答，本次抢答无效，系统报警并禁止抢答，定时显示器上显示 00。

为了实现以上功能，可参考图 8-7 所示的多路竞赛抢答器组成框图。

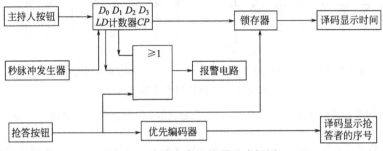

图 8-7　多路竞赛抢答器组成框图

一、电路结构和原理

各个单元电路的作用和原理如下。

① 秒脉冲发生器。包括多谐振荡器和分频电路，最后产生 1s 的信号。

② 时间计数器。该电路是为抢答和答题预置时间的，并且题目要求减计数，所以必须采用具有可置数、可减计数的计数器，如 74LS192、CA-0192 等。

③ 抢答电路。原理框图如图 8-8 所示。

图 8-8　抢答电路原理框图　　　　图 8-9　报警电路原理框图

该电路要求优先显示最快抢答者的序号，所以四路抢答开关必须首先通过优先编码器（如 74LS147、74LS148 等），然后才能进行译码显示，并锁存该序号。数码锁存可通过具有锁存功能的译码器（如 CCA511、CC4513 等）实现，也可以通过锁存器（如 CC4042 等）直接锁存。

④ 报警电路。报警电路对抢答信号或抢答时间终止等进行报警。报警情况是或的关系，所以可以用或门或者非门来实现，如图 8-9 所示。

二、器件选择

1. 编码电路

为区分选手，必须对按键进行编码，可用集成块如 C304、74LS147 等，编码器共输出 5 路信号，即 8421 信号和锁存信号，任意按下个编码按钮，均产生锁存信号。

2. 锁存电路的设计

锁存电路的作用是把 1～9 个按钮中最先按下的按钮号锁存起来，即使抢答者的手松开按钮，显示器也仍在显示。触发器的型号为 CD4042，其基本结构是 D 触发器，外形如图 8-10 所示，其真值表如表 8-3 所示。

3. 数码显示

CD4543、CD4558、CC4547 均为七段译码器，本设计使用 CD4543 集成块，其外形结构与端子如图 8-11所示，其功能表见表 8-4。

表 8-3　CD4042 真值表

CP	PL	D	Q
0	0	0	0
1	0	1	1
1	1	0	0
1	1	1	1
⌐	0	×	锁存
⌐	1	×	锁存

注：PL 为时钟脉冲控制端，由真值表可以看出：当 $PL=0$ 时，（信号或）数据在 CP 为低电平时传送，上升沿锁存；当 $PL=1$ 时，（信号或）数据在 CP 为高电平时传送，下降沿锁存。本题选择 $PL=1$。

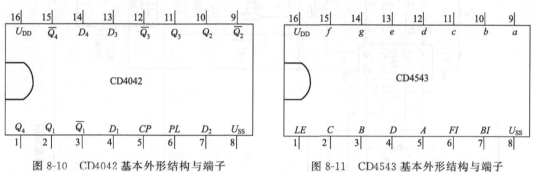

图 8-10　CD4042 基本外形结构与端子　　　　图 8-11　CD4543 基本外形结构与端子

表 8-4　CD4543 集成块功能表

LE	BI	FI	D	C	B	A	功　能
×	1	0		×			消隐
1	0	0		0001～1001			显示 1～9
2	0	0		1010～1111			不显示
0	0	0		×			锁存上次信号

注：本电路采用共阴极 LED 数码管。

注意：不同型号的译码器，其外围的端子也不一样。

4. 计时电路

本电路采用 CD4098，以构成双稳态电路，其外形结构与端子见图 8-12，真值表见表 8-5。

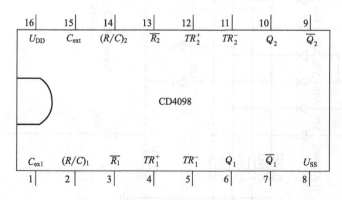

图 8-12　CD4098 基本外形结构与端子

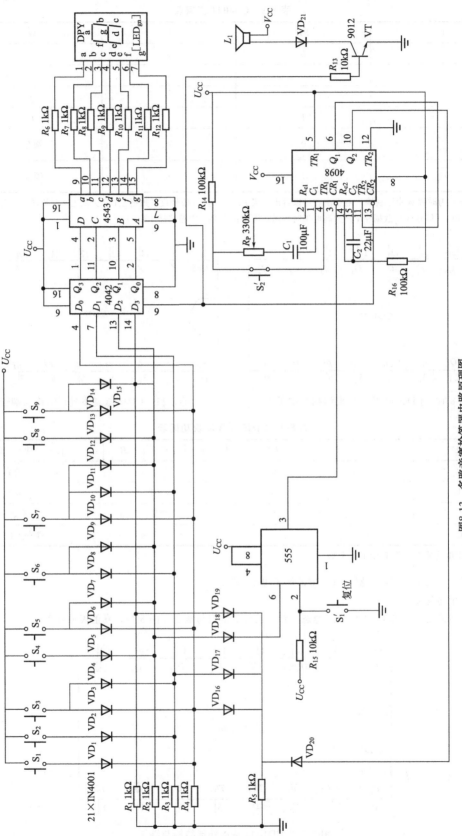

图8-13 多路竞赛抢答器电路原理图

表 8-5　CD4098 真值表

输	入		输	出
TR^+	TR^-	$\overline{R}$	Q	$\overline{Q}$
⌐	1	1	⎍	⎊
0	⌐	1	⎍	⎊
×	×	0	0	1

输出脉冲宽度 $t_w = \dfrac{1}{2} R_{ext} \times C_{ext}$，其中，$R_{ext}$、$C_{ext}$ 分别为外接电阻、电容。

多路竞赛抢答器电路原理图见图 8-13。

5. 电路板的设计

① 为减小电路板的尺寸，减少材料浪费，电路板尺寸定为 90mm×130mm。

② 9 个开关都不接入电路，只留有空位。

③ 所有元器件都必须规范放置，如电阻、二极管水平放置，其他元器件也要整形后再装配。

④ 本电路较复杂，允许有 1～2 根跳线。

三、装配调试和检测

① 画出整个电路的逻辑电路图，写出元器件功能表，列出元器件清单。

② 组装并调试抢答器电路。

③ 设计可预置时间的定时电路，并进行组将和调试。当输入 1Hz 的时钟脉冲信号时，要求电路能进行减少时，当减计时到零时，能输出低电平有效的定时时间信号。

④ 调试报警电路。

⑤ 定时抢答器的联调，注意各部分电路之间的时序配合关系，然后检查电路各部分的功能，使其满足设计要求。

四、故障判断和维修

首先要懂得电路原理，弄清各点的电位情况，再用万用表测量电阻。分析过程如下。

① 首先检查编码电路，令任意一台按下，如一号台，其四路输出信号为 0001，其中，1 表示高电平，电压为 9V，这说明编码电路没有问题。

② 检查控制电路，按复位开关，3 端子为高电平，当任意一台按下后 3 端子又变成低电平，这说明控制电路没有问题。

③ 检查锁存电路，按下清零开关，$Q_1 Q_2 Q_3 Q_4$ 应为 0000，如 3 号台按下，则输出为 0011，并且保持不变。

④ 检查译码和显示电路，如输入为 0011，看其输出端 $abcdg$ 应为高电平，并且保持不变。

⑤ 检查定时电路，按下清零按钮，测量 13 端子电压，再测量 Q 端输出电压，10s 以后 Q 端电压要变化。

⑥ 最后查发音电路，当 555 的 3 端子为低电平时，通过 10kΩ 电阻来控制 9012 导通，蜂鸣器两端加上电压而发音，说明电路正常。

 想一想，做一做

这个多路竞赛抢答器的电路只实现了抢答成功后音乐提示和抢答组号的显示，功能还不够完善，还可以加上倒计时提示和记分显示电路。

① 倒计时提示电路。可采用振荡电路产生的振荡信号，作为加减计数器的计数脉冲，抢答开始时就进行预置时间，可以控制抢答电路的工作时间。

② 记分显示电路。可以用三位数码显示输出，采用加减计数器控制驱动电路，驱动三位数码管显示分数。

第三节 交通信号控制系统的装调

在十字路口，为保证交通的安全畅通，一般都采用自动控制的交通信号灯来指挥车辆的通行。十字交叉路口的交通信号控制系统平面图如图 8-14 所示。红灯（R）亮表示禁止通行，黄灯（Y）亮表示警示，绿灯（G）亮表示允许通行。近几年来，在灯光控制的基础上还增设了数字显示，作为时间提示，以利于行人更直观地准确把握时间，便于人车通行。

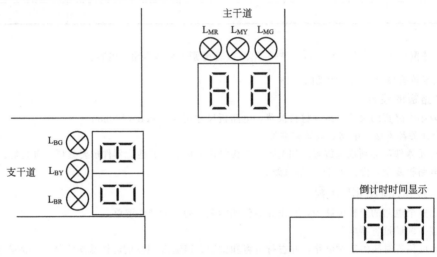

图 8-14 十字交叉路口的交通信号控制系统平面图

图中，L_{MG} 为主干道绿灯；L_{BG} 为支干道绿灯；L_{MY} 为主干道黄灯；L_{BY} 为支干道黄灯；L_{MR} 为主干道黄灯；L_{BR} 为支干道黄灯。

本次设计的任务是用中小规模集成电路设计并制作交通信号控制电路。设计要求如下。

① 主干道和支干道各有红、黄、绿三色信号灯。信号灯正常工作时有四种可能状态，且四种状态必须按如图 8-15 所示的工作流程自动转换。

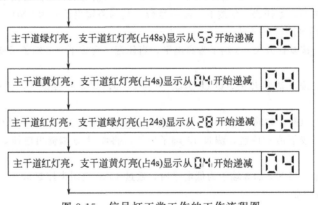

图 8-15 信号灯正常工作的工作流程图

② 因为主干道的车辆多，故放行时间应比较长，设计放行时间为 48s；支干道的的车辆少，放行时间比较短，设计放行时间为 24s。每次绿灯变红之前，要求黄灯亮 4s，此时，另一干道的红灯状态不变，黄灯为间歇闪烁。

③ 在主干道和支干道均应设有倒计时数字显示，作为时间提示，以便让行人和车辆直观掌握通行时间。数字显示变化的情况与信号灯的状态是同步的。

一、电路结构和原理

交通信号控制系统电路框图如图 8-16 所示，逻辑电路图如图 8-17 所示。

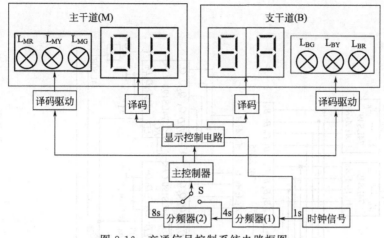

图 8-16　交通信号控制系统电路框图

二、器件选择

交通信号控制系统的电路分析如下。

1. 时钟信号源

由 NE555 时基电路组成,用于产生 1Hz 的标准秒信号。

2. 分频器

由两片 74LS74 构成。第一片 74LS74 对 1Hz 的秒信号进行四分频,获得周期为 4s 的信号,另一片 74LS74 对 4s 的信号进行二分频,获得周期为 8s 的信号。周期为 4s、8s 的信号被分别送到主控制器的时钟信号输入端,用于控制信号灯处在不同状态的时间。

3. 主控制器及信号灯的译码驱动电路

① 主控制器。主控制器是由一片 74LS164（MSI 8 位移位寄存器）构成的十四进制扭环形计数器,是整个电路的核心,用于定时控制两个方向的红、黄、绿信号灯的亮与灭,同时控制数字显示电路进行有序的工作。

十四进制扭环形计数器定时控制各色信号灯的亮与灭的持续时间,十四进制扭环形计数器状态转换表如表 8-6 所示。

表 8-6　十四进制扭环形计数器状态转换表

输入 CP 顺序	计数器状态						
	Q_0	Q_1	Q_2	Q_3	Q_4	Q_5	Q_6
0	0	0	0	0	0	0	0
1	1	0	0	0	0	0	0
2	1	1	0	0	0	0	0
3	1	1	1	0	0	0	0
4	1	1	1	1	0	0	0
5	1	1	1	1	1	0	0
6	1	1	1	1	1	1	0
7	1	1	1	1	1	1	1
8	0	1	1	1	1	1	1
9	0	0	1	1	1	1	1
10	0	0	0	1	1	1	1
11	0	0	0	0	1	1	1
12	0	0	0	0	0	1	1
13	0	0	0	0	0	0	1
14	0	0	0	0	0	0	0

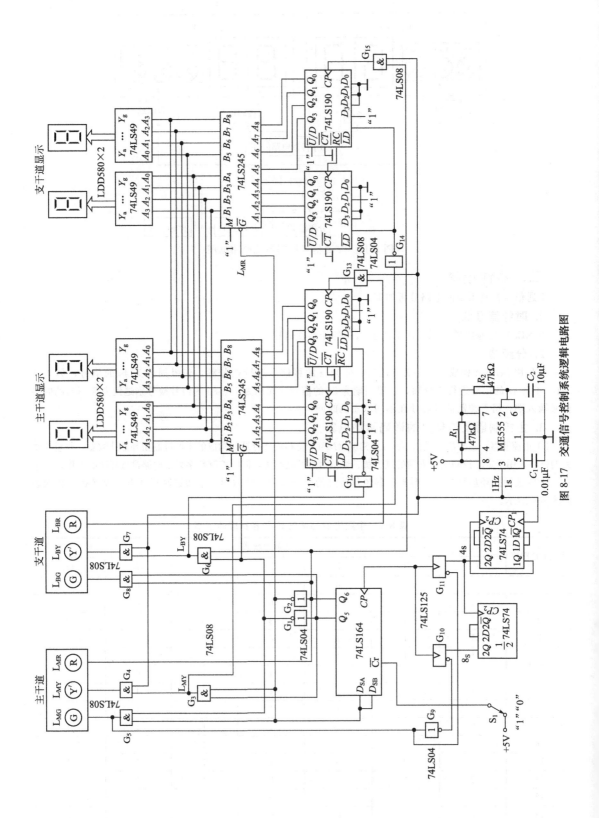

图 8-17 交通信号控制系统逻辑电路图

令扭环形计数器中 Q_5Q_6 的四种状态分别代表主干道和支干道交通灯的四种工作状态：00 为主干道绿灯亮、支干道红灯亮；01 为主干道黄灯亮，支干道红灯亮；11 为主干道红灯亮、支干道绿灯亮；10 为主干道红灯亮、支干道黄灯亮。

② 信号灯的码驱动电路。由若干个门电路组成，用于对主控制器中 Q_5Q_6 的四种进行译码并直接驱动红、黄、绿三色信号灯。

③ 令灯亮为 1，灯灭为 0，则交通信号灯译码驱动电路的真值表如表 8-7 所示。

表 8-7　交通信号灯译码驱动电路的真值表

主控制器状态		主　干　道			支　干　道		
Q_5	Q_6	L_{MG}	L_{MY}	L_{MR}	L_{BG}	L_{BY}	L_{BR}
0	0	1	0	0	0	0	1
1	0	0	1	0	0	0	1
1	1	0	0	1	1	0	0
0	1	0	0	1	0	1	0

由表 8-7 可得出各信号灯的逻辑表达式如下。

$L_{MG} = \overline{Q}_5\overline{Q}_6$，$L_{MY} = Q_5\overline{Q}_6$，$L_{MR} = Q_6$，$L_{BG} = Q_5Q_6$，$L_{BY} = \overline{Q}_5Q_6$，$L_{BR} = \overline{Q}_6$

由于黄灯要间歇闪烁，所以将 L_{MY}、L_{BR} 与 1s 的标准秒信号 CP 相与，即可得

$$L'_{MY} = L_{MY}CP$$
$$L'_{BY} = L_{BY}CP$$

根据主控制器及信号灯译码驱动电路的工作原理，可以得到主干道和支干道信号灯工作的时序图，如图 8-18 所示。

因为主干道要放行 48s，所以，当 $Q_5Q_6 = 00$ 时，将周期为 8s 的时基信号 CP_2 送入扭环形计数器的 CP

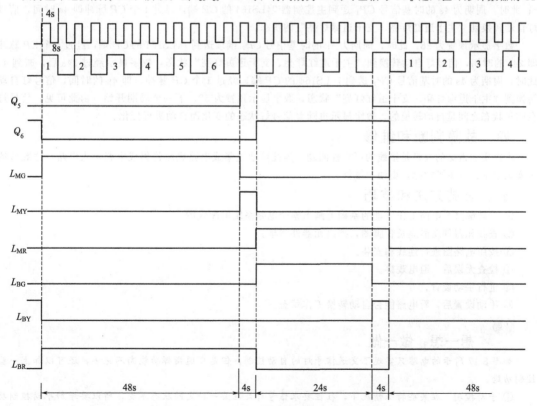

图 8-18　主干道和支干道信号灯工作的时序图

端；又因为支干道要放行 24s，黄灯亮 4s，所以当 Q_5Q_6 处于 10、11、01 三种状态时，将周期为 4s 的时基信号 CP 送入扭环形计数器的 CP 端。

4. 数字显示控制电路

数字显示控制电路是由四片 74LS190 组成的两个减法计数器组成，用于进行倒计时数字显示的控制。

当主干道绿灯亮，支干道红灯亮时，对应主干道的两片 74LS190 构成的五十二进制减法计数器开始工作。从数字 52 开始，每来一个秒脉冲，显示数字减 1，当减到 0 时，主干道红灯亮而支干道绿灯亮。同时，主干道的五十二进制减法计数器停止计数，支干道的两片 74LS190 构成的二十八进制减法计数器开始工作。从数字 28 开始，每来一个秒脉冲，显示数字减 1。减法计数前的初始值是利用另一个道路上的黄灯信号对 74LS190 的 LD 端进行控制实现的。当黄灯亮时，减法电路置入初值；当黄灯灭而红灯亮时，减法计数器开始进行减计数。

5. 显示电路部分

显示电路部分是由两片 74LS245、四片 74LS49 七段译码器/驱动器（OC）集成芯片及四块 LED 七段数码管 LDD580 构成，用于进行倒计时数字的显示。

74LS49 与 74LS48 的区别是 74LS49 是 OC 输出，需要串电阻。

主干道、支干道的减法计数器是分时工作的，而任何时刻两方向的数字显示均为相同的数字。采用两片 74LS245（八总线三态接收/发送器）就可以实现这个功能。当主干道减法计数器计数时，对应于主干道的 74LS245 工作，将主干道计数器的工作状态同时送到两个方向的译码显示电路。反之，当支干道减法计数器开始计数时，对应于支干道的 74LS245 开始工作，将支干道计数器的工作状态同时送到两个方向的译码显示电路。

三、装配调试和检测

当电路接通电源后，可通过清零开关 S_1 置信号灯处在"主干道绿灯亮、支干道红灯亮"的工作状态，数字显示为 52；此时，周期为 8s 的时基信号 CP_2 送到主控制器 74LS164 的 CP 端，经过 6 个 CP 脉冲，即 48s 的时间，信号灯自动转换到"主干道黄灯亮、支干道红灯亮"的工作状态，数字显示经过 48s 后，减到 4；此时，周期为 4s 的时基信号 CP_1 送到主控制器 74LS164 的 CP 端，经过 1 个 CP 脉冲即 4s 时间，信号灯自动转换到"主干道红灯亮、支干道绿灯亮"的状态。

数字显示预置为 28，此时，周期为 4s 的时基信号 CP_1 继续送到 74LS164 的 CP 端，经过 6 个 CP 脉冲即 24s 的时间，信号灯自动转换到"主干道红灯亮、支干道黄灯亮"状态，数字显示经过 24s 后，减到 4，此时，周期为 4s 的时基信号 CP_1 送到 74LS164 的 CP 端，经过 1 个 CP 脉冲，即 4s 的时间，信号灯自动转换到"主干道绿灯亮、支干道红灯亮"状态，数字显示预置为 52，下一个周期开始。由此可见，信号灯在四种状态之间是自动转换的，数字显示也随着信号灯状态的变化而自动进行变化。

四、故障判断和维修

本次实训常见的故障是接线的可靠性问题。为此可通过集成电路底座将集成电路接入电路，这既节约了实训成本也减少了故障，更便于维修。

五、总结方法和技巧

① 在理解整个电路工作原理的基础上画出整个电路系统的配线图。

② 查找元器件功能表及管脚图，列出元器件清单。

③ 按照电路图进行连线和安装。

④ 检查无误后，通电观察。

⑤ 进行手动设置。

⑥ 手动设置后，看电路能否自动转换工作状态。

 想一想，做一做

如图 8-17 所示的电路只实现了交通信号灯的自动控制，但是交通指挥功能尚不完善，还可以加上一些控制功能。

① 手动控制。在某些特殊情况下，往往要求信号灯处在某一特定的状态不变，所以要增加手动控制功能。可以增加一个开关 S_2，当 $S_2=1$ 时，将周期为 4s、8s 的时基信号轮流输入 74LS164 的 CP 端，实现自

动控制。当 $S_2 = 0$ 时，将单脉冲送至 74LS164 的 CP 端，每送一个单脉冲，74LS164 右移一位，直到所需的状态。

② 夜间控制。夜间车辆比较少，为节约能源，保障安全，要求信号灯在夜间工作时只有黄灯闪烁，并且关闭数字显示系统。

③ 任意改变主干道、支干道的放行时间，如可以设置主干道的放行时间为 60s，支干道的放行时间为 30s，黄灯的闪烁时间为 5s。改变分频器的分频系数即可实现这个功能，将 1Hz 的标准秒信号经一个上升沿触发的五分频器分频得到一个周期为 5s 的信号，再经二分频得到周期为 10s 的信号，将周期为 5s 和 10s 的信号轮流送入 74LS164 的 CP 端即可。其中，五分频可利用 74LS290 来实现。

第四节　数字时钟的装调

数字钟实际上是一个对标准频率（1Hz）的脉冲信号进行计数的计数电路。设计任务与要求如下。

① 具有能显示 00～23h、00～59min 和 00～59s 的功能。

② 具有校时功能，要求时、分位的校时信号采用频率为 1Hz 的脉冲信号，秒位的校时信号采用频率为 2Hz 的脉冲信号。

③ 具有报时功能，要求整点报时，并且发出声响四低一高，最后一响为整点。

逻辑电路原理框图如图 8-19 所示。

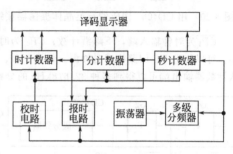

图 8-19　数字钟逻辑电路原理框图

一、电路结构和原理

要想构成数字钟，首先应有一个能自动产生稳定的标准时间脉冲信号的信号源。还需要有一个使高频脉冲信号变成适合于计时的低频脉冲信号的分频器电路，即频率为 1Hz 的"秒脉冲"信号。经过分频器输出的秒脉冲信号到计数器中进行计数。由于计时的规律是：60s＝1min，60min＝1h，24h＝1 天，这就需要分别设计六十进制、二十四进制（或十二进制的计时器，并发出驱动 AM、PM 的标志信号）计数器。

各计数器输出的信号经译码器/驱动器送到数字显示器对应的笔划段，使得"时"、"分"、"秒"得以数字显示。

注意的是：任何数字计时器都有误差，因此应考虑校准时间电路，校时电路一般采用自动快调和手动调整，自动快调是利用分频器输出的不同频率脉冲使得显示时间自动迅速得到调整；手动调整利用手动的节拍调整显示时间。

二、器件选择

1. 晶体振荡秒信号产生电路的设计

（1）脉冲源　要构成数字钟，首先应有一个能自动产生稳定的标准时间脉冲信号的信号源。

振荡器主要用来产生时间标准信号。因为数字钟的精度主要取决于时间标准信号的频率及其稳定度。所以要产生稳定的时标信号，一般是采用石英晶体振荡器。从数字钟的精度考虑，晶振频率越高，钟表的计时准确度就越高。但这会使振荡器的耗电量增大，分频器的级数也要增多。所以在确定频率时应当考虑这两方面的因素。

本次实训选用成型数字钟中使用的石英晶体频率 $f_0 = 32768$Hz，这种石英晶体易购买、体积小、成本低。将石英晶体串接在多谐振荡器的回路中就可组成石英晶体振荡器，这时，振荡频率只取决于石英晶体的固有谐振频率 f_0，而与外电路的电阻电容的参数 RC 无关。

反馈电阻 R 主要用来使反相器工作在线性放大区，R 的阻值对于 TTL 门，通常在 $0.7 \sim 2\text{k}\Omega$ 之间，而对于 CMOS 门，则常在 $10 \sim 100\text{M}\Omega$ 之间。

C_1、C_2 的作用是抑制高次谐波，以保证稳定的频率输出。

由于晶体振荡器输出的脉冲是正弦波或不规则的矩形波，因此必须经整形电路整形。通常脉冲整形电路有削波器、门电路、单稳态电路、双稳态电路、施密特触发器等。

CD4060 内部包含两个非门和 14 级二分频电路，由此可知用 CD4060 中的两个非门外加元件可构成晶体振荡器，产生的 32768Hz 的信号，如图 8-20 所示。CD4060 的端子如图 8-21 所示。

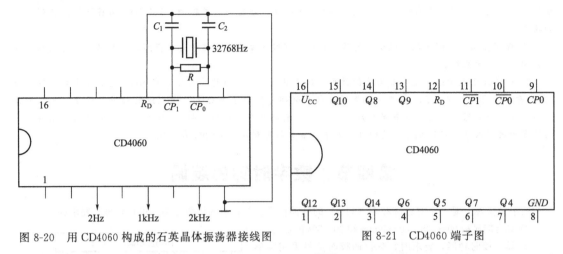

图 8-20 用 CD4060 构成的石英晶体振荡器接线图   图 8-21 CD4060 端子图

$\overline{CP_1}$ 为时钟输入端,下降沿计数;CP_0 为时钟输出端;$\overline{CP_0}$ 为反向时钟输出端。R_D 清零端。为异步清零。可以加上 RC 回路构成时钟源。作为 2Hz、4Hz、8Hz 等时钟脉冲源时,典型接线方法如图 8-22 所示,从计数器输出端可以得到多种 32.678kHz 的分频脉冲。

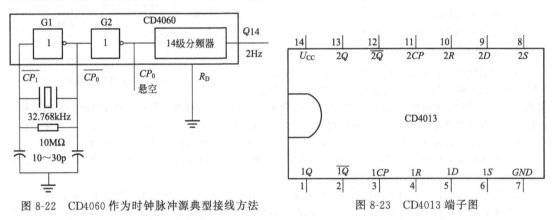

图 8-22 CD4060 作为时钟脉冲源典型接线方法   图 8-23 CD4013 端子图

(2) 分频器电路 数字钟的晶体振荡器输出频率较高,为了获得频率为 1Hz 的"秒脉冲"信号,还需要有一个能使高频脉冲信号变成适合于计时的低频脉冲信号的分频器电路。它可由触发器以及计数器来完成。一个触发器就是一个二分频,N 个触发器就是 2^n 个分频器。如果用计数器作分频器,就要按进制数进行分频,例如十进制计数器就是十分频器,M 进制计数器就为 M 分频器,例如:选用振荡频率为 32768Hz 的石英晶体谐振器,因为 $32768=2^{15}$,$N=15$,将 32768Hz 经过 15 次二分频,即可得到 1Hz 的时钟脉冲作为计时标准。这样就满足了计时规律的需求:60s=1min,60min=1h,24h=1 天。

实际电路可用一块 CD4060 和一块 CD4013 构成。CD4013 是一个双 D 触发器,端子如图 8-23 所示。

采用 32768Hz 晶振振荡产生的 32768Hz 信号可以从图 8-22 中的 G2 门输出,送出的 32768Hz 信号经 CD4060 内部 14 级分频后从 Q_{14} 送出 2Hz 信号,2Hz 信号再送给由 CD4013 双 D 触发器中的一个触发器组成 T' 触发器二分频,从而得到 1Hz 的秒信号。

可自行画出由 CD4060 和 CD4013 构成的晶体振荡秒信号产生电路的连线图。

2. 计数器的设计

时间计数电路由秒个位和秒十位计数器、分个位和分十位计数器及时个位和时十位计数器电路构成。

经过分频器输出的"秒脉冲"信号送到时间计数器中进行计数,由于计时规律的需要,则可根据 60s 为 1min,60min 为 1h,24h 为 1 天的进制,分别选定"秒"、"分"、"时"的计数器。

在"秒"计数器中,因为是六十进制,即有 60 个"秒"信号,才能输出一个"分"进位信号。若用十进制数表示,需要两位十进制的数(个位和十位),这样,"秒"个位应是十进制,"秒"十位应是六进制,符合人们计数的习惯。为了将来便于应用 8421 码译码显示电路,"秒"计数器中通常用两个十进制计数器的集成片组成，然后再采用反馈归零的方法使"秒"十位变成六进制，使个位、十位合起来实现六十进制，如图 8-24 所示。

"分"计数器和"秒"计数器组成完全相同。

"时"计数器可采用两块十进制集成片，再采取反馈归零的方法实现二十四进制（或十二进制，并发出驱动 AM、PM 的标志信号）的计数器，如图 8-25 所示。

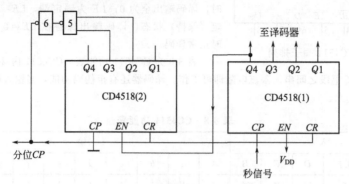

图 8-24 CD4518 接成的六十进制计数器

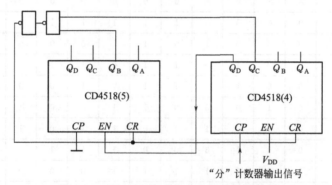

图 8-25 CD4518 接成的二十四进制计数器

3. 译码器/驱动器的设计

在数字系统中，常常需要将测量或处理的结果直接显示成十进制数字。为此，首先将以 BCD 码表示的结果送到译码器电路进行译码，用它的输出去驱动显示器件。

译码驱动电路将计数器输出的 8421BCD 码转换为数码管需要的逻辑状态，并且为保证数码管正常工作提供足够的工作电流。

选用 CC4511（BCD 锁存/7 段译码器/驱动器）作为显示译码电路（见图 8-26），采用共阴极 LED 数码

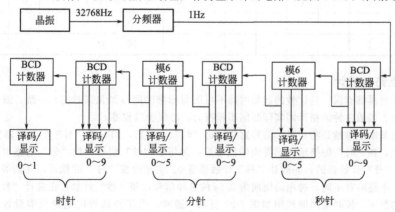

图 8-26 译码显示电路框图

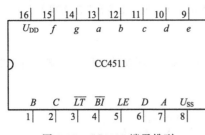

图 8-27　CC4511 端子排列

管作为显示单元电路。CC4511 端子排列如图 8-27 所示。CC4511 与 LED 数码管的连接如图 8-28 所示。图中，A、B、C、D 为 BCD 码输入端；a、b、c、d、e、f、g 为译码输出端，输出 1 有效，用来驱动共阴极 LED 数码管。$\overline{LT}$ 为测试输入端，$\overline{LT}=0$ 时，译码输出全为 1；$\overline{BI}$ 为消隐输入端，$\overline{BI}=0$ 时，译码输出全为 0；LE 为锁定端，$LE=1$ 时译码器处于锁定（保持）状态，译码输出保持在 $LE=0$ 时的数值，$LE=0$ 时正常译码。

表 8-8 为 CC4511 功能表。CC4511 内接有上拉电阻，故只需在输出端与数码管笔段之间串入限流电阻即可工作。译码器还有拒伪码功能，当输入码超过 1001 时，输出全为 0，数码管熄灭。

表 8-8　CC4511 功能表

输　入							输　出							
LE	$\overline{BI}$	$\overline{LT}$	D	C	B	A	a	b	c	d	e	f	g	显示字形
×	×	0	×	×	×	×	1	1	1	1	1	1	1	8
×	0	1	×	×	×	×	0	0	0	0	0	0	0	消隐
0	1	1	0	0	0	0	1	1	1	1	1	1	0	0
0	1	1	0	0	0	1	0	1	1	0	0	0	0	1
0	1	1	0	0	1	0	1	1	0	1	1	0	1	2
0	1	1	0	0	1	1	1	1	1	1	0	0	1	3
0	1	1	0	1	0	0	0	1	1	0	0	1	1	4
0	1	1	0	1	0	1	1	0	1	1	0	1	1	5
0	1	1	0	1	1	0	0	0	1	1	1	1	1	6
0	1	1	0	1	1	1	1	1	1	0	0	0	0	7
0	1	1	1	0	0	0	1	1	1	1	1	1	1	8
0	1	1	1	0	0	1	1	1	1	0	0	1	1	9
0	1	1	1	0	1	0	0	0	0	0	0	0	0	消隐
0	1	1	1	0	1	1	0	0	0	0	0	0	0	消隐
0	1	1	1	1	0	0	0	0	0	0	0	0	0	消隐
0	1	1	1	1	0	1	0	0	0	0	0	0	0	消隐
0	1	1	1	1	1	0	0	0	0	0	0	0	0	消隐
0	1	1	1	1	1	1	0	0	0	0	0	0	0	消隐
1	1	1	×	×	×	×	锁　存							锁存

4. 校时电路的设计

任何数字计时器都有误，且计数的起始时间不可能与标准时间（如北京时间）一致，故需要在电路上加一个校时电路。当数字钟的指示同实际时间不相符时，必须予以校准。

校时电路的基本原理就是将"秒"信号直接引进"时"计数器，同时将"分"的计数器置 0，让"时"计数器快速计数，在"时"的指示调到需要的数字后，再切断"秒"信号，校"分"电路也是按此方法让"秒"信号输入"分"计数器的，同时让"秒"计数器置 0。快速改变"分"的批示，并到等于需要的数字为止。校"秒"电路略有不同，选用的周期为 0.5s 的脉冲信号，使"秒"计数比正常计"秒"快一倍，以便对准"秒"的数字。校时电路原理图如图 8-29 所示。通常，电子钟的校时电路只需设置校"时"与校"分"电路即可。

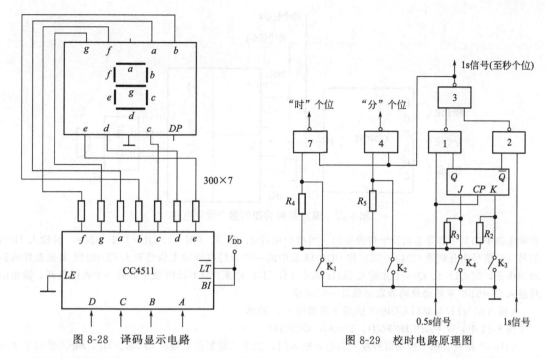

图 8-28 译码显示电路　　　　　图 8-29　校时电路原理图

校时校分电路中的与非门可采用 CD4011 二输入四与非门集成电路组成，其端子与内部逻辑结构图如图 8-30 所示。

CD4027 是包含了两个相互独立的、互补对称的 JK 主从触发器的单片集成电路。每个触发器分别提供了 J、K 置位、复位和时钟输入信号及经过缓冲的 Q 和 $\overline{Q}$ 输出信号。加在 J、K 输入端的逻辑电平通过内部自行调整来控制每个触发器的状态，在时钟脉冲上升沿改变触发器状态，置位和复位功能与时钟无关，均为高电平有效。CD4027 的端子如图 8-31 所示。

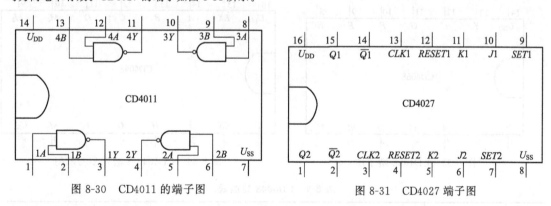

图 8-30　CD4011 的端子图　　　　　图 8-31　CD4027 端子图

CD4027 内部含有两套相同的 JK 触发器，1 和 2 为输出端，3 端子为前级时钟输入，4 和 7 端子分别是复位和更新脚，本电路将要将其接低电平，5 和 6 端子为 J、K 端，需接高电平。从 1 端子输出的信号即是所需要的 1Hz 方波。

5. 报时电路的设计

整点报时功能就是要求数字钟显示整点时，能及时报时。要求每当"分"和"秒"计数器计数到 59min50s 时，驱动音响电路，在 10s 内自动发出五次鸣叫声，要求每隔一秒鸣叫一次，每次叫声持续一秒，而且前四声低，最后一响高，正好报告整点。

整点报时功能的参考设计电路如图 8-32 所示。

每当"分"和"秒"计数器计到 59min50s 时，分十位、分个位、秒十位信号均不变，只有秒个位变，所以此 6 个信号进入到 CD4068 集成块相与作为控制信号，某控制音响电路的开启（CD4048、CD40107）

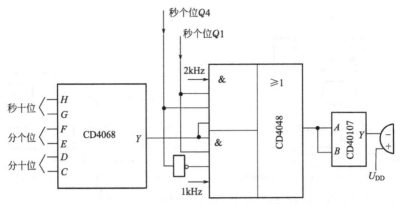

图 8-32 整点报时功能的参考设计电路

音响电路中四低一高音是由秒个位控制的，当秒个位是 1、3、5、7 时，即 $Q1=1$ 时，$Q4=0$ 时输入 1kHz 信号（此信号由分频器 CD4060 来）将 CD4048 块中的一个或门打开输出信号进入 CD40107 来推动蜂鸣器发出声音，当 $Q1=1$，$Q4=1$ 并输入 2kHz 信号（自 CD4060 来）、CD4048 块中的另一个或门打开，输出信号进入 CD40107 来推动蜂鸣器发出最后一响高音。

8 输入端与门/与非门 CD4068 的端子图如图 8-33 所示。

图 8-33 中，$W=ABCDEFGH$，$Y=\overline{ABCDEFGH}$

CD4048 是具有四个控制信号输入端的 8 输入门，三个二进制控制输入端 M_0、M_1、M_2，提供了 8 种不同的逻辑功能，分别为或、与、或非、与非、或与、或与非、与或和与非。第四个控制输入端 EN 提供了一三态输出，当 EN 为高电平时，输出为由内部逻辑状态决定的逻辑 0 或逻辑 1；若 EN 为低电平，输出为高阻态。利用此特征可连接该器件到一公共总线。除 8 条输入线外，提供了 EX 输入端，因而可增加 CD4048 的输入端数，例如，两个 CD4048 可级连形成一个 16 输入多功能门。若不使用 EX 输入端，应将此端连接至 V_{SS}。其端子图如图 8-34 所示，功能表如表 8-9 所示。

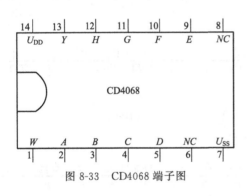

图 8-33 CD4068 端子图

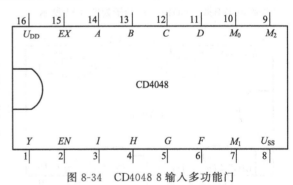

图 8-34 CD4048 8 输入多功能门

表 8-9 CD4048 功能表

M_0	M_1	M_2	EN	EX^*	输出逻辑表达式	输出功能	不用的输入端接法
L	L	L	H	或	$Y=\overline{A+B+C+D+F+G+H+I}+(EX)$	或非	V_{SS}
L	L	L	H	或	$Y=A+B+C+D+F+G+H+I+(EX)$	或	V_{SS}
L	H	L	H	或非	$Y=(A+B+C+D)(F+G+H+I)(\overline{EX})$	或与	V_{SS}
L	H	H	H	或非	$Y=\overline{(A+B+C+D)(F+G+H+I)}(\overline{EX})$	或与非	V_{SS}
H	L	L	H	与非	$Y=ABCDFGHI(\overline{EX})$	与	V_{DD}
H	L	H	H	与非	$Y=\overline{ABCDFGHI(\overline{EX})}$	与非	V_{DD}
H	H	L	H	与	$Y=\overline{ABCD+FGHI}+(EX)$	与或非	V_{DD}
H	H	H	H	与	$Y=ABCD+FGHI+(EX)$	与或	V_{DD}
×	×	×	L	×	$Y=Z$	高阻态	

注：EX^* 栏是指扩展端外接的逻辑形式。

双 2 输入与非缓冲器/驱动器（三态）CD40107，其端子与内部逻辑结构图如图 8-35 所示。

三、装配调试和检测

1. 整机电路的安装

将数字钟连接好，电路检查无误后，可通电进行调试。

2. 整机电路的调试

调试可分级进行。

① 用数字频率计测量晶体振荡器的输出频率，用示波器观察波形。

② 将 1MHz 信号分别送入分频器的各级输入端，用示波器检查分频器是否工作正常；若都正常，则在分频器的输出端即可得到"秒"信号。

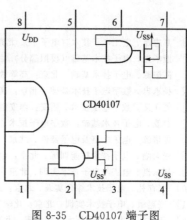

图 8-35　CD40107 端子图

③ 将"秒"信号分别送入秒计数器，检查秒计数器是否按六十进位；若正常，则可按同样办法检查分计数器和时计数器；若不正常，则可能是接线问题，或需更换集成块。

④ 各计数器在工作前应先清零。若计数器工作正常而显示有误，则可能是该能译码器的电路有问题，或计数器的输出端 Q_d、Q_c、Q_b、Q_a 有损坏。

⑤ 安装调试完毕后，将时间校对正确，则该电路可以准确地显示时间。

四、故障判断和维修

排除器件损坏原因，在设计电路的连接中出错的大部分原因都是连接导线和芯片的接触不良以及接线的错误所引起的。

五、方法总结和技巧

设计前首先要确立数字钟的制作思路。查阅相关资料绘制设计初稿。根据初稿再查阅有关资料，反复修改设计稿以取得正确的理论知识的支撑，并绘出各部分的电路图。

画出整个电路的逻辑电路图，写出元器件功能表，列出元器件清单。

按所设计的电路去选择、测试好元器件、并装配成为产品。布线时要求整齐、美观，便于级连与调试。

主体电路是由功能部件或单元电路组成的。在设计这些电路或选择部件时，尽量选用同类型的器件，如所有功能部件都采用 TTL 集成电路或都采用 CMOS 集成电路。整个系统所用的器件种类应尽可能少。

在连接六进制、十进制、六十进制的进位及十二进制的接法中，要求熟悉逻辑电路及其芯片各端子的功能，以便在电路出错时能准确地找出错误所在并及时纠正。

想一想，做一做

1. 把数字钟由 24h 制改成 12h 制。

2. 在秒信号产生电路中，能否将双 D 触发器 CD4013 改用一个 CD4000 系列 JK 触发器替代？

3. 上述电路采用了过多的门电路，而在实际情况当中要考虑到它们的延时效应，所以在使用时要慎重。

4. 该电路还可以改进，附加一些功能，如万年历、定时控制、仿广播电台正点报时等。

本章小结

① 计数译码显示电路的装调包括：熟悉计数器的工作原理，掌握译码、显示电路的使用，熟悉集成计数器的各端子的功能。

② 多路竞赛抢答器的装调包括：学习编码器、十进制加/减计数器的工作原理；设计可预置时间的定时电路；画出定时抢答器的整机逻辑电路图。

③ 交通信号控制系统的装调包括：复习数字电路的基本知识；查找各有关集成电路的相关资料，熟悉其内部组成和外围电路的接法。

④ 数字钟的装调包括：进一步熟悉计数器的 N 进制构成法、七段译码器和数码管的工作原理；自选集成电路组成小的逻辑系统；了解使能端的作用；掌握分析的排除故障的方法。

参 考 文 献

[1]　辜志烽．电工电子技术（电子学）．北京：人民邮电出版社，2006．

[2]　康华光．电子技术基础（模拟部分）．北京：高等教育出版社，2006．

[3]　陈振源．电子技术基础．北京：高等教育出版社，2006．

[4]　杨志忠．数字电子技术基础．北京：高等教育出版社，2000．

[5]　刘守义．数字电子技术．西安：西安电子科技大学出版社，2004．

[6]　郝波．电子技术基础：数字电子技术．西安：西安电子科技大学出版社，2004．

[7]　郭培源．电子电路及电子器件．北京：高等教育出版社，2000．

[8]　张大彪．电子技术技能训练．北京：电子工业出版社，2004．

[9]　周乐挺．电工与电子技术实训．北京：电子工业出版社，2004．

[10]　张存礼．电子技术综合实训．北京：北京师范大学出版社，2005．

[11]　张惠敏．电子技术实训．北京：化学工业出版社，2005．

[12]　于占河．电工电子技术实训教程．北京：化学工业出版社，2007．

[13]　付家才．电工电子实践教程．北京：化学工业出版社，2003．

[14]　张志良．电子技术基础．北京：机械工业出版社，2008．